汽车发动机电子控制技术

主　编　赵　亮　王　雷　孙　山
副主编　王晓亮　张　冲　张俊娜
参　编　闫俊杰　宋　捷

北京理工大学出版社
BEIJING INSTITUTE OF TECHNOLOGY PRESS

内 容 简 介

本书共分为 8 个项目，分别为“项目一　发动机电子控制系统整体认知”“项目二　电控发动机空气供给系统检修”“项目三　电控发动机燃油供给系统检修”“项目四　电控发动机电控点火系统检修”“项目五　电控发动机增压系统检修”“项目六　缸内直喷发动机燃油喷射系统检修”“项目七　电控发动机排放控制系统检修”“项目八　柴油发动机高压共轨电控系统检修”。本书是以国家职业教育在线精品开放课程“汽车发动机电子控制技术”为依托所开发的该在线精品课程的配套教材。

本书是校企合作编写的适用于高等院校、高职院校汽修专业的新形态教材，也可作为高职汽车类其他专业和汽车机修工的参考资料。本书内容对标“1+X”汽车动力与驱动系统综合分析技术职业技能等级证书，有效实现课证融通，且书中配套的活页工单可提高授课教师的教学效率，有利于学生更好地理解课程内容。

图书在版编目（CIP）数据

汽车发动机电子控制技术 / 赵亮，王雷，孙山主编
. -- 北京：北京理工大学出版社，2022. 12
ISBN 978-7-5763-1977-4

Ⅰ. ①汽…　Ⅱ. ①赵…②王…③孙…　Ⅲ. ①汽车-发动机-电子控制-高等学校-教材　Ⅳ. ①U464

中国版本图书馆 CIP 数据核字（2022）第 258687 号

出版发行 / 北京理工大学出版社有限责任公司
社　　址 / 北京市海淀区中关村南大街 5 号
邮　　编 / 100081
电　　话 / （010）68914775（总编室）
（010）82562903（教材售后服务热线）
（010）68944723（其他图书服务热线）
网　　址 / http：//www. bitpress. com. cn
经　　销 / 全国各地新华书店
印　　刷 / 三河市天利华印刷装订有限公司
开　　本 / 787 毫米×1092 毫米　1/16
印　　张 / 18
字　　数 / 464 千字
版　　次 / 2022 年 12 月第 1 版　2022 年 12 月第 1 次印刷
定　　价 / 89.00 元

责任编辑 / 钟　博
文案编辑 / 钟　博
责任校对 / 刘亚男
责任印制 / 李志强

前言

一、本教材的编写背景

为全面落实《国家职业教育改革实施方案》（国发〔2019〕4号）的要求，深化“三教改革”，实现立德树人，充分提升教育教学水平，在项目化课程改革的基础上，遵循活页式教材开发思路，即以“对接产业、训育合一、面向个体、开放互动”的教材开发理念，通过新型活页式教材的呈现形式，以国家职业教育在线精品开放课程“汽车发动机电子控制技术”为依托，开发该在线精品课程的配套教材。本教材已入选2022年度山西省职业教育新形态教材建设项目。

二、本教材的编写意义

（1）借助新型活页式教材可增、可减、可替换的优势，满足“汽车发动机电子控制技术”课程与时俱进的更新模式。

（2）在课程体系中加入汽车发动机电控系统的新技术、新工艺的认知与检修方面的内容，如TSI缸内直喷系统、VVT可变进气控制系统和废气涡轮增压系统等。

（3）本教材内容对标“1+X”汽车动力与驱动系统综合分析技术职业技能等级证书，有效实现课证融通。

（4）本教材中配套的活页工单可提高授课教师的教学效率，有利于学生更好地理解课程内容。

三、本教材的特色

（1）本教材的编写以学生为本，旨在激发学生的主观能动性，把握高职学生动手能力强、理论知识薄弱的学情特点，在任务驱动下，通过做中学、学中做，帮助学生构建理论基础。

（2）在内容组织上，本教材以汽车检测与维修技能大赛汽车技术赛项内容为导向目标，融入新技术、新工艺、新方法，针对企业岗位实际需求设计项目化教学内容，以典型的工作任务划分教学任务，以工作页的形式呈现工作情景，基于岗位知识需求，系统化、规划化地构建知识体系。

（3）本教材在内容选择上，聚焦书证衔接融通，立足于企业生产实际和岗位需求，融入汽车运用与维修1+X职业技能等级证书标准，利用活页式教材可拆分、添加及替换的便捷优势，对接汽修产业，及时更新工作页内容；同时落实“以德树人、课程思政”功能，有机融入思政元素。除在校学生外，本教材还适用于汽修专业现代学徒制的学徒、汽车维修工、汽车保险理赔员等不同岗位人群。

（4）在编写团队上，本教材体现“校企双元”因素，构建全国职业院校汽修技能大赛优秀指导教师和三晋技术能手、山西省双师型优秀教师和企业高级技师的校企联合、专兼结合的高水平、结构化的混编师资团队。

（5）在学习评价方面，本教材对学生学习的效果采用自评、互评和师评相结合的多元开放评价，摒弃传统固定、统一的评判标准，拒绝教师的单一评价，指导学生开展自评和互评。

（6）在信息技术的使用上，本教材把握住信息技术的工具性本质——信息技术是激发学生学习兴趣、方便学生完成教学目标的工具，充分体现信息技术的工具性，利用网络信息资源促进教学时间的延伸，辅助学生完成学习任务。

四、本教材配备的数字资源

“汽车发动机电子控制技术”网络课程已于2019年在智慧职教MOOC学院平台上线（网址为https://icve-mooc.icve.com.cn/cms/），目前已完成了6轮教学实施且效果良好。该网络课程于2020年入选全国机械职业教育指导委员会第二批汽车类专业优质网络教学资源库，同年被评为山西省职业教育在线精品课程，于2022年入驻国家职业教育智慧教育平台，并且省级在线精品课程复核通过，获评国家职业教育在线精品课程。该精品课程的配套资源丰富，借鉴大赛成果，完成大赛赛点转化工作任务4个；对接“1+X”技能等级证书要求，融入17个“1+X”技能点，累计自主开发视频80个（教学视频69个、拓展视频11个）、结构动画109个、PPT课件22个、图文资源107个、试卷2套、作业35份、项目自测习题6套，基本满足不同学习者的“学用”交互需求；同时，贯彻课程思政育人理念，深挖2类20余个课程思政元素，助力思政育人。

五、特别说明

（1）本教材中的三维动画图片来自与上海景格科技股份有限公司合作开发的“汽车发动机电子控制技术”在线精品开放课程。

（2）本教材中的实物图片主要来自一汽大众企业售后服务部门，部分图片来自网络资源。

（3）本教材中的案例均来自网络资源，如搜狐汽车、汽车维修技术网等网络论坛。

编　者

目录

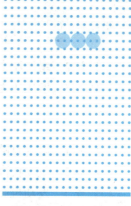

项 目 一

发动机电子控制系统整体认知

项目描述

世界上第一辆汽车正式诞生于1886年1月29日，是由卡尔·本茨和哥特里布·戴姆勒发明创造的。从14 km/h到489 km/h，汽车发动机的动力性实现了突破性的提升，汽车发动机电子控制系统（以下简称“发动机电控系统”）的技术也在不断发展变化，但其核心的结构和原理仍是对可燃混合气燃烧状态的精确控制。因此，掌握发动机电控系统的基本结构、工作原理和发动机电控系统的故障自诊断功能，灵活使用发动机电控系统故障诊断检测工具及仪器，是成为合格的汽修人必须达到的基本要求。

任务 1　发动机电控系统认识

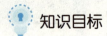

知识目标

（1）掌握发动机电控系统的应用。

（2）掌握发动机电控系统的优势。

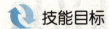

技能目标

能够指出发动机上应用的各种电控系统，并准确复述各部分的功能。

素质目标

树立正确的劳动态度、学习态度，提高学习效率。

工作情景描述

4S 店新入职的汽车机电维修工，都需要经过岗前技术培训并且考核合格才能正式上岗。本次培训的内容是汽车发动机电控系统认识，考核要求是能够指出发动机上应用的各种电控系统，并准确复述各部分的功能。

知识准备

一、发动机电控技术的应用

1. 电控燃油喷射系统

1）电控燃油喷射系统（EFI）

电控燃油喷射系统（图 1-1-1）的功能是通过电子控制单元（Electronic Control Unit，ECU）根据进气量、发动机转速确定基本喷油量，再根据其他传感器（如冷却液温度传感器、节气门位置传感器等）的信号对喷油量进行修正，使发动机在各种运行工况下均能获得最佳浓度的混合气，从而提高发动机的动力性、经济性和排放性。除喷油量控制外，电控燃油喷射系统的功能还包括喷油正时控制、点火正时控制和燃油泵控制。

2）缸内直喷系统（FSI）

缸内直喷技术（图 1-1-2）是使喷油器将燃油直接喷射到气缸燃烧室内，其喷油压力很高，一般在 50 MPa 以上。FSI 是 Fuel Stratified Injection 的缩写，意指燃油分层喷射，是直喷式汽油发动机领域的一项创新的革命性技术。FSI 燃油直喷技术在同等排量下实现了发动机动力性和燃油经济性的完美结合，是当今汽车工业发动机技术中最成熟、最先进的燃油直喷技术，并引领了汽油发动机的发展趋势。

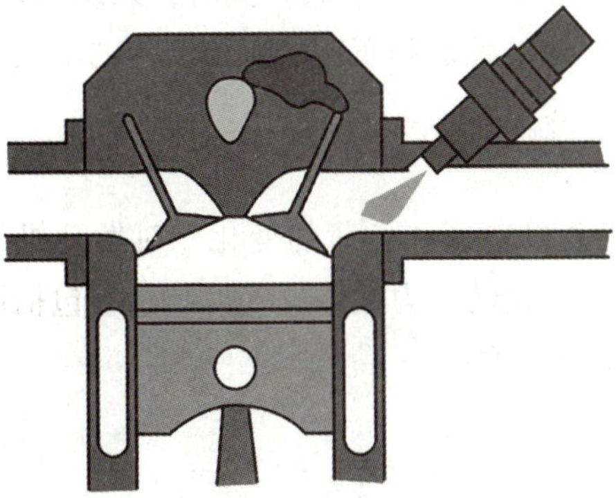

图 1-1-1　电控燃油喷射系统

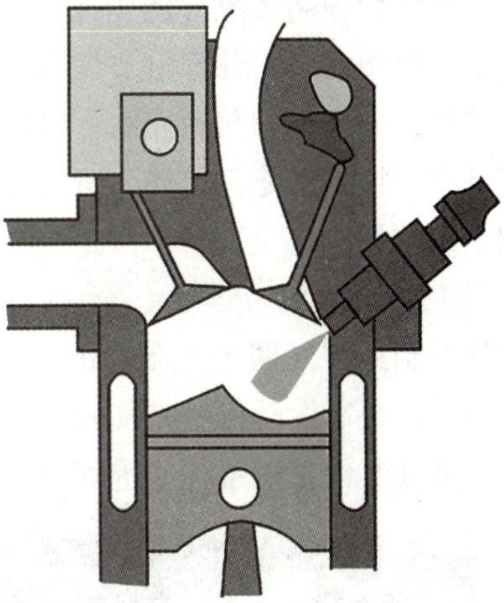

图 1-1-2　缸内直喷系统

2. 电控点火系统（ESA）

电控点火系统（图 1-1-3）的功能是控制点火提前角。根据各相关传感器的信号，判断发动机的运行工况和运行条件，选择最理想的点火提前角点燃混合气，从而改善发动机的燃烧过程，避免爆震等不正常燃烧现象，以实现提高发动机的动力性、经济性和降低排放污染的目的。

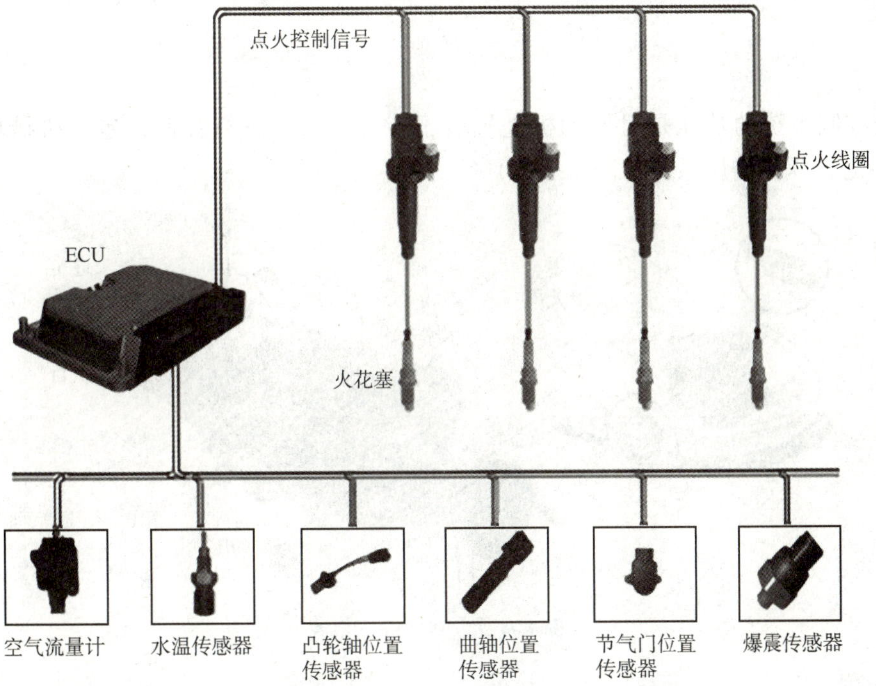

图 1-1-3　电控点火系统

3. 电子节气门控制系统（ETCS）

电子节气门控制系统（图1-1-4）的功能是发动机ECU根据当前行驶状况下整车对发动机的全部扭矩需求，计算出节气门的最佳开度，从而控制电动机驱动节气门到达相应的开度，使节气门开度得到精确控制，可以提高燃油经济性，减少排放，同时，系统响应迅速，可获得满意的操控性能；另外，可实现怠速控制、巡航控制和车辆稳定控制等的集成，简化了控制系统结构。

4. 进气控制系统

进气控制系统（图1-1-5）的功能是根据发动机转速和负荷的变化，对发动机的进气进行控制，以提高发动机的充气效率，从而改善发动机的动力性。进气控制系统包括可变进气系统、可变气门正时系统、进气翻板控制系统。

图1-1-4　电子节气门控制系统

图1-1-5　进气控制系统

5. 增压控制系统

增压控制系统的功能是对发动机进气增压装置的工作进行控制，包括机械增压系统（图1-1-6）、涡轮增压系统（图1-1-7）等。

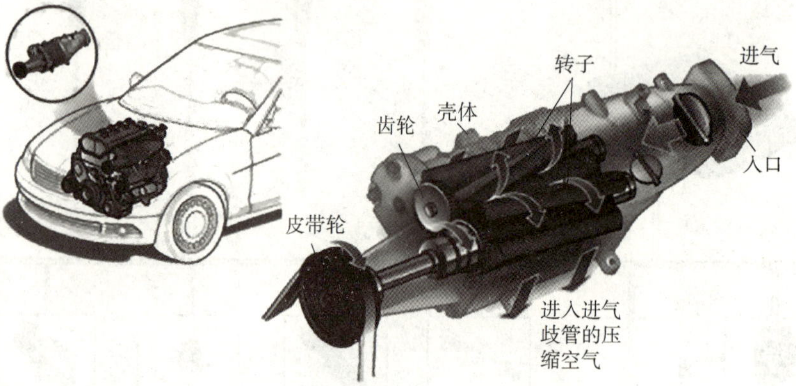

图1-1-6　机械增压系统

6. 排放控制系统

排放控制系统的功能是对发动机排放控制装置的工作进行电子控制。它包括燃油蒸汽排放（EVAP）控制系统（图1-1-8）、废气再循环（EGR）系统（图1-1-9）、三元催

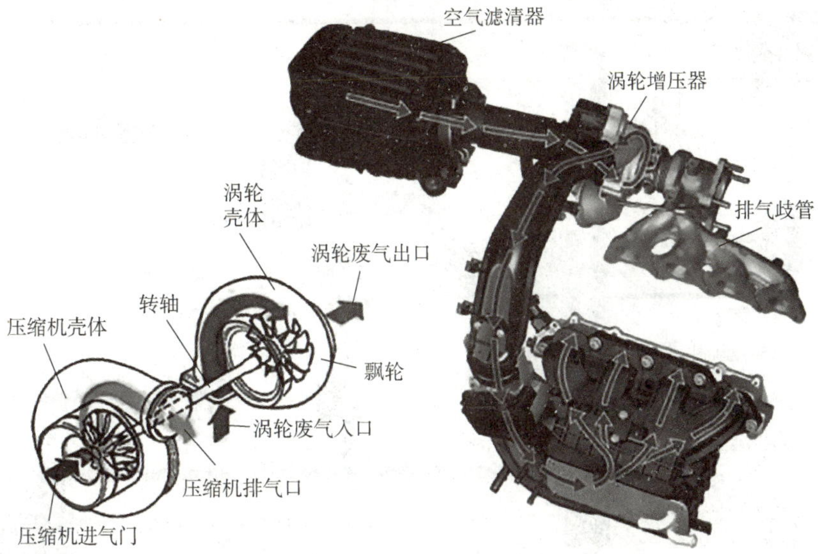

图 1-1-7　涡轮增压系统

化转换（TWC）系统（图 1-1-10）、二次空气喷射系统等，用于降低排放污染、节约油耗。

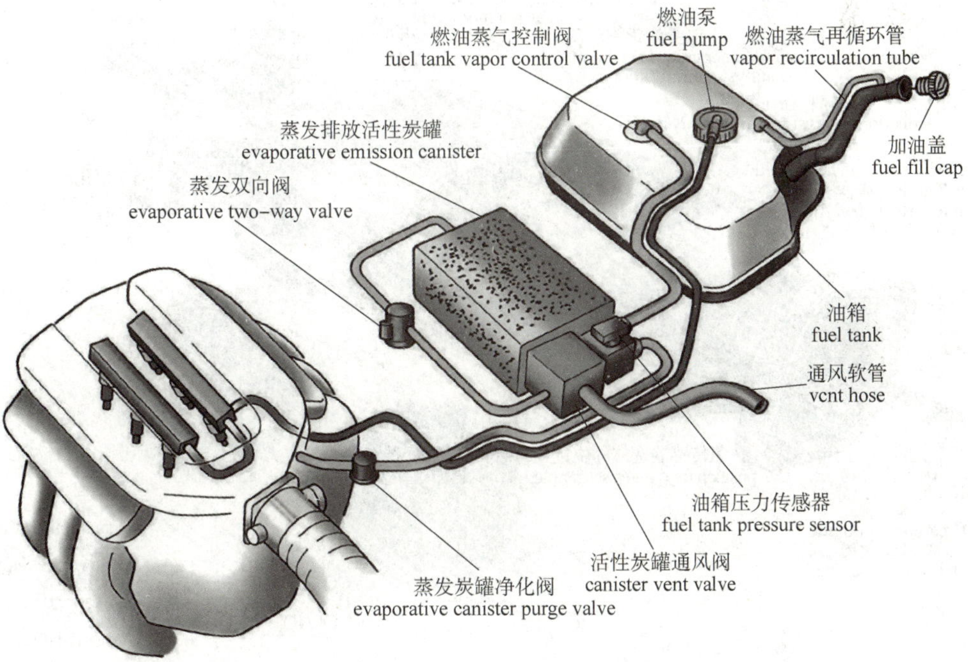

图 1-1-8　燃油蒸发排放控制系统

7. 其他控制系统

此外，应用在发动机上的电控系统还包括巡航控制系统、故障自诊断系统、失效保护系统、应急备用系统、创新温度管理系统等，用于进一步提升发动机的工作性能。

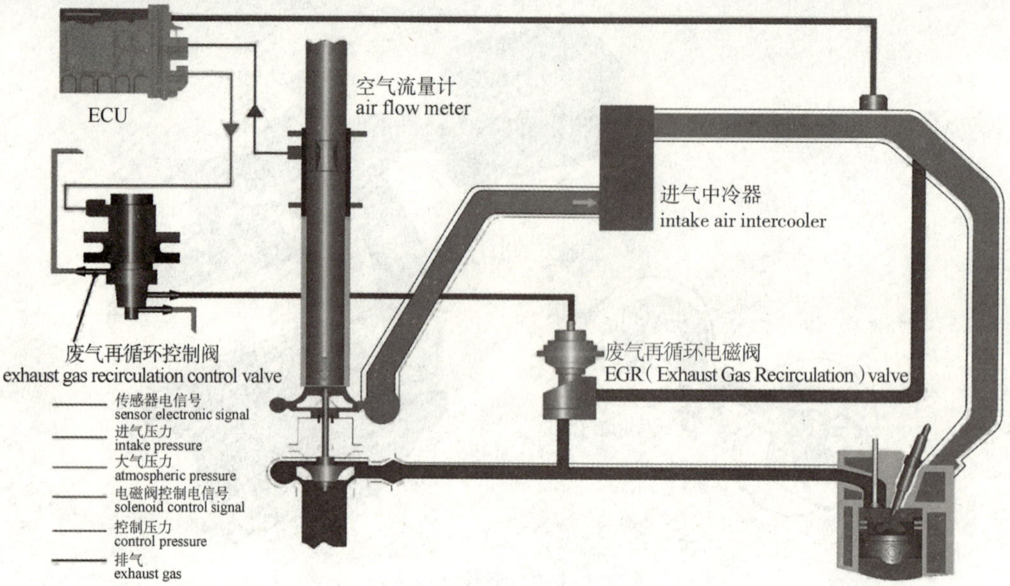
ECU
空气流量计
air flow meter
进气中冷器
intake air intercooler
废气再循环控制阀
exhaust gas recirculation control valve
废气再循环电磁阀
EGR（Exhaust Gas Recirculation）valve
传感器电信号
sensor electronic signal
进气压力
intake pressure
大气压力
atmospheric pressure
电磁阀控制电信号
solenoid control signal
控制压力
control pressure
排气
exhaust gas

图 1-1-9　废气再循环系统

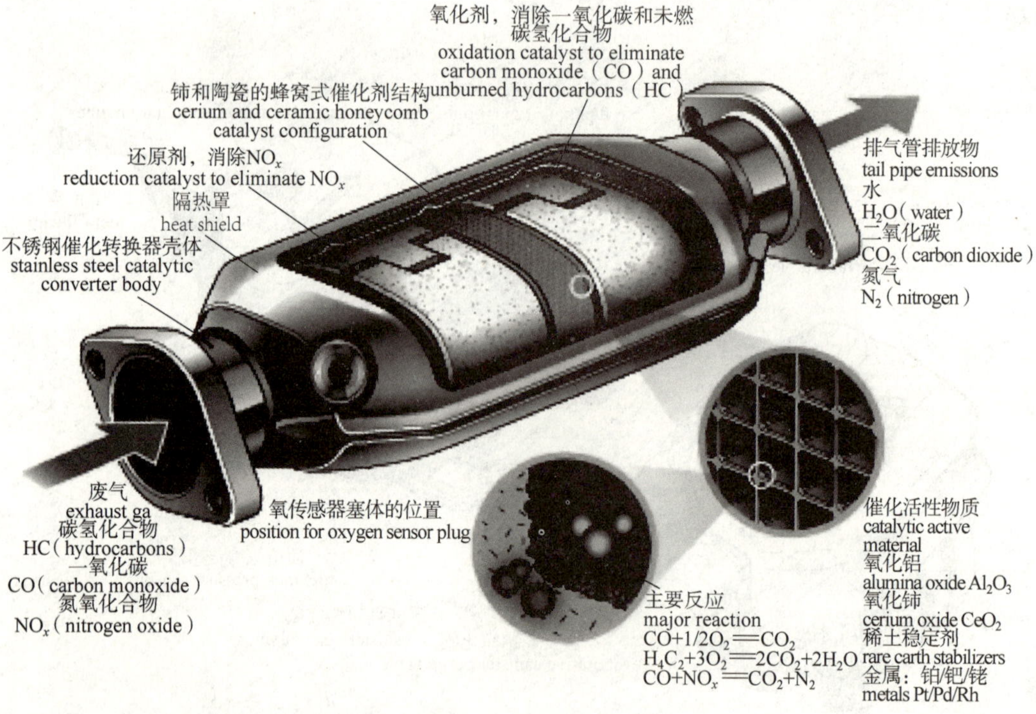
氧化剂，消除一氧化碳和未燃碳氢化合物
oxidation catalyst to eliminate carbon monoxide（CO）and unburned hydrocarbons（HC）
铈和陶瓷的蜂窝式催化剂结构
cerium and ceramic honeycomb catalyst configuration
还原剂，消除NO_x
reduction catalyst to eliminate NO_x
隔热罩
heat shield
不锈钢催化转换器壳体
stainless steel catalytic converter body
排气管排放物
tail pipe emissions
水
H_2O（water）
二氧化碳
CO_2（carbon dioxide）
氮气
N_2（nitrogen）
废气
exhaust ga
碳氢化合物
HC（hydrocarbons）
一氧化碳
CO（carbon monoxide）
氮氧化合物
NO_x（nitrogen oxide）
氧传感器塞体的位置
position for oxygen sensor plug
主要反应
major reaction
$CO+1/2O_2 = CO_2$
$H_4C_2+3O_2 = 2CO_2+2H_2O$
$CO+NO_x = CO_2+N_2$
催化活性物质
catalytic active material
氧化铝
alumina oxide Al_2O_3
氧化铈
cerium oxide CeO_2
稀土稳定剂
rare carth stabilizers
金属：铂/钯/铑
metals Pt/Pd/Rh

图 1-1-10　三元催化转换系统

二、电控技术对发动机性能的影响

发动机电控系统的主要功能是精确控制空燃比、喷油时刻与点火时刻，使发动机的综合性能得到全面的提高。其主要优势如下。

1. 更精确的空燃比控制

通过采用氧传感器对空燃比进行反馈控制，可以更精确地修正空燃比，不仅可以保证流量变化时的空燃比维持在理想状态下不变，还可以在工况或者环境条件变化时及时提供随之变化的空燃比，提高发动机的动力性和经济性。

2. 更精准的点火正时

在点火方面，ECU 通过采集工况信息和发动机运行条件，进行精密的计算分析，可得出更理想的点火时刻和点火能量，使燃烧效率得到显著的提升。

3. 更高质量的充气效果

由于电控燃油喷射系统的进气管中不存在化油器中的喉管，进气系统的进气阻力和进气压力损失较小，充气效率较高。同时，进气管的优化设计充分考虑了气流流动的因素，采用了 VTEC、VVT 等可变进气技术，使充气量大大增加，进一步提高了发动机的动力性。

4. 更完善的燃油经济性

采用电控燃油喷射系统，通过改变喷油器的通电持续时间，可精确地控制喷油量，这样不但有利于提高发动机的经济性，而且有利于降低一氧化碳（CO）和碳氢化合物（HC）的排放量。

5. 更低的排放污染

电控燃油喷射系统采用氧传感器反馈控制时，能够精确地控制空燃比 $A/F \approx 14.7$，使三元催化转换器具有最高的转换效率，从而大大减少 CO、HC 和 NO_x 等有害气体的排放量。另外，现代发动机电控系统还包括废气再循环、二次空气喷射、三元催化转换等控制功能，从而可以使有害物的排放量进一步减少。

6. 更灵活的工况过渡

当发动机运行工况发生变化时，电控燃油喷射系统能够根据传感器输入信号迅速调整喷油量或喷射正时，提供与该种工况相适应的最佳空燃比，提高了发动机对加、减速工况的响应速度及工况过渡的平稳性。另外，采用电控燃油喷射方式，汽油的雾化质量好，蒸发速度快，在各种工况下混合气都具有良好的品质，这也有利于提高发动机在非稳定工况下的性能。

7. 更好的环境适应性

当汽车在不同地理环境或不同气候条件的地区行驶时，对于采用体积流量方式测量进气量的电控燃油喷射系统，电控系统能根据大气压力、环境温度及时对空燃比进行修正，从而使汽车在各种地理环境及气候条件下运行时，无须调整即可保证良好的综合性能。

8. 更卓越的起动性能和暖机性能

发动机在高温或低温条件下起动时，电控燃油喷射系统能根据起动时发动机冷却水的温度，提供与起动条件相适应的喷油量，使发动机在高温和低温条件下都能顺利起动。低温起动后，电控燃油喷射系统还能根据发动机冷却水温度自动调整喷油量和空气供给量，加快发动机暖机过程，使发动机很快进入正常运行状态。

三、发动机电控系统的基本组成

发动机电控系统包括传感器、ECU 和执行器，如图 1-1-11 所示。发动机在运行时，ECU 接收各传感器送来的发动机工况信号，根据 ECU 内部预先编制的控制程序和存储的数据，通过计算、处理、判断确定适应发动机工况的喷油量（喷油时间）、点火提前角等参数，并将这些数据转变为电信号，向各个执行器发出指令，从而使发动机保持最佳运行状态。

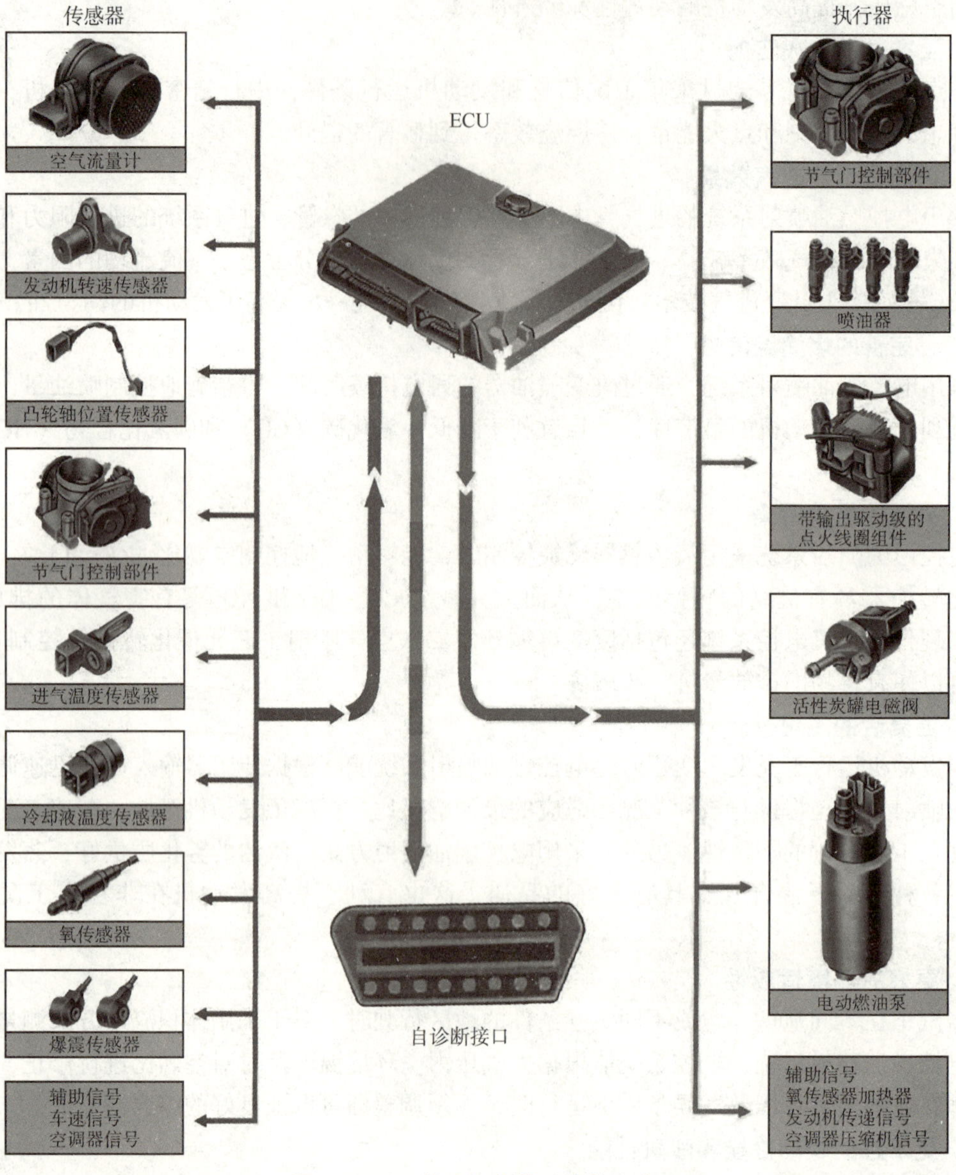

图 1-1-11　发动机电控系统的组成

1. 传感器

传感器的功能是检测发动机运行状态的各种参数（温度、压力等），并将这些参数转换成计算机能够识别的电信号输入 ECU。传感器相当于人的视觉、触觉、听觉、嗅觉、味觉等五觉。

为了实现精密的控制功能，发动机电控系统配备了多个不同功能的传感器。

（1）空气流量计，又称为空气流量传感器（MAFS）。安装在空气滤清器后方（图 1-1-12），用来检测进入发动机的进气量。

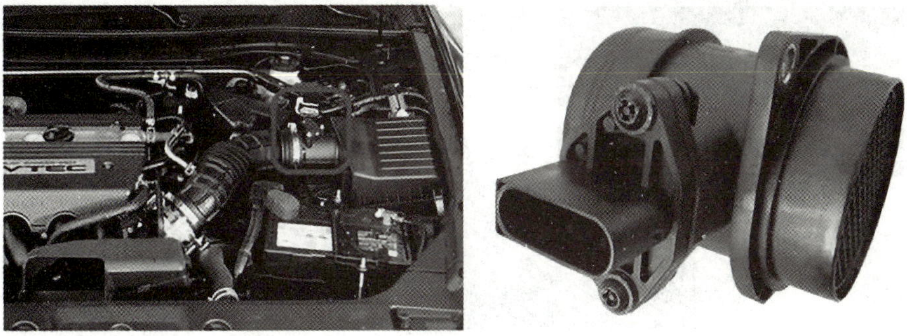

图 1-1-12　空气流量计

(2) 进气歧管绝对压力传感器（MAPS）。安装在发动机的进气歧管上（图 1-1-13），用来测量进气歧管内气体的绝对压力，将信号输入发动机 ECU。

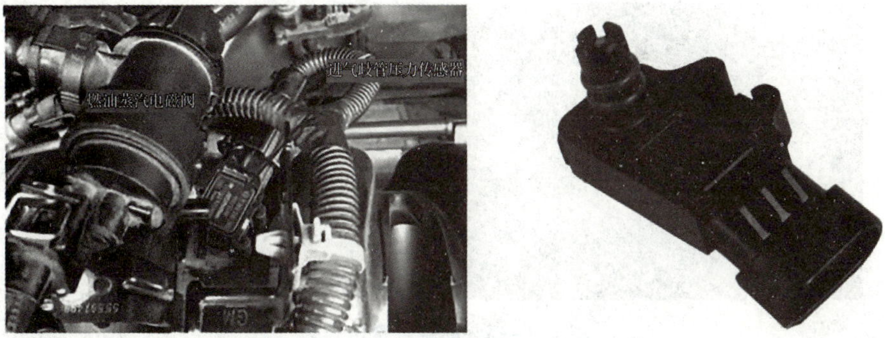

图 1-1-13　进气歧管绝对压力传感器

(3) 电子节气门（ET）。安装在进气总管和进气歧管的连接处（图 1-1-14），发动机 ECU 根据实际工况和发动机运行条件，控制节气门开度变化，同时将节气门开度变化情况反馈给发动机 ECU。

图 1-1-14　电子节气门

(4) 凸轮轴位置传感器（CMPS）。安装在发动机气门室盖靠近传动带的一端（图 1-1-15），用来检测凸轮轴转角信号，和曲轴位置传感器一起确定各气缸的工作行程。

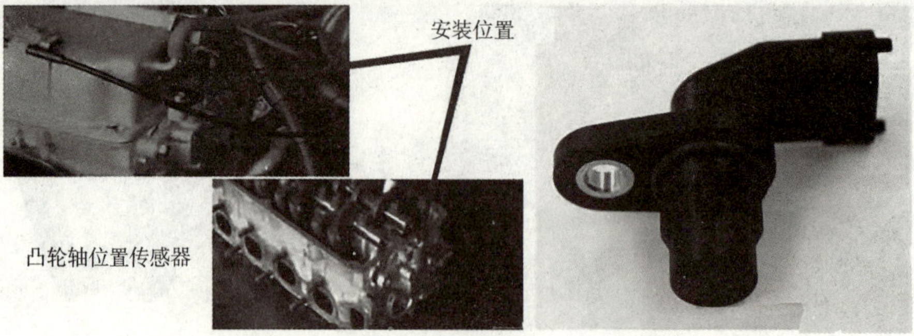

图 1-1-15　凸轮轴位置传感器

(5) 曲轴位置传感器（CKP）。安装在缸体上（图 1-1-16），用来检测发动机转速和曲轴的位置，从而确定喷油时刻和点火时刻。

图 1-1-16　曲轴位置传感器

(6) 冷却液温度传感器（ECT）。安装在出水管附近（图 1-1-17），用来检测发动机工作时冷却液的温度。

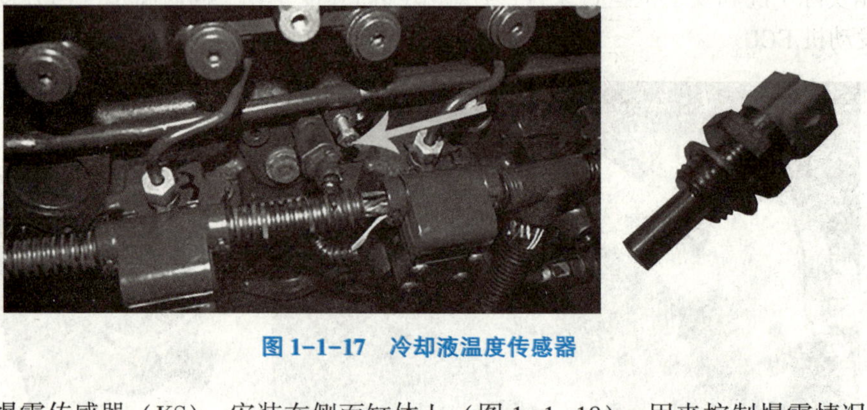

图 1-1-17　冷却液温度传感器

(7) 爆震传感器（KS）。安装在侧面缸体上（图 1-1-18），用来控制爆震情况的发生，控制点火时刻。

(8) 氧传感器（EGO）。安装在排气管上（图 1-1-19），用来检测排气中氧的含量，从而根据反馈信号修正空燃比。

(9) 进气温度传感器（IAT）。安装在进气歧管上（图 1-1-20），采用热敏电阻敏感元件，提供进气温度信号，作为燃油喷射和点火正时控制的修正信号。

图 1-1-18　爆震传感器

图 1-1-19　氧传感器

图 1-1-20　进气温度传感器

2. 发动机 ECU

发动机 ECU 也称为电脑、控制单元，对于不同车型，ECU 的搭载位置也不同（图 1-1-21），它的主要功能如下。

（1）接受传感器和其他装置的输入信号，储存车型的特征参数和运算所需的有关数据信号。

(2) 确定计算输出指令所需的程序，并根据输入信号和相关程序计算输出指令数值。

(3) 将输入信号和输出指令信号与标准值进行比较，确定并存储故障信息。

(4) 向执行元件输出指令，或根据指令输出自身已存储的信息。

(5) 自我修正（学习功能）。

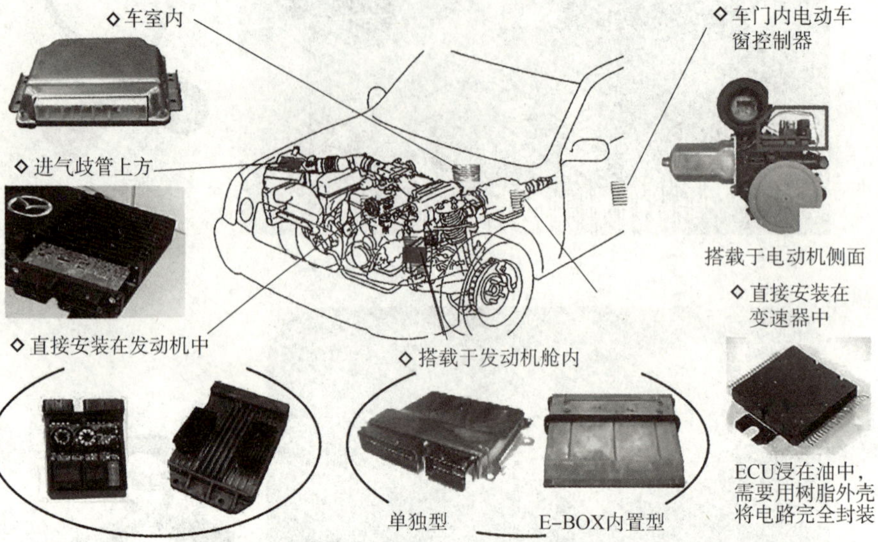

图 1-1-21　ECU 的搭载位置

3. 执行器

执行器是电控系统中的执行机构，功能是接受 ECU 的指令，完成具体的控制动作。执行器包括以下执行元件。

1) 电动燃油泵

电动燃油泵安装在油箱内（图 1-1-22），它的主要任务是供给电控燃油喷射系统足够的、具有规定压力的汽油。ECU 通过控制燃油泵继电器来控制电动燃油泵的启动/停止。

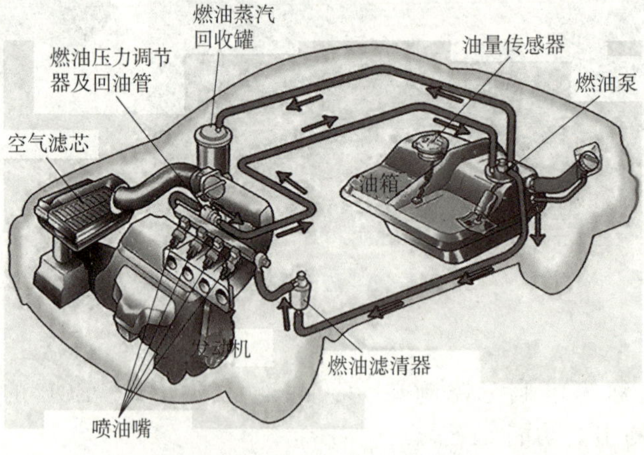

图 1-1-22　燃油泵的安装位置

2）喷油嘴

喷油嘴是发动机电控系统的一个关键的执行器，其根据安装位置的不同（图 1-1-23），分为缸内直喷喷油嘴和歧管喷射喷油嘴。它接受 ECU 送来的喷油脉冲信号，喷油脉冲宽度决定喷油器针阀开启时间，即决定喷油量大小。

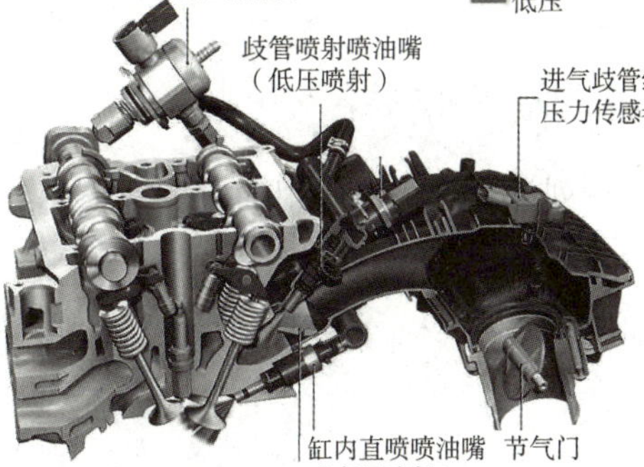

图 1-1-23 喷油嘴的安装位置

3）点火模块

点火模块位于气缸盖顶部（图 1-1-24），由 ECU 控制点火线圈初级电流通断并在次级线圈中感应出高压电，使相应气缸的火花塞跳火，点燃混合气。

图 1-1-24 点火模块的安装位置

4）活性炭罐电磁阀

活性炭罐电磁阀与进气歧管后方的真空管相连（图 1-1-25），ECU 根据发动机的水温、转速和负荷等信号，控制活性炭罐电磁阀的开启动作，回收电控燃油喷射系统的汽油蒸汽。

图 1-1-25 活性炭罐电磁阀的安装位置

5）废气再循环电磁阀

ECU 控制废气再循环电磁阀的开启动作，使一定数量的废气进行再循环燃烧，以降低气缸燃烧温度，从而降低 NO_x 的产生。

除上述元件外，发动机电控系统中还包括 PCV 阀、二次空气喷射阀、凸轮轴调节阀、风扇继电器等执行器。

任务实施

一、收集资讯

（1）列举发动机上应用的电控系统。

（2）简述电控技术对发动机性能的影响。

（3）简述发动机电控系统的基本组成及功能。

二、计划和决策

要想顺利地排除发动机电控系统的故障，还需要了解各个电控系统的位置及功能，在实车上找出发动机电控系统各个元件所在的位置，并复述其功能。可参考以下步骤进行。

（1）打开车门，铺好“三件套”，拉动发动机舱盖手柄。

（2）打开发动机舱盖，铺好发动机舱防护罩，拆下发动机护板。

（3）找出空气滤清器、进气管道，并观察其结构及布置。

（4）找出空气流量计（或进气压力传感器）、节气门及节气门位置传感器、凸轮轴位置传感器、冷却液温度传感器、爆震传感器，并观察其各自的位置和连接线。

（5）找出各喷油器、点火模块，并观察其各自的位置。

（6）找出发动机 ECU，观察其安装位置。

（7）拆下后排座椅垫总成，拆卸后地板检修孔盖，观察燃油箱及电动燃油泵有无泄漏。

（8）按照举升机的操作要求采取相应的安全防护措施，用举升机举升车辆。

（9）从车辆底部找出曲轴位置传感器、氧传感器，并观察其各自的位置。

（10）按照相反的顺序将汽车及举升机复位，并检查复位状况是否良好。

对于不同的车型，各传感器的位置、型号也有所不同，请参照实际实训条件，结合上述步骤，制定符合实际情况的实施方案，并填入表 1-1-1。

表 1-1-1 实施方案和计划

<table>
<tr><td rowspan="11">实施步骤</td><td>序号</td><td colspan="2">实施内容</td><td>工具</td></tr>
<tr><td></td><td colspan="2"></td><td></td></tr>
<tr><td></td><td colspan="2"></td><td></td></tr>
<tr><td></td><td colspan="2"></td><td></td></tr>
<tr><td></td><td colspan="2"></td><td></td></tr>
<tr><td></td><td colspan="2"></td><td></td></tr>
<tr><td></td><td colspan="2"></td><td></td></tr>
<tr><td></td><td colspan="2"></td><td></td></tr>
<tr><td></td><td colspan="2"></td><td></td></tr>
<tr><td></td><td colspan="2"></td><td></td></tr>
<tr><td></td><td colspan="2"></td><td></td></tr>
<tr><td colspan="2">实施方案其他说明</td><td></td><td>组长签字</td><td></td></tr>
</table>

三、实施

(1) 技术要求与标准。

①能够熟练地找出实训车上各传感器、执行器、ECU、电动燃油泵、继电器盒。

②习惯性地使用“三件套”、发动机舱防护罩等汽车防护物品，养成良好的职业习惯。

③养成“采取安全防护措施”的习惯。

④养成工具、零部件、油液“三不落地”的职业习惯，工具及拆下的零部件等都应整齐地放置在工具车及零件盘中。

(2) 场地设施：具备消防设施的综合实训场地。

(3) 设备、设施：实训车一辆或电控发动机实训台架一部、举升机一台。

(4) 耗材：干净抹布。

(5) 实操演练。

在实车或电控发动机实训台架上指出应用在发动机上的各个电控系统，并准确复述各电控系统的功能，考查学生是否能够正确地识别发动机上的各个电控系统，是否能够独立完成实操任务。

四、检查与评估

考核类别	考核点	评分标准	分值	自我评价（20%）	组长评价（40%）	教师评价（40%）	得分
过程考核（30分）	操作及人身安全	出现常识性失误扣3分，手指或肢体受伤扣5分	5				
	车辆、设备是否损坏	设备损坏扣5分，车辆损坏扣5分	5				
	工具归位情况	零部件摆放凌乱扣1分，工具未归位扣1分	2				
	操作过程清洁或离场清洁情况	实训环境差扣1分，离场未清扫现场扣1分	2				
	环保意识、垃圾分类	未及时处理工作产生的废弃物扣2分	2				
	操作工具、起动车辆情况	擅自操作仪器扣2分，起动车辆时未警示他人扣2分	4				
	小组协作、沟通能力	组员闲置超时扣5分，无交流扣5分	2				
	作业过程中是否存在肢体碰撞、混乱现象	现场混乱扣5分，肢体碰撞扣5分	2				
	工作态度及规范执行能力	态度消极扣5分，不执行组长命令扣5分	4				
	良好的职业形象和精神风貌	着装怪异扣5分，嬉笑打闹扣5分	2				
工单完成效果评价（70分）	是否查阅资料，理论是否充足	没有罗列资料清单扣3分	5				
	实施计划方案书写是否认真	没有实施计划扣10分，不认真书写实施计划方案书扣3分	10				
	工单书写是否翔实，检修思路表达是否清晰、完整	工单书写不认真扣3分，检修思路不完整扣5分	10				
	工单是否有抄袭现象	工单有一处抄袭扣2分，直至扣完	15				
	工具、仪器使用是否正确	仪器使用错误扣3分	15				
	数据测量及分析是否正确	数据测量有误扣3分，分析不当扣3分	15				
合计			100				

五、拓展学习

1. 汽油发动机电控技术的发展

1）燃油喷射系统的发展

（1）机械式连续喷射系统（K 型）。

1967 年，德国博世（BOSCH）公司研制成功 K-Jetronic 机械式燃油喷射系统，如图 1-1-26 所示。K 是德语 Kontinuierlich（连续）的第一个字母，K 型燃油喷射系统有时也称为 CIS（连续喷射系统）。它的特点是：喷油是连续的，同时将压力为 0.36 Mpa 的燃油从喷油嘴直接喷在进气门附近，进入发动机进气道参加燃烧。

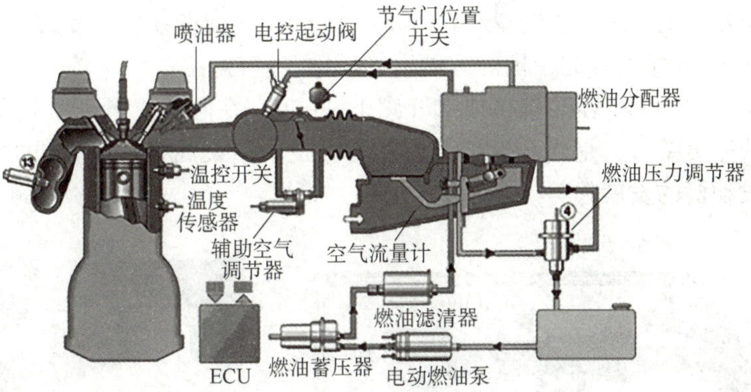

图 1-1-26　机械式连续喷射系统（K 型）

（2）机电混合式连续喷射系统（KE 型）。

德国博世公司通过在 K 型燃油喷射系统的基础上增加空气流量计、节气门位置传感器、冷却液温度传感器等元件，将其改进为 KE 型（KE-Jetronic）燃油喷射系统，即机电混合控制的燃油喷射系统，如图 1-1-27 所示，开创了发动机燃油喷射的电子控制时代。

KE 型燃油喷射系统发动机 ECU 根据各个传感器的信号，通过调节器改变供油的压差，调节燃油供给量，从而修正不同工况下混合气的浓度。相对于 K 型燃油喷射系统，KE 型燃油喷射系统对混合气控制的精度有了明显的提高。由于该系统的主要功能仍由机械装置完成，控制精度偏低，至 20 世纪 90 年代初该系统已逐渐被淘汰。

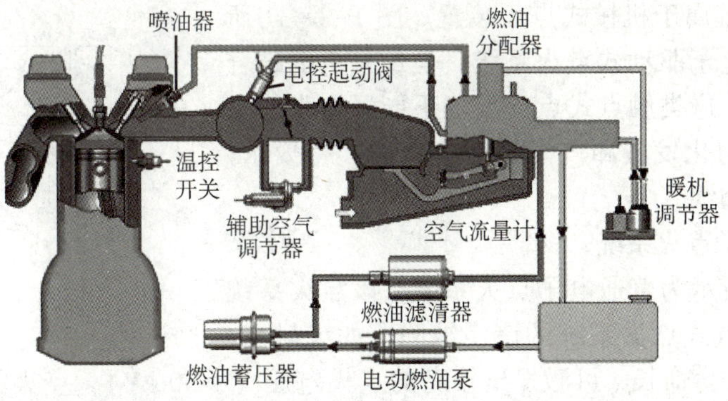

图 1-1-27　机电混合式连续喷射系统（KE 型）

（3）间歇式电控燃油喷射系统（EFI 型）。

在 1967 年，德国博世公司开发出用进气歧管真空度控制空燃比的 D 型（D-Jetronic）模拟电子控制燃油喷射系统，它属于间歇式电控燃油喷射系统，即在发动机运转期间间歇性地向进气歧管中喷油，相比于连续燃油喷射系统，其控制更为精确且省油。

1973 年，D 型模拟电子控制燃油喷射系统经改进发展为采用翼板式空气流量计直接测量进气空气体积流量来控制空燃比的 L 型（L-Jetronic）电控燃油喷射系统，如图 1-1-28 所示。后来人们又相继开发出采用热线式和热膜式空气流量计的更先进的电控燃油喷射系统，进一步提高了控制精度。

（4）缸内直喷系统。

缸内直喷技术是由柴油发动机衍生而来的科技，最先采用缸内喷注式汽油发动机的是日本三菱汽车公司创制的 1.8 L 顶置双凸轮轴 16 气门 4G93 型发动机，安装在三菱 HSR-V 型概念车上，并在 1996 年 6 月北京国际车展上广泛做了宣传。

奥迪汽车所采用的 FSI 燃油直喷技术（图 1-1-29）在同等排量下实现了发动机动力性和燃油经济性的完美结合，是当今汽车工业发动机技术中最成熟、最先进的燃油直喷技术，并引领了汽油发动机的发展趋势。

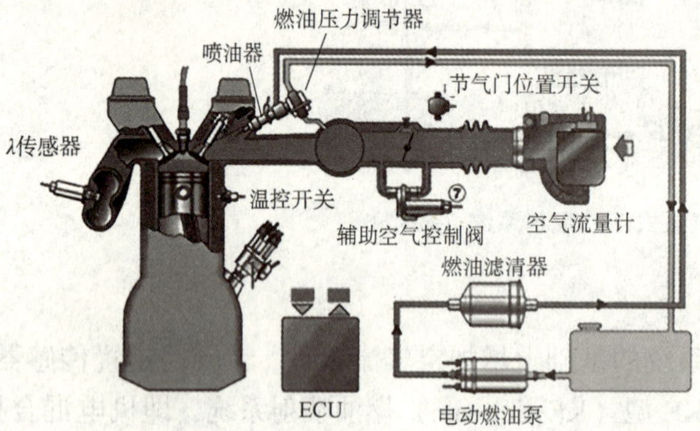

图 1-1-28　L 型电控燃油喷射系统

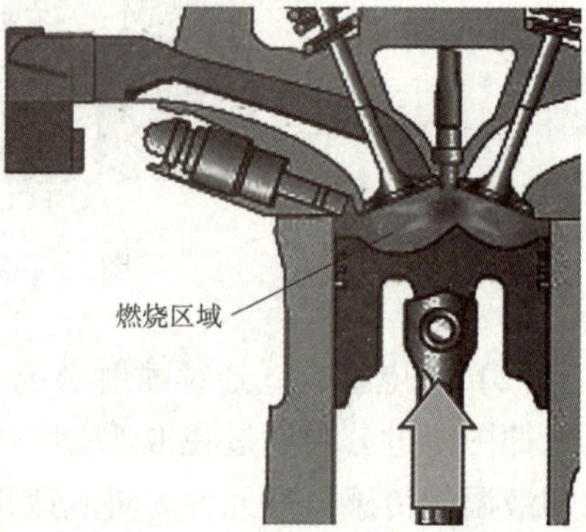

图 1-1-29　缸内直喷系统

2）点火系统的发展

（1）传统触点式点火系统。

早期汽车采用白金触点点火系统，如图 1-1-30 所示。这种点火系统属于机械式点火装置。图 1-1-31 所示是白金触点加电子驱动式点火系统，是最早机电结合的典型代表之一，这类触点式点火系统不能适应现代发动机向高速、大力化发展和汽车排污净化的严格要求，目前已经被逐步淘汰。

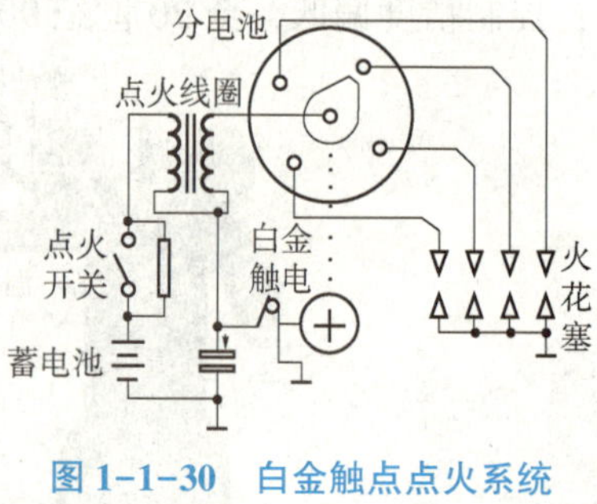

图 1-1-30　白金触点点火系统

（2）普通电子点火系统。

图 1-1-32 所示为普通电子点火系统。该点火系统基本上克服了触点式点火系统的诸多缺陷，如无触点、无机械磨损、工作寿命长、可激发出较高的点火电压（≥30 kV）、点火能量高、可促进燃油的充分燃烧、提高了输出动力、降低了油耗和排放污染，但它不能准确控制点火提前角，点火正时不够理想，随着发动机电控系统的发展也逐渐被淘汰。

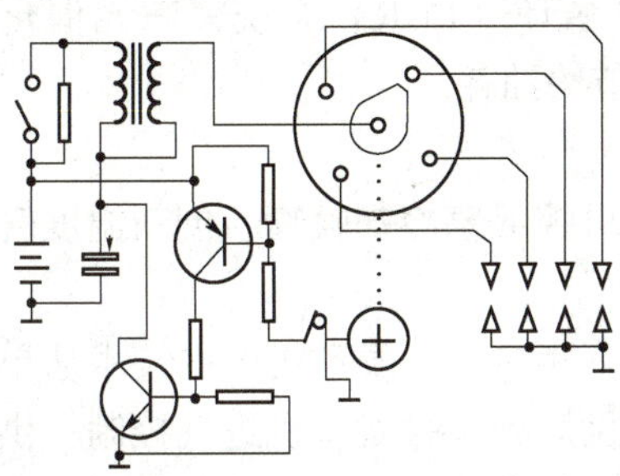

图 1-1-31 白金触点加电子驱动式点火系统

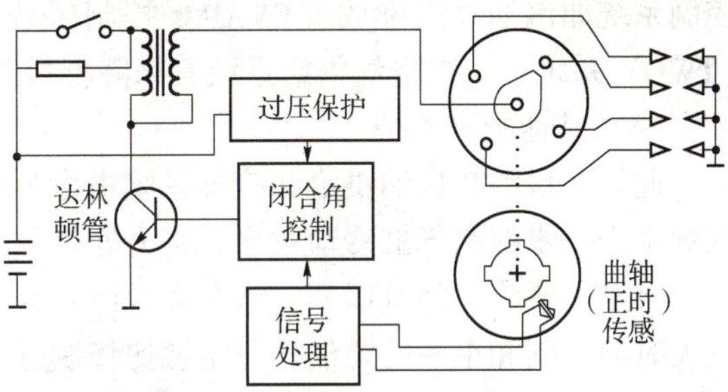

图 1-1-32 普通电子点火系统

（3）微机控制点火系统。

目前得到广泛应用的微机控制点火系统（图 1-1-33），采用发动机 ECU 来控制点火提前角和闭合角，可使发动机处于最佳点火状态，从而大大改善了排放污染和油耗等指标。

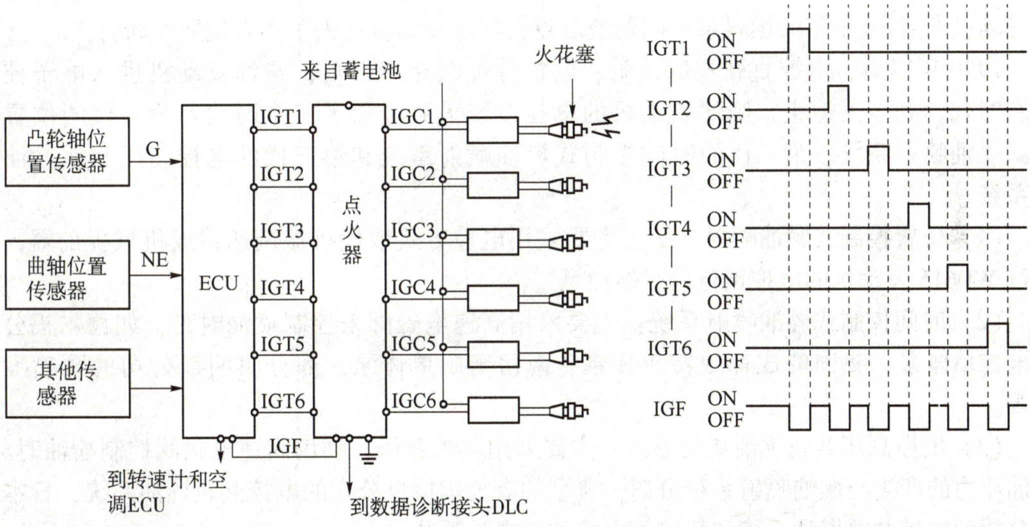

图 1-1-33 微机控制点火系统

3）发动机辅助控制系统

（1）独立的电子节气门系统。

电子节气门的研究工作起源于 20 世纪 70 年代，在 20 世纪 80 年代开始有产品问世，这些年来，电子节气门的研究取得了非常迅速的发展。其发展趋势可总结为：在控制策略上由线性控制发展为非线性控制，由辅助电子节气门系统发展为独立的电子节气门系统，从单一的控制功能发展到集成多种控制功能，兼顾提高动力性、经济性、操纵稳定性、排放性和乘坐舒适性。

（2）进气与增压控制系统。

为了进一步提高发动机的经济性和动力性，现代汽车采用了诸如进气涡轮增压、可变气门正时控制、进气噪声控制、进气歧管控制、进气惯性增压控制、可变进气系统控制、气缸切断控制等多种控制装置来改善发动机的进气效率。

（3）排放控制系统。

为了适应汽车油耗法规、排放法规要求的逐步提高，各大汽车生产厂家应用了多种排放控制系统如汽油蒸汽排放（EVAP）控制系统、废气再循环（EGR）系统、三元催化转换（TWC）系统、二次空气供给系统等来降低排放污染、节约油耗。

（4）其他控制系统。

此外，目前在机油供给和冷却系统中也分别采用了可控活塞冷却喷嘴、创新温度管理系统等来进一步控制气缸冷却效果，提升燃烧效率。

自第一辆汽车问世以来，汽车发展已经经历了100多年，汽车发动机电控技术从单一的点火时刻控制和单一的燃油喷射空燃比控制开始，逐步发展到包含发动机进气控制、供油控制、点火控制、排放控制等多项技术的发动机管理系统（也称为发动机综合控制系统）。

2. 柴油发动机电控技术的发展

1893年，世界上第一台狄塞尔发动机诞生，即现在的柴油发动机。

1923年，MAN公司和奔驰公司相继将狄塞尔发动机装到卡车上，从此开启了柴油发动机的新纪元。

1927年，德国博世公司开始批量生产2缸、4缸、6缸发动机的直列式燃油泵，制约柴油发动机发展30余年的燃料系统问题被攻克，柴油发动机迎来了蓬勃发展的新时代。

1970年以后，电控直列式燃油泵、电控分配泵相继出现，柴油发动机进入电子控制的新时代。到今天为止，柴油发动机的电控系统大致经历了三个时代：第一代的位置控制式燃油喷射系统、第二代的时间控制式燃油喷射系统和第三代的电控高压共轨燃油喷射系统。

（1）位置控制式燃油喷射系统：主要采用电控方式取代机械调速器或机械提前器，如重汽WD615发动机的电控预行程式燃油泵。

（2）时间控制式燃油喷射系统：主要采用高速电磁阀来控制喷油时刻，如德尔福公司的电控单体泵，我国的成都威特单体泵、南岳衡阳单体泵，部分康明斯公司的泵喷嘴系统等。

（3）电控高压共轨燃油喷射系统：主要采用共轨蓄压，利用高速电磁阀控制喷油时刻，燃油压力的产生与燃油喷射系统分离，典型的有德国博世公司的电控共轨燃油系统、日本电装公司的电控共轨燃油系统和德尔福电控共轨燃油系统。

电控高压共轨燃油喷射系统是当今控制精度最高的一种燃油喷射系统，其基本原理与汽油喷射技术类似，显著特点是：能够自由改变喷油压力、喷油量、喷油定时和喷油特性（即实现引导喷射、预喷射、主喷射、后喷射和次后喷射等多段喷射，目前已实现3次、5次或更多次喷射）。通过预喷射，可降低柴油发动机噪声；通过后喷射，可降低发动机氮氧化合物NO_x和颗粒物（Particulate Matter，PM）的排放量。因此，柴油发动机采用高压共轨式电控柴油喷射技术，能使柴油良好雾化、提高燃烧效率，从而达到降低油耗、减少排放、降低噪声和减小振动的目的。

学习汽修人的全国劳模——吕义聪

3. 发散思维

你认为汽车发动机电控系统的发展趋势是什么？

六、任务总结

1. 学到了哪些知识

2. 掌握了哪些技能

3. 提升了哪些素质

4. 自己的不足之处及同组同学身上值得自己学习的地方有哪些

任务 2　发动机 ECU 认识

知识目标

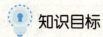

(1) 了解发动机 ECU 的组成和功能。
(2) 了解发动机电控系统故障自诊断系统的功能及原理。

技能目标

(1) 能够正确连接故障解码仪。
(2) 能够正确使用故障解码仪进行故障诊断测试。

素质目标

能够树立“6S”意识，养成良好的工作习惯。

工作情景描述

4S 店新入职的汽车机电维修工都需要经过岗前技术培训并且考核合格才能正式上岗。本次培训的内容是汽车发动机 ECU 认识，考核要求是能够正确连接和使用故障解码仪进行故障诊断测试。

知识准备

一、发动机 ECU 认知

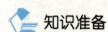

发动机 ECU 是汽车发动机控制系统的核心，它可以根据发动机的不同工况，向发动机提供空燃比最佳的混合气和最佳的点火时间，使发动机始终处于最佳工作状态，使发动机的性能（动力性、经济型、排放性）达到最高。

1. 发动机 ECU 的组成

ECU 又称为“行车电脑”“车载电脑”等。它和普通的电脑一样，由电源、输入缓冲器、AD 转换器、微控制器、EEPROM、输出驱动器、通信驱动器/接收器等组成，如图 1-2-1 所示。

(1) 电源：向发动机 ECU 内的各模块提供稳定的电压（5 V、3 V 等），并与发动机舱的 12 V 电池连接；也可用于提供 AD 转换器的标准电压，可实现较高精度。

(2) 输入缓冲器：将数字输入信号转换为可输入至微控制器的信号级（信号电平）。

(3) AD 转换器：将模拟输入信号转换为可输入至微控制器的数字信号。

(4) 微控制器：通过各种输入信号计算出控制量并输出。

(5) EEPROM：即带电可擦可编程只读存储器（Electronically Erasableand Programmable

Read Only Memory)，即使发动机熄火后电源不再供电，也能存储应记忆的数据。

(6) 输出驱动器：根据微控制器的输出信号，转换为执行器可驱动的信号形态或者增幅电压。

(7) 通信驱动器/接收器：通信驱动器是将微控制器的输出数据转换为满足通信协议的通信信号；通信接收器是将其他 ECU 发送的信号转换为可输入至微控制器的信号。

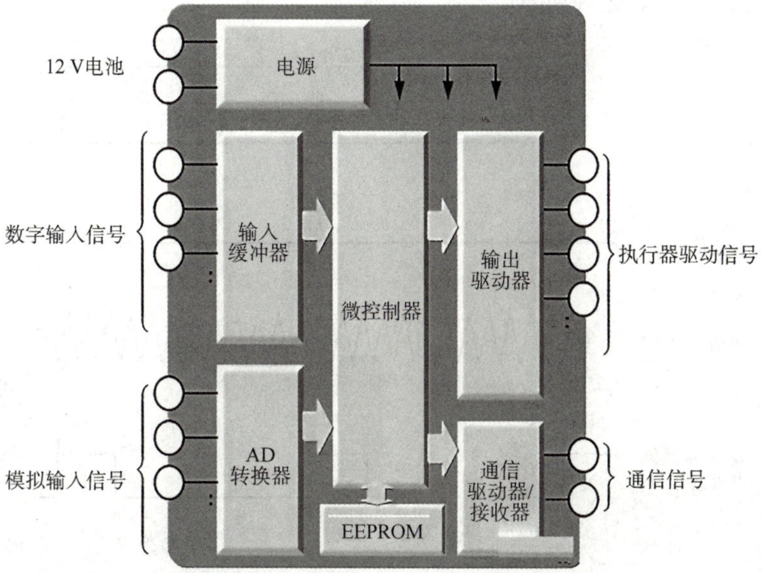

图 1-2-1　发动机 ECU 的组成

2. 发动机 ECU 的功能

1) 喷油量控制

发动机 ECU 对喷油量的控制是通过控制输出到喷油器电磁线圈的脉冲宽度来实现的，喷油量与脉冲宽度成正比。喷油脉冲宽度控制范围为 2~10 ms。

发动机在不同工况下运转时，对混合气浓度的要求也不同，特别是在一些特殊工况下(如起动、急加速、急减速等)运转时，对混合气浓度有特殊的要求。发动机 ECU 要根据有关传感器测得的运转工况，计算出对应工况的混合气浓度来精确控制喷油量。

2) 喷油正时控制

在发动机运转期间，由发动机 ECU 控制喷油器按进气行程的顺序轮流喷射燃油。喷油正时由发动机 ECU 根据曲轴位置传感器输入的信号判别各气缸的进气行程，并适时输出喷油脉冲信号，进行顺序喷射。燃油喷射时序示意如图 1-2-2 所示。

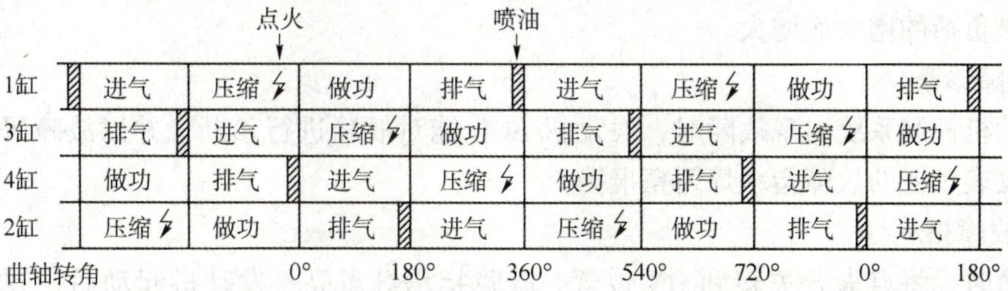
点火
喷油
1缸 进气 压缩 做功 排气 进气 压缩 做功 排气
3缸 排气 进气 压缩 做功 排气 进气 压缩 做功
4缸 做功 排气 进气 压缩 做功 排气 进气 压缩
2缸 压缩 做功 排气 进气 压缩 做功 排气 进气
曲轴转角 0° 180° 360° 540° 720° 0° 180°

图 1-2-2　燃油喷射时序示意

3）点火控制

发动机运转时，发动机 ECU 根据发动机的转速和负荷信号，计算相应工况下的点火提前角，并根据发动机的水温、进气温度、爆震信号等修正点火提前角，再根据曲轴位置传感器的信号判别曲轴转速、位置及几缸处于压缩行程上止点，然后控制点火线圈点火。

发动机 ECU 根据检测到的曲轴位置信号和上止点位置信号，控制各气缸的点火时序。4 缸发动机点火时序如图 1-2-3 所示。

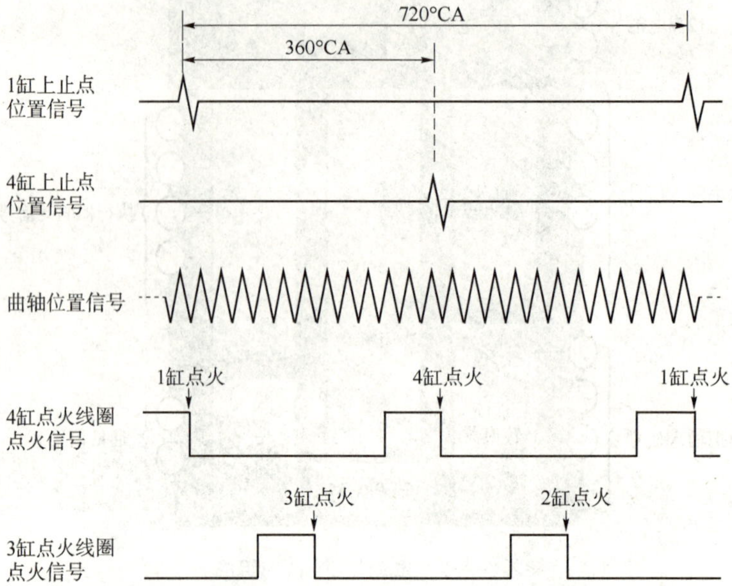

图 1-2-3　4 缸发动机点火时序

4）燃油泵控制

（1）当接通点火开关后，发动机 ECU 控制燃油泵工作 3 s，用于建立必要的油压。

（2）点火开关接通 3 s 后，如果发动机转速大于 30 r/min，则燃油泵继续运转；如果发动机转速小于 30 r/min，则燃油泵停止运转。

（3）发动机熄火时，燃油泵停止运转。

5）活性炭罐电磁阀控制

发动机在运转时，发动机 ECU 根据发动机的水温、转速等信号控制活性炭罐电磁阀工作。

6）废气再循环电磁阀控制

发动机 ECU 控制废气再循环电磁阀的开度随节气门的开度增大而增大，即废气再循环量随发动机负荷的增大而增大。

7）故障诊断

当发动机控制系统出现故障时，发动机 ECU 能对故障进行诊断，并以故障码的形式存储，通过仪表盘上的故障指示灯闪亮报警。

（1）故障指示灯。

无故障时，将点火开关转到 ON 位置，故障指示灯点亮，发动机起动后，故障指示灯熄灭。

有故障时，将点火开关转到 ON 位置，故障指示灯点亮；发动机起动后，故障指示灯不熄灭。

短接故障诊断插座的诊断短接端子，将点火开关转到 ON 位置，但不起动发动机。无故障时，故障指示灯常亮；有故障时，按以 0.5 s 为周期闪烁故障码后停 1 s 的方式循环显示故障码。

（2）故障记录。

发动机 ECU 将检测到的故障分为“永久性故障”和“临时性故障”，并将其以故障码的方式存储。如果发动机 ECU 检测到某个故障连续出现时间超过 500 ms，则此故障被确定为“永久性故障”。此后如果此故障消失，则此故障被确定为“临时性故障”。如果连续 50 次起动发动机都没有检测到此故障，则发动机 ECU 自动去除该“临时性故障”记录。

二、汽车故障自诊断系统

在发动机控制系统中，发动机 ECU 都有故障自诊断系统，对发动机控制系统各部分的工作情况进行监测。当发动机 ECU 检测到来自传感器或输送给执行元件的故障信号时，立即点亮仪表盘上的故障指示灯，以提示驾驶员发动机有故障；同时，发动机控制系统将故障信息以设定的故障码形式存储在存储器中，以便帮助维修人员确定故障类型和范围。

1. 汽车故障自诊断系统的功能

以传感器、执行器、发动机 ECU 三者为监测对象，在发动机控制系统运行过程中监测输入信息，当某一信息超出预设的范围值，并且持续一定时间时，自诊断模块便判断为出现故障，并把该故障以代码的形式存储，同时点亮故障指示灯。

1）发现故障

输入微控制器的电平信号，在正常状态下有一定的范围，如果此范围以外的信号被输入，发动机 ECU 就会诊断出该信号系统处于异常状态。例如，规定发动机冷却水温信号系统在正常状态时，传感器的电压为 0.08~4.8 V，超出这一范围即被诊断为异常。

2）故障分类

当发动机 ECU 工作正常时，通过诊断用程序检测输入信号的异常情况，再根据检测结果分为不导致障碍的轻度故障、引起功能下降的故障以及重大故障等。

3）故障报警

一般通过设置在仪表盘上的故障指示灯的闪亮来向车主报警。在装有显示器的汽车上，也有直接用文字来显示报警内容的。

4）故障存储

在检测故障时，在存储器中存储故障部位的代码，一般情况下，即使点火开关处于断开位置，发动机 ECU 和存储部分的电源也保持接通状态以避免存储的内容丢失。只有在断开蓄电池电源或拔掉保险丝时，由于切断了发动机 ECU 的电源，存储器内的故障代码才会被自动消除。

5）故障处理

在汽车运行过程中如果发生故障，为了不妨碍正常行驶，会采用应急程序维持汽车运行，待停车后再由车主或维修人员进行相应的检修。

2. 汽车故障自诊断系统的原理

故障自诊断系统监测的对象是汽车上的各种传感器、发动机电控系统本身以及各种执行元件。在汽车运行过程中监测上述3种对象的输入信号，当某一信号超出了预设的范围值且这一现象在一定的时间内不会消失，故障自诊断系统便判断这一信号对应的电路或元件出现故障，并把这一故障以代码的形式存入内部存储器，同时点亮仪表盘上的故障指示灯。针对3种监控对象产生的故障，故障自诊断系统采取不同的应急措施。

（1）当某一传感器或电路产生故障后，其信号就不能再作为汽车的控制参数。为了维护汽车各系统的运行，故障自诊断系统便从其程序存储器中调出预先设定的经验值，作为该电路的应急输入参数，保证汽车各系统可以继续工作。

（2）当发动机电控系统本身产生故障时，故障自诊断系统便触发备用控制回路对发动机电控系统进行应急的简单控制，该功能又称为“跛行”功能。

（3）当某一执行元件出现可能导致其他元件损坏或严重后果的故障时，为了安全起见，故障自诊断系统采取一定的安全措施，自动停止某些功能的执行，这种功能称为故障保险。

3. 现代汽车故障自诊断系统的局限性

（1）由蓄电池、保险丝、点火开关、开关信号IGSW、主继电器、M-REL中继信号及连接线路等组成的电源系统，因多种原因产生断路、短路故障，使发动机无法起动或汽车无法正常运行时，发动机ECU本身的主工作电源往往也处于无电状态而无法取得任何传感器信号与执行反馈信号，更无法利用故障自诊断系统判断故障的准确部位。另外，一般发动机ECU都有一个不受点火开关控制的常通电源BATT和多个由点火开关信号IGSW控制的电源信号+B、+B1、+B2等，其个别分支电路因接触不良会严重影响发动机ECU控制功能的稳定性，使其控制功能发生紊乱。这时虽然发动机还可以起动，但在运转中却出现怠速不良、加速不良、油耗高、排放严重超标等现象，故障自诊断系统往往也不能诊断出该电源故障的准确部位。

（2）在有故障反馈或无故障反馈的传感器与执行器产生完全或部分故障时，故障自诊断系统不能准确判断发动机点火系统故障。点火模块连续6次没有点火反馈信号，IGF输送到发动机ECU后，通过故障自诊断系统可调出故障码，它只能反映从点火模块到发动机ECU之间的IGF电路断路或者短路，以及发动机ECU对点火模块的IGT控制信号不正常，而点火模块因各种原因产生的对点火线圈的控制信号失常，以及与火花塞跳火有关的所有点火高压电路故障却不能通过故障自诊断系统判断出来。典型的部位或装置还有起动控制电路与起动机、发电机、热敏时控开关、冷起动喷油器、氧传感器、爆震传感器、怠速控制阀、电控点火系统的高压电路（点火线圈、高压线、配电器、火花塞）等。

（3）对于各种机械故障，故障自诊断系统起不到诊断作用，当汽车上各总成或机构中的各种零件产生大量的自然磨损、变形、老化、损伤、疲劳、腐蚀时，故障自诊断系统也不能起到诊断的作用。

（4）故障自诊断系统的输出电路产生故障时，不能通过故障自诊断系统调出故障码。当电路出现以下情况时，不能通过故障自诊断系统调出故障码。

①连接点火开关、发动机ECU、故障指示灯、通信接口的电路断路或短路。

②发动机ECU故障导致故障自诊断输出信号不正常。

③故障指示灯与通信接口损坏。

三、汽车故障诊断设备

汽车故障诊断仪（又称汽车解码器，如图1-2-4所示）是汽车故障自检终端，是用于检测汽车故障的便携式智能汽车故障自检仪，用户可以利用它迅速读取汽车电控系统中的故障，并通过液晶显示屏显示故障信息，迅速查明发生故障的部位及原因。

图 1-2-4　汽车故障诊断仪

1. 汽车故障诊断仪的功能

（1）可直接读取故障码，不需要通过故障指示灯的闪烁读取。

（2）可直接清除故障码，使故障指示灯熄灭。

（3）能与发动机 ECU 中的微控制器直接进行交流，显示电控发动机数据流，使发动机电控系统的工作状况一目了然，为故障诊断提供依据。

（4）能在静态或动态下，向发动机电控系统各执行器发出检修作业需要的动作指令，以便检查执行器的工作状况。

（5）行车时可监测并记录数据流。

（6）有的具有示波器功能、万用表功能或打印功能。

（7）有的能显示发动机电控系统控制电路图和维修指导，以供进行故障诊断时参考。

（8）可与 PC 相连，进行资料的更新与升级。

（9）具有功能强大的专用解码器，能对车上 ECU 进行某些数据的重新输入和更改。

2. 汽车故障诊断仪的原理

汽车故障诊断仪可以诊断发动机电控系统的传感器、执行器状态以及发动机 ECU 的工作是否正常。通过判断 ECU 的输入、输出电压是否在规定的范围内变化，可以判断发动机电控系统工作是否正常。

当发动机电控系统中的某一电路出现超出规定的信号时，该电路及相关的传感器反映的故障信息以故障码的形式存储到发动机 ECU 内部的存储器中，维修人员可利用汽车故障诊断仪来读取故障码，使其显示出来。

3. 汽车故障诊断仪的使用

（1）读取并记录所有故障码；

（2）清除所有故障码；

（3）确认故障码已经被清除；

（4）模拟故障产生的条件并进行路试；

（5）再读取并记录此时的故障码；

（6）进一步精确地检查测量故障码所代表的传感器、执行元件或 ECU 及相关的电路状态，以便确定故障点的准确位置。

任务实施

一、收集资讯

（1）简述汽车发动机 ECU 的组成和功能。

（2）简述汽车故障自诊断系统的功能。

（3）简述汽车故障诊断仪的功能。

二、计划和决策

使用汽车故障诊断仪，可以帮助维修人员快速地确定故障类型和范围，因此，正确地使用汽车故障诊断仪，是汽车发动机电控系统故障检修中至关重要的一环。汽车故障诊断仪的使用可参照以下步骤进行。

（1）确定要诊断的车系，进一步选择对应的汽车故障诊断仪插头，不同车系对应不同的插头，市面上多为 OBD-Ⅱ插头和带有 CAN 的 OBD-Ⅱ插头。将插头插到车辆对应的诊断接口处（一般是在转向盘下面左、右两侧）。

（2）将点火开关转到 ON 位置，再打开汽车故障诊断仪，选择相应的车型进行汽车诊断，选择相应的发动机型号。

（3）选择发动机系统，先清除故障码，以防有上次残留的故障码，再读取故障码，初步判断故障的类型和范围，如果检查不出故障码，可以选择读取数据流，查看数据的变化，再对照维修手册进行分析判断。

（4）诊断维修后清除故障码，起动发动机，再读取故障码，看故障码是否被清除。如果故障码已被清除，说明故障已被排除；如果故障码未被清除，则说明故障诊断错误，需重新进行故障排查。

注意：先插上插头，再将开点火开关转到 ON 位置，最后打开汽车故障诊断仪。

不同的汽车故障诊断仪的使用方法有所差别，具体可以根据汽车故障诊断仪的说明书来操作。请各位同学参照实际实训条件，结合上述步骤，制定符合实际情况的实施方案，并填入表 1-2-1。

表 1-2-1　实施方案和计划

实施步骤	序号	实施内容		工具
实施方案其他说明			组长签字	

三、实施

(1) 技术要求与标准。

①能够正确连接汽车故障诊断仪接口。

②能够正确读取和清除故障码，能够正确读取数据流。

③习惯性使用“三件套”、发动机舱防护罩等汽车防护用品，养成良好的职业习惯。

④养成“采取安全防护措施”的习惯。

⑤养成工具、零部件、油液“三不落地”的职业习惯，工具及拆下的零部件等都应整齐地放置在工具车及零件盘中。

(2) 场地设施：具备消防设施的综合实训场地。

(3) 设备、设施：实训车一辆或电控发动机实训台架一部、汽车故障诊断仪一台。

(4) 耗材：干净抹布。

(5) 实操演练。

由实训指导老师根据实际情况选择测试元件，学生使用汽车故障诊断仪读取故障码和数据流，独立进行操作，考查学生是否能够正确地使用汽车故障诊断仪，是否能够独立完成实操任务。

四、检查与评估

考核类别	考核点	评分标准	分值	自我评价（20%）	组长评价（40%）	教师评价（40%）	得分
过程考核（30分）	操作及人身安全	出现常识性失误扣3分，手指或肢体受伤扣5分	5				
	车辆、设备是否损坏	设备损坏扣5分，车辆损坏扣5分	5				
	工具归位情况	零部件摆放凌乱扣1分，工具未归位扣1分	2				
	操作过程清洁或离场清洁情况	实训环境差扣1分，离场未清扫现场扣1分	2				
	环保意识、垃圾分类	未及时处理工作产生的废弃物扣2分	2				
	操作工具、起动车辆情况	擅自操作仪器扣2分，起动车辆时未警示他人扣2分	4				
	小组协作、沟通能力	组员闲置超时扣5分，无交流扣5分	2				
	作业过程中是否存在肢体碰撞、混乱现象	现场混乱扣5分，肢体碰撞扣5分	2				
	工作态度及规范执行能力	态度消极扣5分，不执行组长命令扣5分	4				
	良好的职业形象和精神风貌	着装怪异扣5分，嬉笑打闹扣5分	2				
工单完成效果评价（70分）	是否查阅资料，理论是否充足	没有罗列资料清单扣3分	5				
	实施计划方案书写是否认真	没有实施计划扣10分，不认真书写实施计划方案书扣3分	10				
	工单书写是否翔实，检修思路表达是否清晰、完整	工单书写不认真扣3分，检修思路不完整扣5分	10				
	工单是否有抄袭现象	工单有一处抄袭扣2分，直至扣完	15				
	工具、仪器使用是否正确	仪器使用错误扣3分	15				
	数据测量及分析是否正确	数据测量有误扣3分，分析不当扣3分	15				
合计			100				

五、拓展学习

1. 汽车故障自诊断（OBD）系统的发展

1）OBD 系统在国外的发展

OBD 技术最早起源于 20 世纪 80 年代的美国。初期的 OBD 技术是通过恰当的技术方式提醒驾驶员汽车的失效情况或故障。

从 20 世纪 80 年代起，美、日、欧等各大汽车制造企业开始在其生产的电喷汽车上配备 OBD 系统。初期的 OBD 系统没有自检功能。比 OBD 技术更先进的 OBD-Ⅱ技术在 20 世纪 90 年代中期产生，美国汽车工程师协会（SAE）制定了一套标准规范，要求各汽车制造企业按照 OBD-Ⅱ的标准提供统一的诊断模式。在 20 世纪 90 年代末期，进入北美市场的汽车都按照新标准设置 OBD 系统。

OBD-Ⅱ系统与以前的所有 OBD 系统的不同之处在于有严格的排放针对性，其实质性能就是监测汽车排放。当汽车排放的一氧化碳（CO）、碳氢化合物（HC）、氮氧化合物（NO_x）或燃油蒸发污染量超过设定的标准时，故障指示灯就会点亮报警。

虽然 OBD-Ⅱ系统对监测汽车排放十分有效，但驾驶员是否接受警告全凭自觉。为此，比 OBD-Ⅱ系统更先进的 OBD-Ⅲ系统产生了。OBD-Ⅲ系统的主要目的是使汽车的检测、维护和管理合为一体，以满足环境保护的要求。OBD-Ⅲ系统会分别进入发动机、变速箱、ABS 等系统的 ECU 中读取故障码和其他相关数据，并利用小型车载通信系统，例如 GPS 导航系统或无线通信方式将汽车的身份代码、故障码及汽车所在位置等信息自动通告管理部门，管理部门根据该汽车排放问题的等级对其发出指令，包括去哪里维修的建议、解决排放问题的时限等，还可对超出时限的违规者的汽车发出禁行指令。因此，OBD-Ⅲ系统不仅能对汽车排放问题向驾驶员发出警告，还能对违规者进行惩罚。

据了解，国内合资汽车制造企业近年来引进的一些车型在欧洲也有生产销售，它们本身就配备 OBD 系统并达到了欧Ⅲ甚至欧Ⅳ标准，国产后往往会减去或关闭 OBD 系统，这既为了节约成本，也为了避免在油品质量不达标的情况下 OBD 系统报警引发麻烦。图 1-2-5 所示为 OBD-Ⅱ系统的应用。

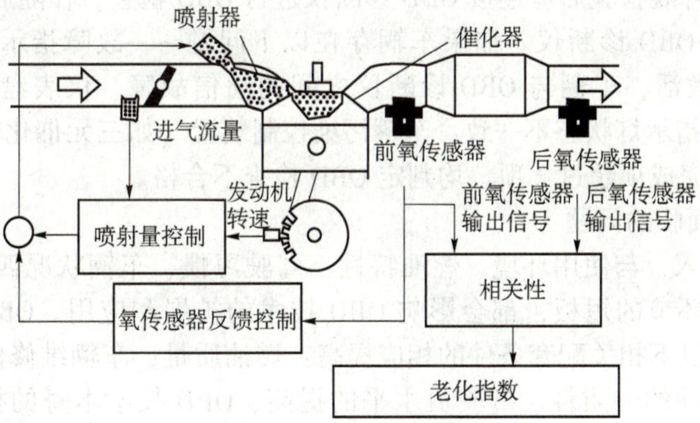

图 1-2-5　OBD-Ⅱ系统的应用

2）OBD 系统在国内的发展

2005 年 4 月 5 日，国家环境保护总局公告（2005）14 号颁布《轻型汽车污染物排放限值及测量方法（中国Ⅲ、Ⅳ阶段）》GB 18352.3—2005，正式明确了我国对 OBD 系统的技术要求。

2005 年 12 月 31 日起，北京市开始提前实施国家第Ⅲ阶段排放法规，并且要求新车型必须带有 OBD 系统。

2006 年 12 月 1 日起，北京停止销售未安装 OBD 系统的国三轻型汽车。

2007 年 1 月 1 日起，广州要求所有新上牌轻型汽车必须加装 OBD 系统。

2008 年 1 月 1 日起，在深圳销售的轻型汽油车车型必须安装 OBD 系统。

2008 年 1 月 24 日，环境保护总局办公厅（2008）35 号函发布，征求对《轻型汽车车载诊断（OBD）系统管理技术规范》的意见。

2008 年 4 月 8 日，环境保护部办公厅（2008）57 号函发布，征求对《车用压燃式、气体燃料点燃式发动机与汽车车载诊断系统（OBD）技术要求》（征求意见稿）等 3 项国家环境保护标准的意见。

2008 年 6 月 24 日，环境保护部发布《车用压燃式、气体燃料点燃式发动机与汽车车载诊断（OBD）系统技术要求》，并宣布此要求从 2008 年 7 月 1 日起实施。

OBD 系统在我国的发展历程如图 1-2-6 所示

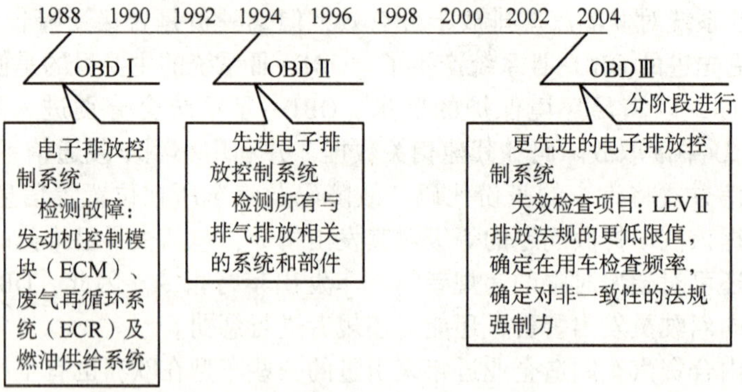

图 1-2-6 OBD 系统在我国的发展历程

2019 年 11 月 1 日，机动车年检新标准正式实施（全国范围内），对配置有 OBD 系统的在用汽车，在完成外观检验后应连接 OBD 诊断仪进行 OBD 检查。在随后的污染物排放检验过程中，不可断开 OBD 诊断仪。如果车辆存在以下问题——故障指示器故障（含电路故障）、故障指示器激活、车辆与 OBD 诊断仪之间的通信故障、仪表盘故障指示灯状态与 ECU 中记载的故障指示灯状态不一致、车辆污染控制装置（如三元催化转换器等）被移除、诊断就绪状态项未完成项超过 2 项，均判定 OBD 检查不合格。

3）OBD 技术面临的问题

OBD 技术的引入，与使用环境、燃油特性、驾驶习惯、车辆状况四个主要方面紧密相关。其中任何一个环节的短板，都会影响 OBD 技术的扩展和应用。OBD 技术的引入，需要以下相关配套条件的相应提高：燃油质量、车辆维修保养技能、相关零部件的一质性、驾驶员水平的提高、OBD 技术本身的提高和社会各方面的支持。在一定时间内，OBD 技术在我国的发展是一个引进、适应和消化吸收的过程。OBD 技术不仅与汽车本身相关，还与燃油和驾驶员等其他多个方面相关，OBD 技术的引入和扩展是对汽车产业链的考验和提高。

树立“6S”意识

2. 发散思维

OBD 技术的使用对于解决汽车发动机电控系统方面的故障起到了至关重要的作用，极大地提高了故障排查效率，但对于机械故障，无法使用 OBD 技术进行排查，你认为采用什么方式可以提高机械故障的排查效率？

六、任务总结

1. 学到了哪些知识

2. 掌握了哪些技能

3. 提升了哪些素质

4. 自己的不足之处及同组同学身上值得自己学习的地方有哪些

任务3　发动机电控系统检修工具认识

知识目标

(1) 掌握发动机故障诊断的原则。
(2) 掌握发动机故障诊断的流程及排除方法。

技能目标

(1) 能够识别发动机电控系统检修工具及仪器。
(2) 能够正确使用发动机电控系统检修工具及仪器。

素质目标

树立正确的职业理想，提升职业素养。

工作情景描述

4S店新入职的汽车机电维修工，都需要经过岗前技术培训并且考核合格才能正式上岗，本次培训的内容是汽车发动机电控系统检修工具认识，考核要求是能够识别并正确使用发动机电控系统检修工具及仪器。

知识准备

一、汽车发动机电控系统检修常用工具

1. 检测接线盒

使用检测接线盒里合适的专用引线将连接器端子的信号引出，便于与测量设备连接，进行线路检测。图1-3-1所示为博世金德208接线盒。

2. 背插针

背插针（图1-3-2）的作用是将探针从线束插头的后面滑入接头的绝缘层下面，这样测量信号时不需要剥开导线或者断开插头。

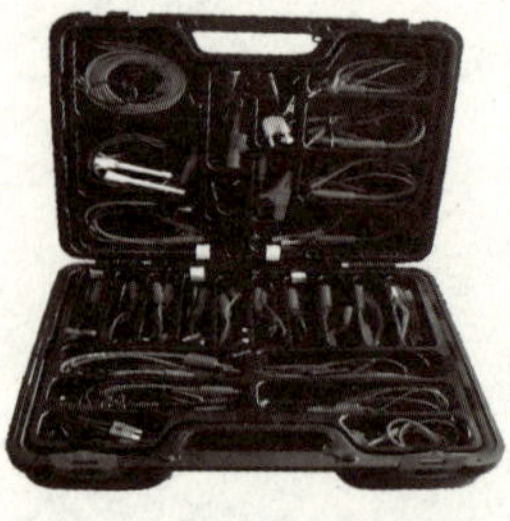

图1-3-1　博世金德208接线盒

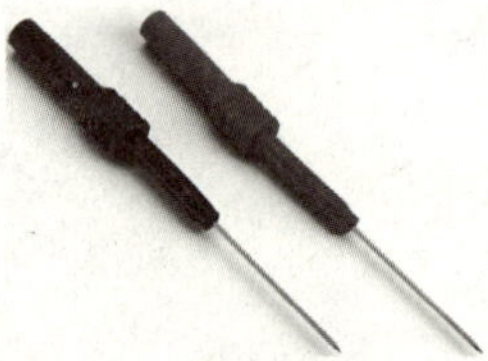

图1-3-2　背插针

3. 汽车电路测试灯

汽车电路测试灯如图 1-3-3 所示。利用汽车电路测试灯可进行电路的断路、感应及电压检测。汽车电路测试灯也可用两个 LED（发光二极管）灯和一个 330 Ω 的电阻自制，如图 1-3-4 所示。

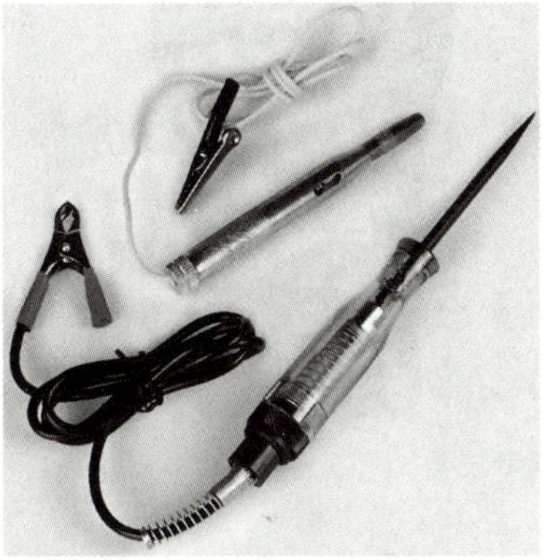

图 1-3-3　汽车电路检测试灯

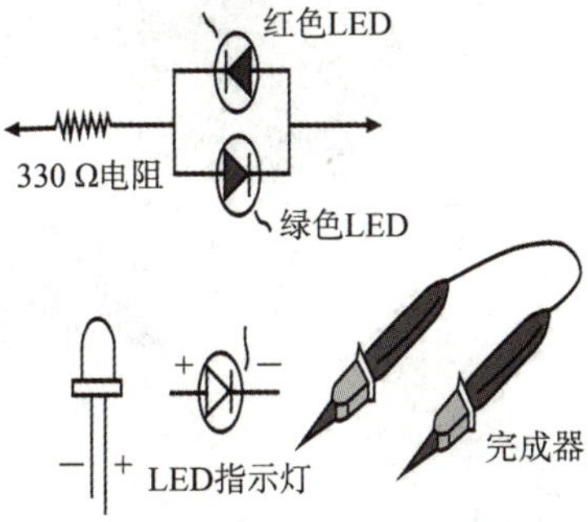

图 1-3-4　自制汽车电路测试灯

4. 数字式万用表

数字式万用表用于测量电阻、电压、电流等参数，分普通型和汽车专用型两种。

普通型数字式万用表（图 1-3-5）测量精度高、测量范围广，应用广泛。

汽车专用型数字式万用表（图 1-3-6）除测量电阻、电压、电流外，还能测量转速、频率、温度、电容、闭合角、占空比等参数，并具有自动断电、自动变换量程、数据锁定、波形显示等功能。

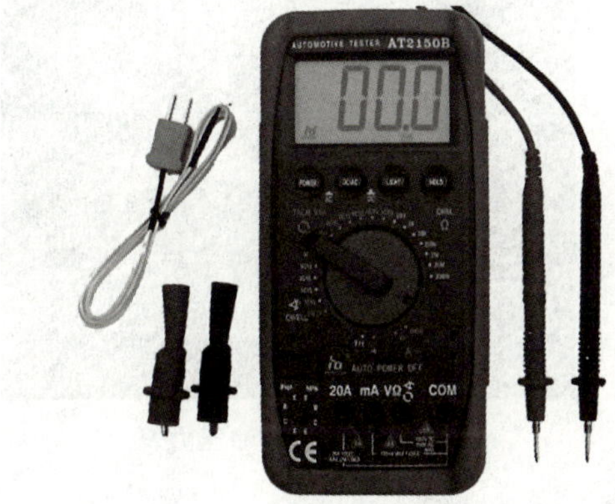

图 1-3-5　普通型数字式万用表

图 1-3-6　汽车专用型数字式万用表

5. 汽车专用示波器

汽车专用示波器（图 1-3-7）主要用于显示控制系统中输入、输出信号的电压波形，以供维修人员进行波形分析，判断汽车发动机电控系统故障。汽车专用示波器比一般电子设备的显示速度快，是唯一能显示瞬时波形的检测仪器，是汽车发动机电控系统故障诊断中的重要设备。汽车专用示波器可以测试各种传感器、执行元件、电路和点火器等的电压波形，数字式汽车专用示波器可对测试内容进行记录、回放，并具有汽车万用表功能，有的汽车专用示波器还具有在线帮助功能。

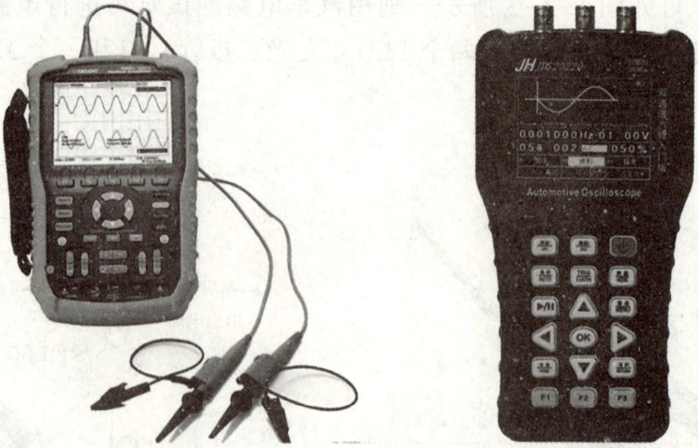

图 1-3-7　汽车专用示波器

6. 手动真空泵

手动真空泵又称为手持式真空测量仪，用于抽取发动机电控系统中的真空。手动真空泵一般带有显示真空度的真空表、各种连接软管和接头等附件，如图 1-3-8 所示。

7. 燃油压力表

燃油压力表是用来测量燃油供给系统燃油压力的专用工具，如图 1-3-9 所示。

图 1-3-8　手动真空泵

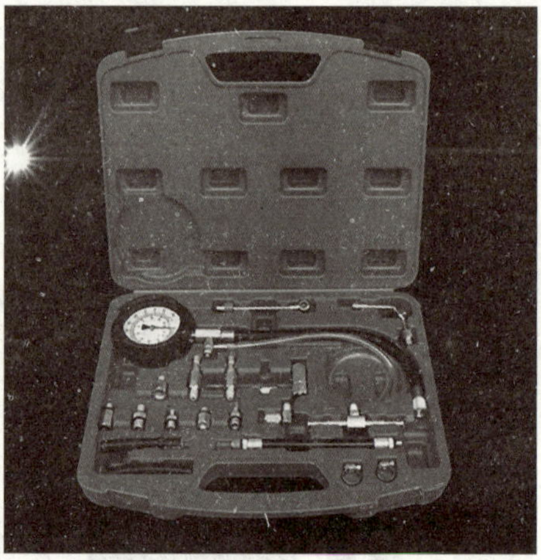

图 1-3-9　燃油压力表

8. 喷油器清洗仪

喷油器清洗仪分为便携式喷油器清洗仪和固定式喷油器清洗仪（图 1-3-10）。便携式喷油器清洗仪无须拆卸，使用方便。固定式喷油器清洗仪一般除用于清洗喷油器外还具有喷油器滴漏检查和喷油量检查功能。

9. 发动机综合检测分析仪

发动机综合检测分析仪又称为汽车发动机综合检测仪（图 1-3-11）。它是在发动机不解体的情况下，通过对其多种参数的检测，对发动机进行性能分析和故障诊断的一种仪器。

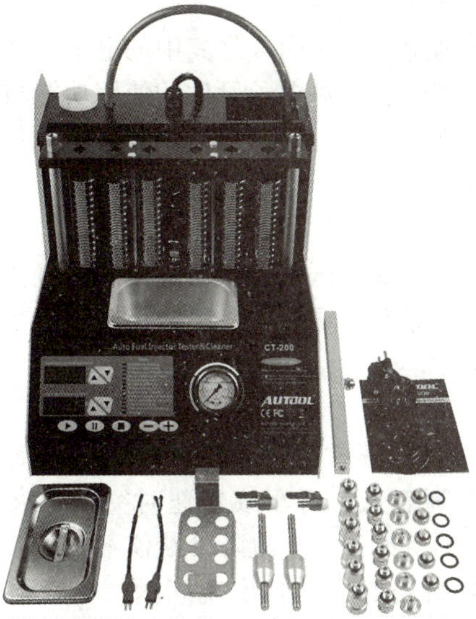

图 1-3-10　喷油器清洗仪

图 1-3-11　发动机综合检测分析仪

10. 汽车尾气分析仪

汽车尾气分析仪（图 1-3-12）是用于检测发动机排气中的气体成分和含量的专用设备。现在实践中广泛采用的汽车尾气分析仪是 5 气体尾气分析仪，它可检测 HC、NO_x、CO、CO_2 和 O_2 的体积分数。维修技术人员可根据检测结果重点诊断发动机的混合气浓度、点火燃烧及相关的机械系统故障。

图 1-3-12　汽车尾气分析仪

二、汽车发动机电控系统的常见故障

1. 电路故障

汽车发动机的各个系统都由导线进行连接，如传感器、执行器和微控制器均通过导线进行连接。如果发动机运行时发生电路故障，必然造成传感器检测信号在输送时受到阻碍，不能及时发送给 ECU，而 ECU 的指令也不能输送到执行器，从而造成发动机不能正常运行，最终导致意外事故的发生。一般来说汽车发动机电控系统的电路故障是由接线位置松动、接触不良等因素导致的。

2. 元件老化或性能退化

长期处于运行状态的发动机必然持续处于高温下，久而久之其中的电子元件便会产生损耗，这必然导致元件老化或运行性能不佳等问题，进而对电子元件的使用功能与发动机的整体性能产生影响。同时，如果没有定期对发动机内部进行清理，其中的污垢与灰尘也会对元件运行状态造成影响。

3. 元件击穿

元件击穿故障往往导致短路，一般是发动机内部电压超过正常值或发动机持续高速运转过热造成的。发动机中的电容或三极管等元件击穿而出现短路，很容易造成汽车发动机点火系统故障，极易导致不能起动的故障。

4. ECU 故障

ECU 故障会导致：车辆不能起动；燃油泵工作正常但不喷油；冷车易起动，热车不易起动；ECU 内部电子元件遇热不稳定，怠速忽高忽低；行车或怠速时突然熄火；车辆换挡熄火；钥匙不起作用；不喷油，油泵不工作，不点火；汽车故障诊断仪不能进入系统，无法接入汽车故障诊断仪等比较严重的故障。ECU 价格高，一旦出现问题，一般不能修复，只能更换，因此必须用心维护。

三、汽车发动机电控系统故障诊断的原则

汽车发动机电控系统故障诊断的四项基本原则如下。

（1）先简后繁、先易后难的原则。

（2）先思后行、先熟后生的原则。

（3）先上后下、先外后内的原则。

（4）先备后用、代码优先的原则。

1. 先简后繁

应优先检查那些能以简单方法检查的可疑故障部位。可以利用人的感官，如问、看、触、听、试等直观检查方法，将一些较为明显的故障部位迅速找出来。

2. 先易后难

发动机电控系统的某一故障现象通常是由某些总成或部件引起的，应先对那些常见故障部位进行检查，再对其他不常见的故障部位进行检查。这样不仅可以迅速排除故障，而且省时省力。

3. 先思后行

先对发动机电控系统的故障现象进行综合分析，在初步了解故障原因的基础上，再进行故障检查，以避免故障诊断的盲目性。

4. 先熟后生

由于结构和使用环境等原因，发动机电控系统的某一故障现象可能以某些总成或部件的故障表现最为常见，应先对这些常见故障部位进行检查，若未找出故障，再对其他不常见的可能故障部位进行检查，这样做大部分时候都可以迅速地找到故障部位，省时省力。

5. 先上后下、先外后内

当前汽车电子装置越来越多，将发动机舱排得满满的，由于空间有限，其布局紧凑，层层相叠，有时为了检查一个部件，首先要拆除周围一大堆零件，这样做既费工又费时，因此，掌握好先上后下、先外后内的原则是十分有益的。

在发动机出现故障时，先对发动机电控系统以外的可疑故障部位进行检查。这样可避免

无谓的检查。例如，对于一个与发动机电控系统无关的故障，若对发动电控系统的各个元件、器件、电路等进行复杂的检查，则无法顺利找到真正的故障部位。

6. 先备后用

发动机电控系统的部件性能好坏、电路正常与否，常通过其电压或电阻等参数来判断。如果没有这些数据资料，则发动机电控系统的故障判断将很困难，往往只能采取用新件替换的方法，造成维修费用猛增，浪费工时。

所谓“先备后用”，是指在检修车辆时，应准备好有关的检修数据资料。除了从维修手册、专业书刊上收集整理这些检修数据资料外，另一有效的途径是对同型无故障车辆同一系统的有关参数进行测量，并记录下来。如果平时注意做好这项工作，会给发动机电控系统的故障检查带来方便。

7. 代码优先

电控汽油喷射发动机出现故障后，通过发动机故障指示灯闪烁向驾驶员报警。但是对于某些故障，汽车故障自诊断系统只存储该故障码，并不报警。因此，在对发动机做系统检查前应先按汽车制造企业提供的方法，读出故障码，再按照故障码的内容排除该故障。

总之，上述几点原则要灵活运用，才能以较少的人力、物力投入，较快地、准确地确定故障的性质和可能的原因，从而制定合理的诊断流程，直到圆满解决汽车发动机电控故障，使汽车恢复应有的性能和技术指标。

四、汽车发动机电控系统故障诊断的基本流程

1. 获取故障信息

询问用户故障产生的时间、现象、当时的情况，发生故障的原因以及是否进行过检修、拆卸等。

2. 试车以确定故障现象

通过试车来查找故障，重现故障现象，了解故障出现的时间、车辆运行情况以及对发动机的感觉等。

3. 常规检查

检查蓄电池电压、各种工作液液位是否符合要求、线束有无松动脱落。

4. 故障自诊断

调出故障码，读取数据流，初步确定故障类型和范围。

5. 症状诊断

如果调不出故障码，或者调出故障码后查不出故障内容，则根据故障现象，大致判断出故障范围。

6. 系统和部件测试

根据初步确定的故障范围，利用汽修专用工具和仪器，逐个检查对应元件的工作性能和各项参数，进而锁定故障点。

发动机电控系统是比较复杂的系统，其故障远比发动机机械部分复杂得多，在诊断故障时需要掌握系统的检修步骤和方法。从原则上讲，在对电控发动机进行故障诊断时，需要首先系统全面地掌握发动机电控系统的结构、原理和电路连接方法，明确发动机电控系统中各部分可能产生的故障以及对整个系统的影响；运用科学的故障诊断方法对故障现象进行综合分析、判断，确定故障的性质和可能产生此类故障的原因和范围；制定合理的诊断程序进行深入诊断和检查，直到给予圆满的解决，使汽车恢复应有的性能和技术指标。

任务实施

一、收集资讯

(1) 列举汽车发动机电控系统检修的常用工具。

(2) 简述汽车发动机电控系统故障诊断的原则。

(3) 简述汽车发动机电控系统故障诊断的流程。

二、计划和决策

1. 数字式万用表的使用方法

数字式万用表的结构如图 1-3-13 所示。

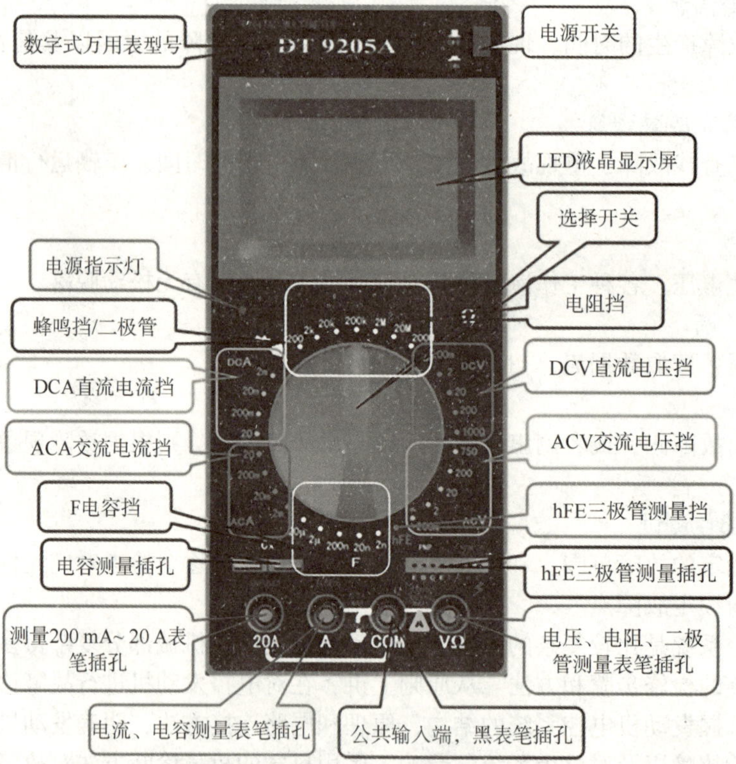

图 1-3-13　数字式万用表的结构

1）电阻的测量

（1）方法与步骤。

①将黑表笔插入“COM”插孔，将红表笔插入“VΩ”插孔。

②将转换开关转至“Ω”挡，并选择合适的挡位或量程，如果被测电阻大小未知，则应选择最大量程，再逐步减小，直到获得分辨率最高的读数。

③将两表笔跨接在被测电阻两端，显示屏即显示被测电阻值。

（2）注意事项。

①选用合适的挡位或量程，如果用高挡位测量小阻值，则测量精度会降低。

②两只手不能同时碰触被测电阻两端，因有人体电阻并联影响测量精度。

③测量前短接两表笔查看数字式万用表内阻（包括表笔）是否为零或更小。

④测量电阻时，不能带电测量。

2）电流的测量

（1）将黑、红表笔头正确接入。先将黑表笔插入“COM”插孔，若测量大于200 mA的电流，则要将红表笔插入“10 A”插孔并将转换开关转至直流“10 A”挡；若测量小于200 mA的电流，则将红表笔插入“200 mA”插孔，转换开关转至200 mA以内的合适量程。

（2）将表笔串接到被测电路中，如果被测电流大小未知，则从最高挡依次手动换挡，逐步提高测试灵敏度，最后换到所需电流挡。如果电流从红笔端进入，从黑笔端流出，则显示为正值，反之为负值。

3）电压的测量

（1）方法及步骤。

①将黑表笔插入“COM”插孔，将红表笔插入“VΩ”插孔。注意选择AC或DC，将数字式万用表调到合适的电压挡位。

②将两表笔并联在被测电路两端，如果被测电压大小未知，则从最高挡依次手动换挡（以免损坏数字式万用表），逐步提高测试灵敏度，最后换到所需量程挡位，显示屏即显示被测电压值。测量直流电压时，所显示的为红表笔所接的该点电压与极性。

（2）注意事项。

①注意选择AC或DC，将万用表调到电压挡。

②测量时，不能带电切换挡位。

③当电压高于安全电压时，为了人身安全，应单手操作。

4）电路通断测量

（1）将黑表笔插入“COM”插孔，将红表笔插入“VΩ”插孔。

（2）将转换开关转至蜂鸣挡。

（3）用两表笔接触测试点，若蜂鸣器响，说明电路通，否则说明断路。

5）二极管的测量

（1）将万用表调到二极管测量挡，将两只表笔分别接到被测二极管的两个管脚上。若显示0.15~0.7 V，说明二极管是好的，处于正向导通状态，且红表笔接的是正极，黑表笔接的是负极。若显示“1”，说明溢出，二极管处于截止状态，需交换表笔，使检测电压为0.15~0.7 V。

（2）如果显示“1”，交换表笔后仍显示“1”，说明二极管被击穿。

（3）如果显示“0”，交换表笔后仍显示“0”，说明二极管内部短路。

（4）正向导通电压为 0.6~0.7 V 的是硅管，正向导通电压为 0.2~0.3 V 的是锗管。

2. 汽车专用示波器的使用方法

1）电路连接

根据检测项目选择合适的探针，然后将汽车专用示波器通道线连接到汽车专用示波器前端的接口处，接地端用专用跨接线引出。

2）通道选择

根据所连接的通道端口，在显示屏界面上选择对应的通道开启显示，未连接的通道关闭显示。

3）时基调整

选择时基调整按钮，根据波形显示特性调整时基数值，单位为 ms/格，时基增加则波形变密，时基减小则波形变稀。

4）电压调整

选择电压调整按钮，根据波形显示特性调整电压数值，单位为 V/格，电压增加则波形变矮，电压减小则波形变高。

5）基线调整

选择上下方向键可以调整坐标基线的位置，按向上方向键，波形会上移，按向下方向键，波形会下移。

6）波形固定

按“STOP”键波形会固定，以便于观察形状、趋势和分析数据，再按“RUN”键，波形会继续变化。

7）波形的存储

当需要存储当前波形时，选择“SAVE”选项，弹出文件存储界面，可以设定存储波形的名称，然后保存波形数据，还可以将波形直接存储到外接设备如 U 盘中。

3. 燃油压力表的使用方法

1）安装燃油压力表

安装燃油压力表时，先将燃油系统卸压，起动发动机，拔下电动燃油泵继电器或电源插头。待发动机熄火后，再起动发动机 2~3 次，即可释放燃油压力。关闭点火开关，装上电动燃油泵继电器或电源插头，拆下蓄电池负极搭铁线。将燃油压力表和三通接头一起安装在燃油泵的出油管接头上。

2）燃油系统初始油压的测量

用一根导线将电动燃油泵的两个检测插孔短接，接通点火开关，若电动燃油泵进行 5 s 自动泵油，说明 ECU 进行了初始化运作，电源到 ECU 的电路及 ECU 控制电动燃油泵的电路正常，电动燃油泵工作良好，否则，应该检查 ECU 到电动燃油泵的电路、主继电器及电动燃油泵继电器等处工作是否正常。电动燃油泵进行 5 s 自动泵油后，观察燃油压力表上的燃油压力，初始燃油压力正常值为 300 kPa 左右，若燃油压力表指针在 300 kPa 左右摆动，说明油压调节器工作正常。测量初始燃油压力结束 5 min 后，观察燃油压力表指示的燃油系统保持压力，应不低于 147 kPa。若燃油压力过高，应检查油压调节路工作是否正常；若燃油压力过低，应检查电动燃油泵保持压力、油压调节器保持压力及喷油器有无泄漏。

3）发动机工作时燃油压力的测量

起动发动机，使其怠速运转，观察燃油压力表指示的燃油系统压力，其应不低于 250 kPa。否则，检查真空管是否泄漏或插错，踩下加速踏板，在节气门全开时观察燃油压力表指示的加速油压，其应不低于 300 kPa。否则，检查真空管是否泄漏或插错。

4）拔下油压调节器真空管后的燃油压力测量

拔下油压调节器上的真空管，用手堵住，让发动机怠速运转，观察燃油压力表指示的燃油压力。它应该和节气门全开时的燃油压力基本相同。

5）燃油系统最大燃油压力的测量

拔下油压调节器上的真空管，用手堵住，让发动机运转，观察燃油压力表指示的最大燃油压力。此时燃油压力上升为工作燃油压力的 2~3 倍，即 490~640 kPa。否则，应检查电动燃油泵是否堵塞或磨损，油路是否有泄漏。

6）燃油系统残余燃油压力的测量

熄灭发动机，此时观察燃油压力表，燃油系统的残余燃油压力应不低于 147 kPa，且稳定 30 min 不下降，否则，燃油系统漏油，应进一步检查。

要想成为合格的汽修人，必须先学会正确使用各种检修工具，请各位同学参照实际实训条件，结合上述步骤，制定符合实际情况的实施方案，并填入表 1-3-1。

表 1-3-1 实施方案和计划

	序号	实施内容		工具
实施步骤				
实施方案其他说明			组长签字	

三、实施

（1）技术要求与标准。

①能够正确连接检修工具和仪器。

②能够正确使用各类检修工具进行检测和数据采集。

③习惯性地使用“三件套”、发动机舱防护罩等汽车防护物品，养成良好的职业习惯。

④养成“采取安全防护措施”的习惯。

⑤养成工具、零部件、油液“三不落地”的职业习惯，工具及拆下的零部件等都应整齐地放置在工具车及零件盘中。

（2）场地设施：具备消防设施的综合实训场地。

（3）设备、设施：实训车一辆或电控发动机实训台架一部，数字式万用表一台、汽车专用示波器一台、燃油压力表一个，其他常用工具根据实际条件准备。

（4）耗材：干净抹布。

（5）实操演练。

由实训指导老师根据实际情况选择测试元件，由学生选择合适的仪器，独立进行操作，考查学生是否能够正确地使用仪器，是否能够独立完成实操任务。

四、检查与评估

考核类别	考核点	评分标准	分值	自我评价（20%）	组长评价（40%）	教师评价（40%）	得分
过程考核（30分）	操作及人身安全	出现常识性失误扣3分，手指或肢体受伤扣5分	5				
	车辆、设备是否损坏	设备损坏扣5分，车辆损坏扣5分	5				
	工具归位情况	零部件摆放凌乱扣1分，工具未归位扣1分	2				
	操作过程清洁或离场清洁情况	实训环境差扣1分，离场未清扫现场扣1分	2				
	环保意识、垃圾分类	未及时处理工作产生的废弃物扣2分	2				
	操作工具、起动车辆情况	擅自操作仪器扣2分，起动车辆时未警示他人扣2分	4				
	小组协作、沟通能力	组员闲置超时扣5分，无交流扣5分	2				
	作业过程中是否存在肢体碰撞、混乱现象	现场混乱扣5分，肢体碰撞扣5分	2				
	工作态度及规范执行能力	态度消极扣5分，不执行组长命令扣5分	4				
	良好的职业形象和精神风貌	着装怪异扣5分，嬉笑打闹扣5分	2				

续表

考核类别	考核点	评分标准	分值	自我评价（20%）	组长评价（40%）	教师评价（40%）	得分
工单完成效果评价（70分）	是否查阅资料，理论是否充足	没有罗列资料清单扣3分	5				
	实施计划方案书写是否认真	没有实施计划扣10分，不认真书写实施计划方案书扣3分	10				
	工单书写是否翔实，检修思路表达是否清晰、完整	工单书写不认真扣3分，检修思路不完整扣5分	10				
	工单是否有抄袭现象	工单有一处抄袭扣2分，直至扣完	15				
	工具、仪器使用是否正确	仪器使用错误扣3分	15				
	数据测量及分析是否正确	数据测量有误扣3分，分析不当扣3分	15				
合计			100				

五、拓展学习

1. 汽车故障的常见诊断方法

1）直观诊断法

汽车故障的直观诊断也称为人工诊断或经验诊断，是通过直观检查和道路试验的方法来确定汽车的技术状况与故障部位。这种诊断方法不需要专用设备，依赖于维修人员丰富的实战经验，主要是维修人员的观察、感觉，适用于查找比较明显的故障。

直观诊断法受维修人员经验和对诊断车辆的熟悉程度的限制，诊断结果差别较大。经验丰富的维修人员，可以利用直观诊断法诊断出汽车及其各总成可能出现的绝大多数故障。在诊断无故障码故障或用检测设备难以诊断的疑难故障方面，直观诊断法具有其他各种诊断方法无可比拟的优点。

直观诊断法可以概括为问、看、听、嗅、摸、试六种方法。

(1) 问。问就是调查。在进行车辆诊断时，应首先向客户询问故障症状及故障发生时的条件，同时记录车辆的行驶里程、行驶状况、行驶条件、维修情况等。即使经验丰富的维修人员，不问明情况就盲目诊断，也会影响诊断的速度和质量。因此，详细的问诊记录有助于维修人员做出快速准确的诊断。

(2) 看。看就是通过对相关部位的观察，发现车辆比较明显的异常现象，如变形、磨损、泄漏、破损等，从而直接判断出故障所在。

(3) 听。听就是听声响，从而确定哪些是异常声响。汽车整车及其各总成、各系统在正常工作时，发出的声响一般是有一定规律的，通过仔细辨别能大致判断出声响是否正常，从而判断异常声响的部位和故障所在。

(4) 嗅。嗅就是凭借汽车故障部位散发的特殊气味来诊断故障。有些故障出现后，会产生比较特殊的气味，据此可以准确地判断故障部位所在，如电路短路的焦味、制动片异常磨损的焦味、燃烧不完全的油烟味等。

(5) 摸。摸就是用手触试，可以直接感觉到故障部位的发热情况、振动情况、漏气及机件灵活程度等，从而判断出部件工作是否正常。

(6) 试。试就是试验验证，如维修人员通过亲自试车去体验故障的发生状况、用更换零部件的方法来证实故障的部位等。

2）利用汽车故障自诊断系统进行诊断

现在的汽车都具有汽车故障自诊断系统。在汽车运行过程中，ECU 可对发动机电控系统各部件进行检测，能及时地检测出发动机电控系统出现的故障，并可以用默认值代替不正常的传感器数据，以保证发动机电控系统能够持续运转。ECU 将故障信息以故障码的形式存储在控制模块内，同时还可以显示故障码出现时相关的数据参数，同时仪表盘上的故障指示灯会点亮，提醒驾驶员发动机电控系统已出现故障。维修时，维修人员可将存入存储器的故障码调出，根据故障码的含义进行快速诊断与故障排除。

3）利用诊断仪器进行诊断

随着汽车智能化、网联化的发展，传统的靠人工进行故障诊断的方法已经不能完全适应汽车维修的需要，往往需要维修人员借助各种诊断仪器准确获取能反映整车、系统、总成或元器件等工作性能的技术参数，来进一步分析故障所在。这些诊断仪器主要包括汽车专用解码器、汽车专用示波器、数字式万用表、汽车尾气分析仪、发动机综合分析仪、无负荷测功仪、四轮定位仪、气缸压力表等。

4）利用备件替代法进行诊断

备件替代法是采用已知性能完好的元器件对怀疑部件进行替换对比的一种试验方法。4S 店经常采用该方法。备件替代法是一种行之有效的故障判断方法，但该方法要求必须用和原车零部件型号一致的备件，以防止新件损坏。

当怀疑某个元器件发生故障时，可用一个好的元器件去替换该元器件，然后进行试验，若替换后故障消失，证明该元器件损坏；若故障特征没有变化，则证明故障不在此处，需进一步查找。

5）利用故障征兆模拟诊断

在故障诊断中常常会遇到偶发性故障，这种故障在平时没有明显的故障征兆，在特殊条件下才会偶然出现，因此要对这种类型的故障现象进行诊断，就必须首先模拟车辆出现故障时的相似条件和环境，设法使故障征兆再现。对于偶发性故障，故障征兆模拟诊断是一种行之有效的诊断措施。

在进行故障征兆模拟诊断时，可以进行加热、加湿、加载、加振等试验。对于只有在热车及天气炎热时才发生的间歇性故障，可以用对元件、总成或整个车辆进行加热的方法进行试验；对于只有在雨天或空气潮湿时才出现的故障，可以用喷雾器局部加湿，也可以采用喷淋器或高压水枪对整车进行淋水，来进行故障再现；对于只有在特定负载条件下才会出现的故障，可以通过改变机械或电器负荷的办法再现故障；有些故障只有在车辆或总成发生振动时才出现，此时可以用振动相关部件或车辆总成的方法来再现故障，以便进行测量。

6）利用故障树进行诊断

故障树诊断法又称为故障树分析法，是将导致故障的所有可能原因，按树枝状逐级细化的一种故障分析方法。

对于较复杂的故障，由于可能导致故障的原因较多，所以单靠经验或简单诊断，在一般情况下很难解决问题，此时必须借助一定的仪器设备、按照一定的方法步骤，对故障进行全面细致的检查和分析，逐步排除可能的故障原因，最终找到真正的故障部位。

应用故障树诊断法的关键是建立故障树。首先在熟悉整个系统的前提下逐步分析导致故障的可能原因，然后将这些原因由总体至局部、由总成到部件、由前到后逐层排列，最后得出导致该故障的多种原因组合，用框图形式画出故障树。

用故障树诊断法进行故障诊断时应注意，一定要按照导致故障的逻辑关系进行逐步检查分析，否则就会出现遗漏或重复性的工作，甚至会出现查不出故障原因的现象。

7）汽车故障诊断的基本步骤

汽车故障诊断的基本步骤是首先从问诊入手，初步了解故障症状，然后经过试车验证故障状态，分析故障的可能成因，推理假设到最后测试验证故障点是否成立的全过程。当验证的环节证明假设的故障点不成立时，应该返回前一个环节提出新的假设，然后再去验证。当提不出新的假设时，就要返回前一个环节进行重新分析，如果重新分析还是得不到更新的假设，就要返回更前一个环节，更加仔细地试车以发现新的特征，必要时还可以进一步重复问诊过程以了解更多信息，重新提出新的假设并加以验证，直至发现真正的故障点为止。故障验证过程如图 1-3-14 所示。

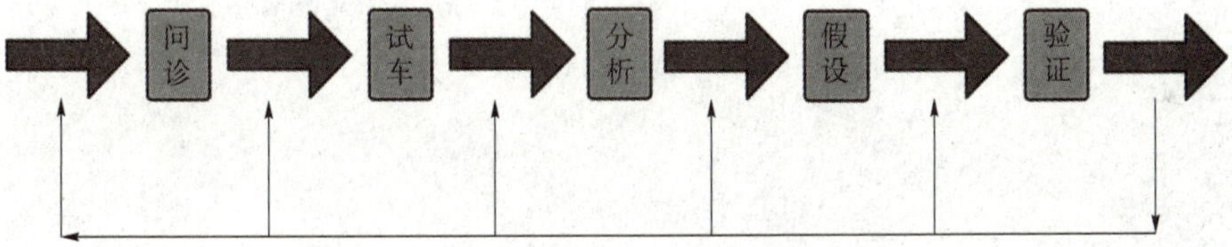

图 1-3-14　故障验证过程

树立职业理想

2. 发散思维

假设你是一位正式的汽修工，现在接受一个维修任务——客户的汽车无法起动，那么你会怎样实施故障检修？会用到哪些工具？试着思考一下，并写出你的故障检修流程。

六、任务总结

1. 学到了哪些知识

2. 掌握了哪些技能

____

____

____

3. 提升了哪些素质

____

____

____

4. 自己的不足之处及同组同学身上值得自己学习的地方有哪些

____

____

____

项 目 二

电控发动机空气供给系统检修

项目描述

空气供给系统的功能是为发动机提供清洁的空气并控制和检测发动机正常工作时的进气量。空气供给系统出现故障，会引起进气量与发动机负荷不协调，从而导致发动机运转不良。

任务 1　空气流量计检修

知识目标

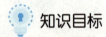

(1) 掌握空气流量计（热式）的结构及工作原理。

(2) 掌握空气流量计（热式）的电压、信号波形及动态数据流的特点。

技能目标

(1) 能够使用数字式万用表、汽车故障诊断仪、汽车专用示波器对空气流量计（热式）信号进行诊断分析。

(2) 能够描述故障排除诊断思路并排除故障。

素质目标

(1) 树立正确的劳动意识，能够严格按照维修手册的标准从事检修工作。

(2) 各小组成员应主动沟通、协作，小组间友善互助，服从组长的安排。

(3) 诊断时要有自己的思路，理由要充分，杜绝二次返修和过度维修。

(4) 任务完成后及时清理工位和复位工具，并将垃圾分类处理，所有工作在确保安全的前提下有序进行。

工作情景描述

一辆 2014 款帕萨特 1.8TSI（发动机型号为 BYJ）进厂维修，客户描述该车行驶中加速无力并伴随仪表盘上的发动机故障指示灯点亮，维修技师小王试车后发现该车确有此现象，连接汽车故障诊断仪，发动机 ECU 只报出“P00520：空气流量计不可靠信号 静态”故障码，如果你是小王，你会如何完成故障检修？

故障机理分析

一、发动机故障指示灯点亮原因分析

可能故障原因如下。

(1) 燃烧状态不好。

(2) 燃油质量不好。

(3) 发动机气缸内部有积碳。

二、根据故障码分析故障原因

1. 分析故障码出现的原因

(1) 空气流量计信号数值超出可能范围。

在发动机正在运转、节气门开度小于 50%、蓄电池电压大于 8V 的情况下，如果 ECU 监

测到一个过低或过高的空气流量信号，则 ECU 将按照信号过小或过大设置故障码。

（2）空气流量计信号与其他信号不匹配。

如果 ECU 根据节气门位置传感器信号和进气歧管绝对压力传感器信号分别结合转速信号算出的空气流量明显小于或大于空气流量计信号指示的空气流量数值，ECU 将认为空气流量计信号不可信，则 ECU 将按照信号是过小还是过大分别设置故障码。

2. 分析发动机故障指示灯点亮，加速无力的原因

如果空气流量计或电路出现故障，ECU 得不到正确的进气量信号，就不能正常进行喷油量的控制，将造成混合气过浓或过稀，使发动机运转不正常，从而可能造成加速无力、发动机故障指示灯点亮。

三、查找故障部位，确定故障点

出现故障的可能部位如下。

（1）进气管或空气滤清器堵塞。

（2）进气系统漏气。

（3）空气流量计本身故障、脏污。

（4）空气流量计线束故障。

根据代码优先的原则，参考发动机出现的故障码，结合故障现象，首先要检查空气流量计及其控制电路是否出现了问题。

知识准备

一、发动机燃油喷射系统控制策略

1. 组成

发动机燃油喷射系统经过无数次技术更新和发展，如今应用最广泛的是电控燃油喷射系统（EFI 系统），其结构示意图如图 2-1-1 所示，由空气供给系统和燃油供给系统组成。

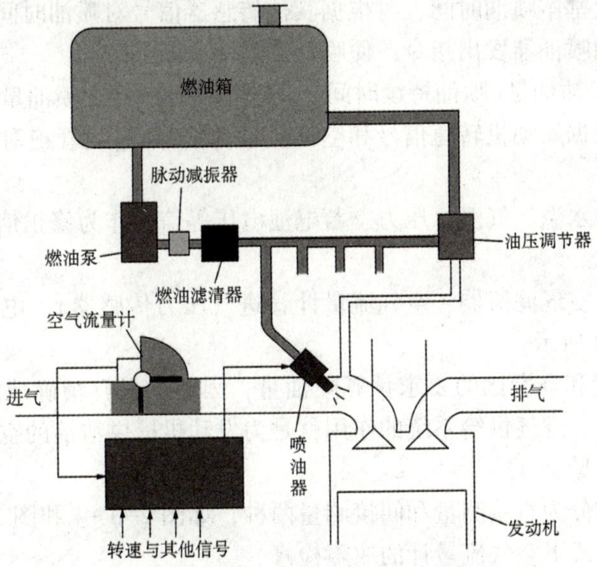

图 2-1-1　电控燃油喷射系统结构示意

各系统的主要元件包含各种相关传感器、ECU、执行器等，如图 2-1-2 所示。传感器将接收到的各种影响喷油量的信息输入 ECU。ECU 对输入的信号进行运算、处理、分析和判断后，向喷油器发出精确的喷油脉宽指令，喷油器将适量的燃油以雾状喷入发动机的进气道，使发动机在各工况下能够获得准确的空燃比。

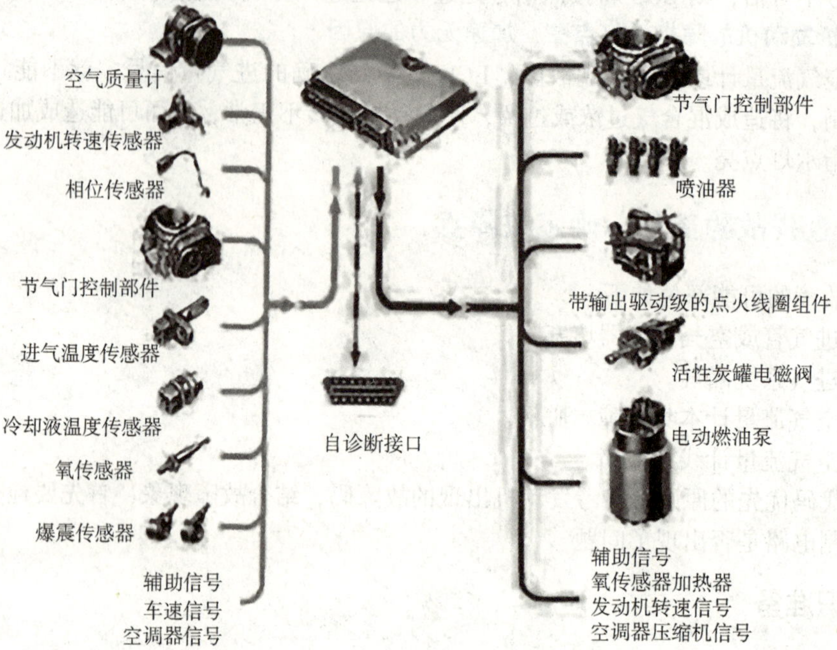

图 2-1-2　电控燃油喷射系统的组成

2. 控制策略

空气和燃油按不同的工况要求以对应的比例混合后进行燃烧才能达到发动机动力性、经济性和排放性兼顾的目的。发动机燃油喷射系统的控制策略是 ECU 根据空气流量计信号和发动机转速信号确定基本喷油时间，再根据其他传感器信号对喷油时间进行修正，并按最后确定的总喷油时间向喷油器发出指令，使喷油器喷油或断油。

喷油量(喷油持续时间)= 基本喷油量+修正喷油量

基本喷油量：根据发动机转速信号和空气流量计信号/进气管绝对压力信号确定基本喷油时间；

修正喷油量：由水温、气温、压力、蓄电池电压等信号作为修正信号。

3. 空气供给系统

空气供给系统由空气滤清器、空气流量计（进气压力传感器）、电子节气门及进气管路等组成，如图 2-1-3 所示。

ECU 根据进气量和空燃比的要求计算喷油量，因此，只有精确地测量出进气量才能对喷油量进行精密控制。空气供给系统的作用就是为发动机提供清洁的空气并控制和测量发动机正常工作时的进气量。

进气量测量方式分为直接测量和间接测量两种，如图 2-1-4 和图 2-1-5 所示。本任务涉及的是直接测量方式下空气流量计的故障检修。

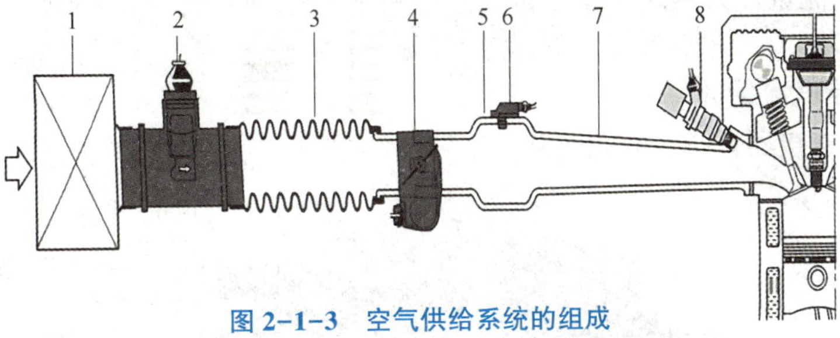

图 2-1-3　空气供给系统的组成

1—空气滤清器；2—空气流量计；3—进气总管；4—节气门体；5—进气室；6—进气温度传感器；7—进气歧管；8—喷油器

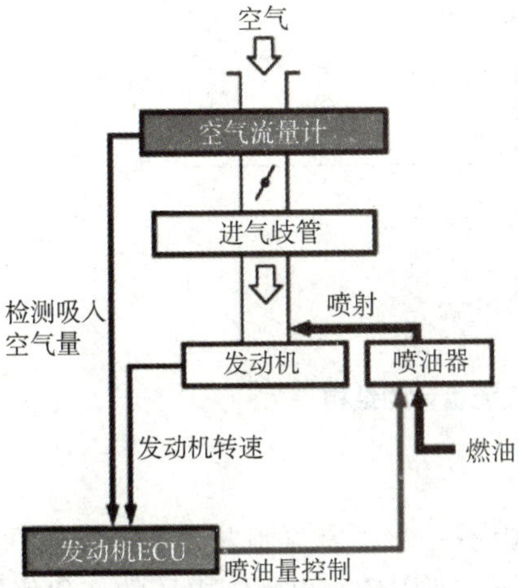

图 2-1-4　直接测量（L 型）

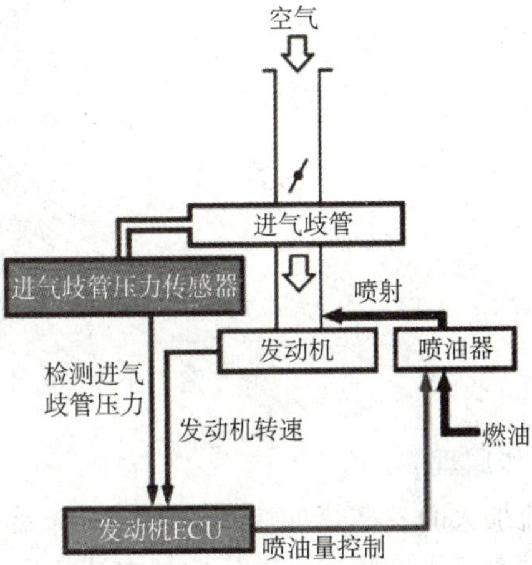

图 2-1-5　间接测量（D 型）

二、空气流量计认知

【作用】检测进入气缸的空气流量。将空气流量转变为电信号输入 ECU，ECU 根据该信号决定基本喷油量和点火时间。

【位置】在空气滤清器的后方，如图 2-1-6 所示。

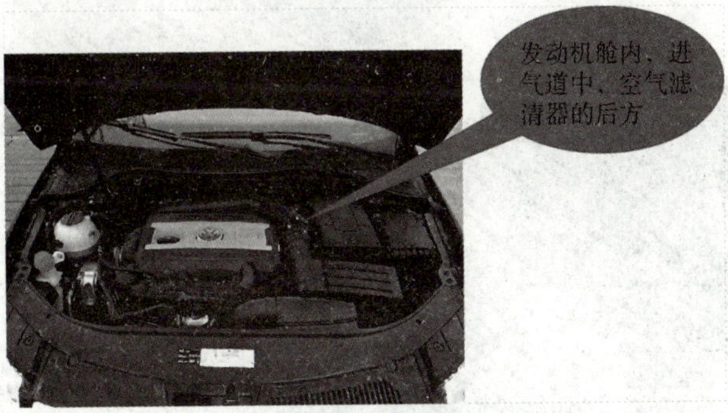

图 2-1-6　空气流量计的位置

【分类】热线式、热膜式、卡门漩涡式、叶板式。

常用的空气流量计为热线式和热膜式，这两种统称为热式，其他两种应用较少，本书不作介绍。

1. 热线式空气流量计

【结构】 由连接器针脚、控制电路、温度补偿电阻、铂热丝组成，如图 2-1-7 所示。

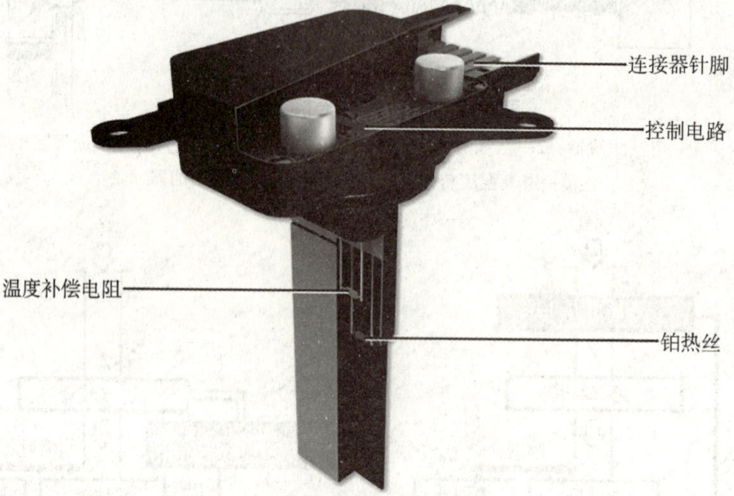

图 2-1-7　热线式空气流量计的结构

【工作原理】

气流加大时，散热加快，热线电阻降温导致阻值变化，空气流量计内部电桥失去平衡，为维持原电桥平衡状态，电桥中的电流会重新分配，就用精密电阻上电压的变化值作为发动机的进气量信号，如图 2-1-8 所示。

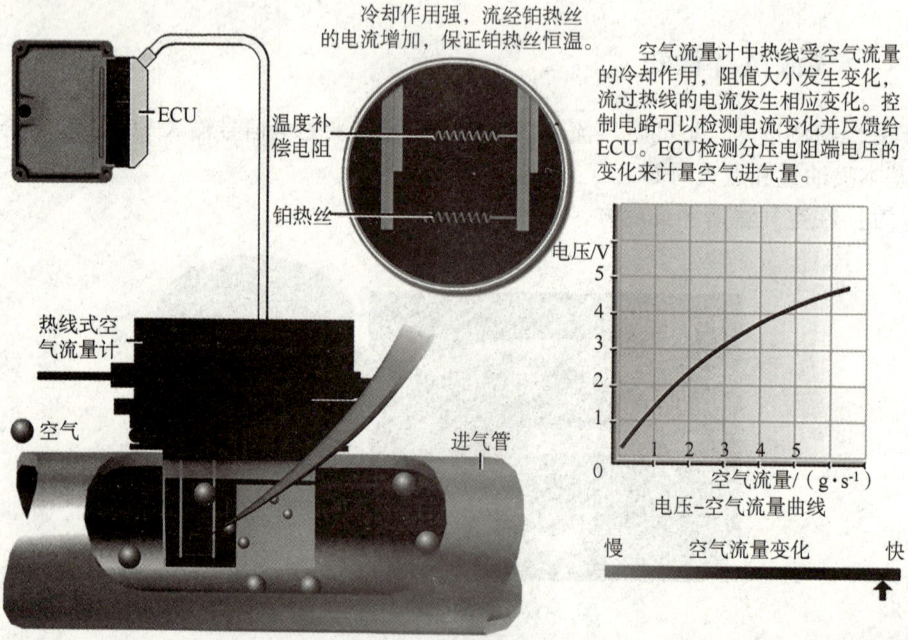

图 2-1-8　热线式空气流量计的工作原理

热线式空气流量计具有自清洁功能。当发动机转速超过 1 500 r/min 时，关闭点火开关使发动机熄火后，控制系统自动将热线加热到 1 000 ℃以上并保持约 1 s，将附在热线上的粉尘烧掉。

2. 热膜式空气流量计

【结构】 由温度传感器、护网、控制电路、热膜等部分构成，如图 2-1-9 所示。

图 2-1-9　热膜式空气流量计的结构

【工作原理】

热膜式空气流量计的工作原理与热线式空气流量计类似，所不同的是：热膜式空气流量计不使用铂热丝作为热线，而是将热线电阻、补偿电阻及桥路电阻用厚膜工艺制作在同一陶瓷基片上构成的。这种结构可使发热体不直接承受空气流动所产生的作用力，增加了发热体的强度，提高了空气流量计的可靠性，误差小，成本较低，电阻值较大，消耗的电流小，但响应性较差，如图 2-1-10 所示。

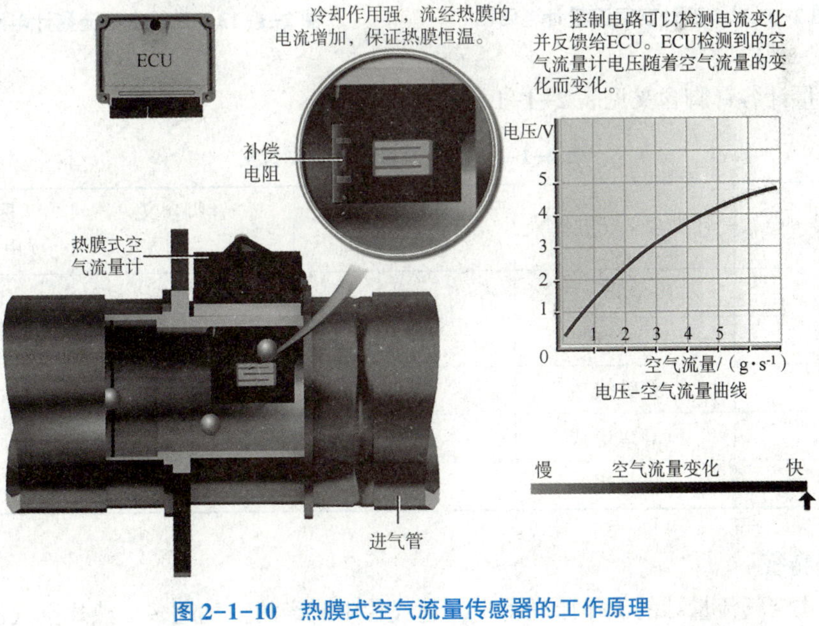

图 2-1-10　热膜式空气流量传感器的工作原理

三、控制原理

当踩下油门踏板时，节气门开度增大，发动机转速增大，空气流量增加，ECU 据此控制喷油量增加，点火提前角减小。反之，当踩下刹车踏板时，节气门开度减小，发动机转速减小，空气流量减小，ECU 据此控制喷油量减小，点火提前角增大。控制原理如图 2-1-11 所示。

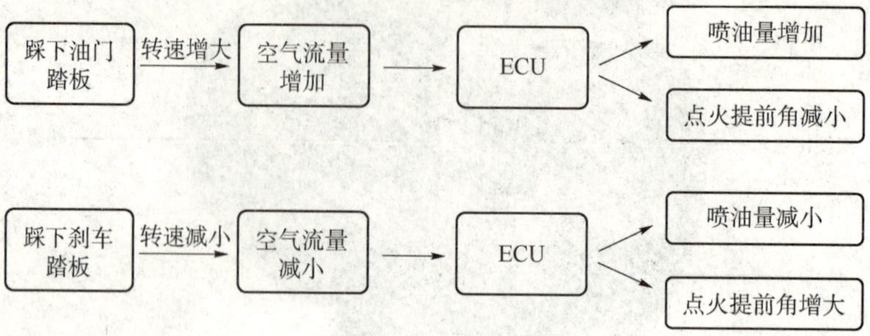

图 2-1-11　控制原理

1. 电路图

常见的空气流量计分为五针和三针两种结构，其电路图如图 2-1-12 和图 2-1-13 所示。

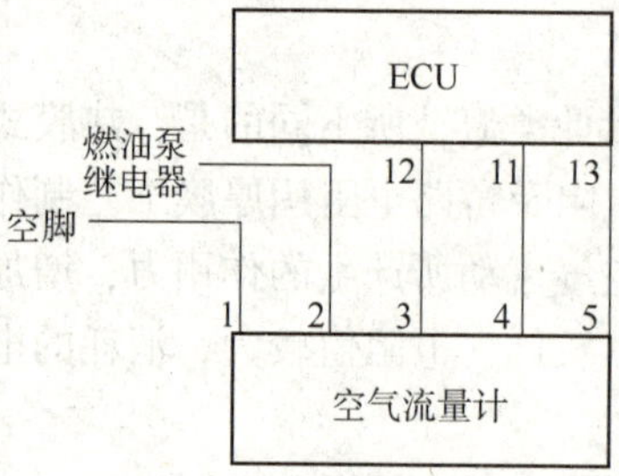

图 2-1-12　五针空气流量计电路图

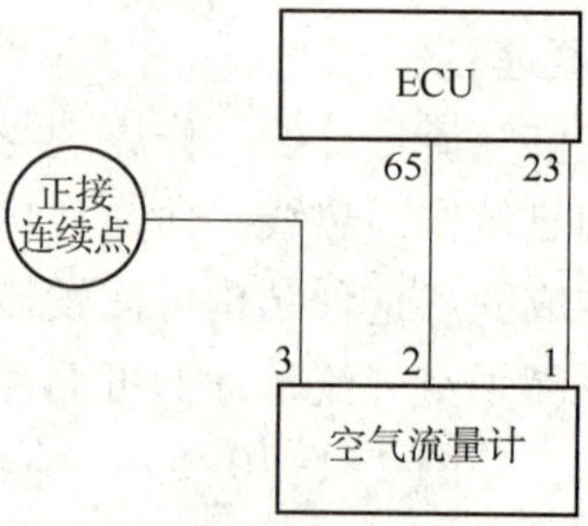

图 2-1-13　三针空气流量计电路图

空气流量计各针脚含义见表 2-1-1。

表 2-1-1　空气流量计各针脚含义

针脚号	针脚含义（五针）	标准电压（电阻）范围	针脚含义（三针）	标准电压（电阻）范围
1	空脚	—	信号线	0~5 V
2	自清洁线	12 V	搭铁线	0 Ω
3	搭铁线	0 Ω	供电线	12 V
4	ECU 供电线	5 V	—	—
5	信号线	0~5 V	—	—

2. 信号特征

分析热式空气流量计的工作原理得出，进气管中流经的空气越多，热式空气流量计的信号电压越高，如图 2-1-14 所示。

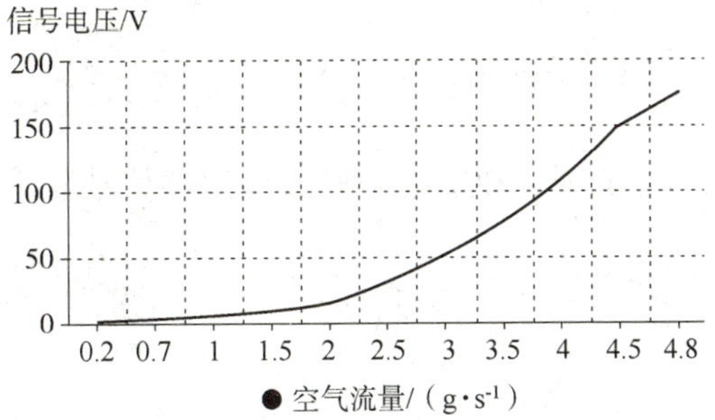

图 2-1-14 热式空气流量计信号变化特征

3. 失效保护

当空气流量计信号中断时，ECU 在下面 3 个信号中计算出一个替代值。

（1）发动机转速传感器（G28）的转速信号。

（2）进气温度传感器（G72）的进气温度信号。

（3）节气门电位计（G69）的节气门位置信号。

注意：进入失效保护模式下，发动机喷油的精确性下降。

任务实施

一、收集资讯

（1）将故障车辆及发动机相关信息填入表 2-1-2。

表 2-1-2 故障车辆信息记录

车辆型号		故障发生日期		VIN 码	
发动机型号				里程表读数	
故障现象					

（2）简述喷油量的控制原理以及空气流量计失效所引发的故障现象。

（3）简述空气流量计的位置、作用及类型。

（4）简述热线式空气流量计的结构及工作原理。

（5）当空气流量计信号中断时，ECU 会以什么传感器信号来计算替代值？

二、岗位轮转

依据“5+1”岗位工作制（表 2–1–3）进行分组实践练习，“5”代表机电工组内 5 个不同的岗位，包括：车内辅助作业、设备和工具技术支持、综合维修、诊断报告书写、整理工具与维修防护等；“1”为小组组长，代表维修经理对接发布任务的教师，其中个人岗位由组长按照岗位轮转制进行分配，即随着每节不同子任务的进行，每位成员轮流承担不同的岗位职责。组长分配好岗位后，将分配情况填入表 2–1–4。

表 2–1–3 “5+1”岗位职责分配

岗位名称	岗位职责
维修经理	接受维修任务，与组员协商制订维修计划，进行维修任务总结及汇报
车内辅助作业	根据维修进度协助维修技师操纵故障车辆，并实时监控故障车辆的状态，将故障现象准确翔实地传达给维修技师
设备和工具技术支持	调试、检查维修设备和工具，根据维修技师的要求递送工具、配合使用维修设备、读取数据以及协助维修作业
综合维修	按照诊断方案实施维修作业，分析检测数据，查找故障点，评估故障原因，排除车辆故障，并将维修过程数据实时汇报给记录员
诊断报告书写	记录过程数据，查阅维修资料，分析故障机理，指导维修作业
整理工具与维修防护	负责作业前的工具准备、车辆维修防护，作业中的工具整理、安全防护以及作业后的工具复位

表 2–1–4 岗位轮转表

轮转岗位名称	学生姓名	备注
维修经理		
车内辅助作业		
设备和工具技术支持		
综合维修		
诊断报告书写		
整理工具与维修防护		

三、计划和决策

1. 重现故障现象

起动发动机，观察车辆尤其是发动机的运行情况，发现故障现象及故障特征，分析可能的故障原因。

2. 读取故障码和数据流

连接汽车故障诊断仪，读取故障码，操纵车辆或实训台变换工况，观察并记录进气量随不同工况变化的动态数据流，初步锁定故障范围。

3. 用数字式万用表检测

1）测量电阻

将数字式万用表旋转到电阻挡，按电路图找到空气流量计与 ECU 信号测试端口对应的针脚号，分别测试空气流量计各连接线之间的电阻，阻值应小于 0.5 Ω。

2）检测电源电压

打开点火开关，将数字式万用表设置在直流电压挡，将红色表针连接空气流量计自洁线或供电线，将黑色表针置于电瓶负极或发动机进气歧管壳体，打开起动机时应显示 12 V；将红色表针置于空气流量计与 ECU 供电线，将黑色表针置于电瓶负极或发动机进气歧管壳体，应显示 5 V。

3）测量信号电压

（1）单件检测。取一空气流量计总成部件，将蓄电池电压施加在空气流量计供电端，将数字式万用表设置在直流电压挡，测量空气流量计信号线，应有 1.5 V 左右的电压；使用电吹风从空气流量计格栅一段向空气流量计吹入冷空气或加热的空气，再次测量空气流量计信号线，电压应顺势上升至 2.8 V 后回落。若不能满足上述条件，可以判定空气流量计有故障。

（2）就车检测。起动发动机至工作温度，将数字式万用表设置在直流电压挡，测量空气流量计信号电压，将红色表针置于空气流量计信号线，将黑色表针搭铁，怠速时应显示电压 1.5 V 左右；急踩加速踏板时应显示 2.8 V 的变化。若不符合上述变化，或电压反而下降，则在电源电压与参考电压完好的前提下，可以判定空气流量计损坏，必须进行更换。

4. 用汽车专用示波器检测

空气流量计输出的波形是典型的方波，如图 2-1-15 所示，随着发动机转速的增大，方波的幅值不变，但波形会明显变密，如图 2-1-16 所示。

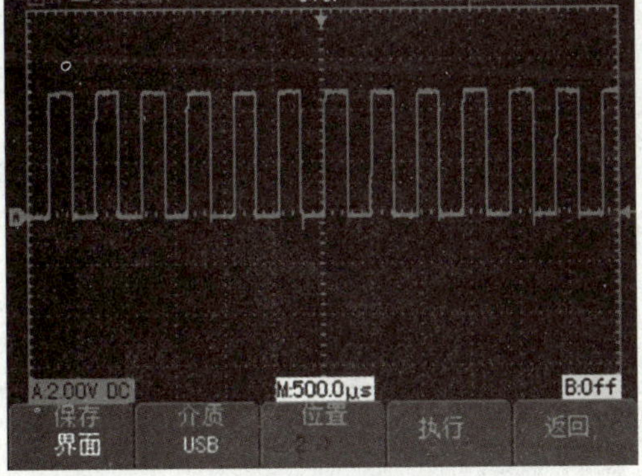

图 2-1-15　空气流量计怠速波形图

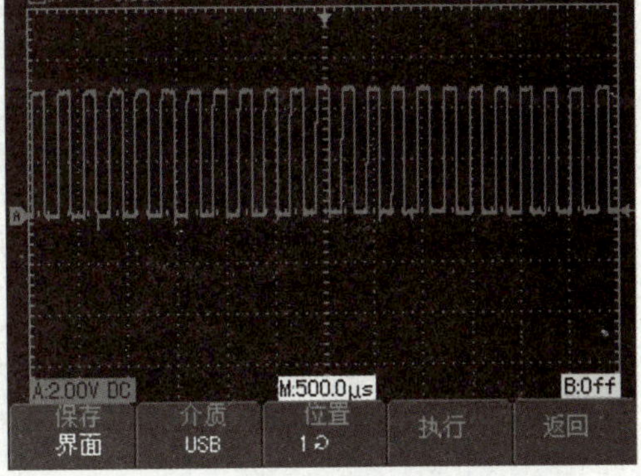

图 2-1-16　空气流量计加速波形图

5. 建立故障诊断思路，制定故障检修方案

参考上述故障检修步骤，结合实际车型特点，进行故障机理分析，根据分析结果，制定故障检修实施方案，并将其填入表 2-1-5。

表 2-1-5　小组讨论确定的实施方案和计划

<table>
<tr><td rowspan="11">实施
步骤</td><td>序号</td><td colspan="2">实施内容</td><td>工具</td></tr>
<tr><td>1</td><td colspan="2"></td><td></td></tr>
<tr><td>2</td><td colspan="2"></td><td></td></tr>
<tr><td>3</td><td colspan="2"></td><td></td></tr>
<tr><td>4</td><td colspan="2"></td><td></td></tr>
<tr><td>5</td><td colspan="2"></td><td></td></tr>
<tr><td>6</td><td colspan="2"></td><td></td></tr>
<tr><td>7</td><td colspan="2"></td><td></td></tr>
<tr><td>8</td><td colspan="2"></td><td></td></tr>
<tr><td>9</td><td colspan="2"></td><td></td></tr>
<tr><td>10</td><td colspan="2"></td><td></td></tr>
<tr><td colspan="2">实施方案其他说明</td><td></td><td>组长签字</td><td></td></tr>
</table>

四、实施

（1）实施计划前准备工作（表 2-1-6）。

表 2-1-6　准备工作检验内容

<table>
<tr><td>理论资料是否齐备</td><td>是：□；否：□</td><td colspan="2">是否穿戴工装及劳动保护措施</td><td>是：□；否：□</td></tr>
<tr><td>工具是否齐全、整齐</td><td>是：□；否：□</td><td colspan="2">工作环境是否整洁</td><td>是：□；否：□</td></tr>
<tr><td colspan="2">是否熟知操作安全注意事项</td><td>是：□；否：□</td><td>组长签字</td><td></td></tr>
</table>

（2）针对故障情景，画出空气流量计的控制电路图，并列举可能的故障原因。

（3）用专用工具和仪器对空气流量计进行检测，将检测数据填入表 2-1-7，并得出分析结论。

表 2-1-7　空气流量计检测数据

检测项目		检测条件	标准值	测量值	结论
故障码		打开电门			
		怠速			
		急加速			
数据流	进气量	打开电门			
		怠速			
		急加速			
电压	供电电压	打开电门			
		怠速			
		急加速			
	自洁线电压	打开电门			
		怠速			
		急加速			
	信号电压	打开电门			
		怠速			
		急加速			
电阻		熄火			
波形图		打开电门			
		怠速			
		急加速			

五、检查与评估

考核类别	考核点	评分标准	分值	自我评价（20%）	组长评价（40%）	教师评价（40%）	得分
过程考核（30分）	操作及人身安全	出现常识性失误扣3分，手指或肢体受伤扣5分	5				
	车辆、设备是否损坏	设备损坏扣5分，车辆损坏扣5分	5				
	工具归位情况	零部件摆放凌乱扣1分，工具未归位扣1分	2				
	操作过程清洁或离场清洁情况	实训环境差扣1分，离场未清扫现场扣1分	2				
	环保意识、垃圾分类	未及时处理工作产生的废弃物扣2分	2				
	操作工具、起动车辆情况	擅自操作仪器扣2分，起动车辆时未警示他人扣2分	4				
	小组协作、沟通能力	组员闲置超时扣5分，无交流扣5分	2				
	作业过程中是否存在肢体碰撞、混乱现象	现场混乱扣5分，肢体碰撞扣5分	2				
	工作态度及规范执行能力	态度消极扣5分，不执行组长命令扣5分	4				
	良好的职业形象和精神风貌	着装怪异扣5分，嬉笑打闹扣5分	2				
工单完成效果评价（70分）	是否查阅资料，理论是否充足	没有罗列资料清单扣3分	5				
	实施计划方案书写是否认真	没有实施计划扣10分，不认真书写实施计划方案书扣3分	10				
	工单书写是否翔实，检修思路表达是否清晰、完整	工单书写不认真扣3分，检修思路不完整扣5分	10				
	工单是否有抄袭现象	工单有一处抄袭扣2分，直至扣完	15				
	工具、仪器使用是否正确	仪器使用错误扣3分	15				
	数据测量及分析是否正确	数据测量有误扣3分，分析不当扣3分	15				
合计			100				

六、拓展练习

1. 别克君威汽车空气流量计故障检修

1）故障现象

一辆别克君威汽车，装配 3.0L L46 型发动机，行驶了近 10 万 km，在行驶中总是动力不足，且加速不良。对发动机进行检验，发现怠速时抖动严重，急加速时进气管有回火的现象。

2）故障诊断

用汽车故障诊断仪读取故障码，显示无故障码。清洗空气滤清器，更换火花塞和汽油滤清器，但故障依旧。又使用燃油喷射系统清洁剂，用专用设备输送到进气歧管，起动发动机时，对电喷装置进行自动清洗，但未起作用。拆下喷油器，用专用设备清洗效果也不明显。后来拆下空气滤清器，用东西堵住一点节气门阀体的进气口滤网以减小主通道的进气面积，使混合气体更浓，结果发动机怠速变稳，加速不再回火，这说明故障的直接原因是混合气过稀。

测试燃油压力，将燃油压力表用三通接头接在油压调节器和喷油嘴之间的油路上，起动发动机，测试发动机在怠速、中等负荷和大负荷工况下燃油供给系统的压力。实测数据如下。发动机怠速时为 286 kPa；怠速时拔下油压调节器上的真空软管时为 342 kPa；改变节气门开度，燃油压力表上显示的读数随节气门开度的变化而变化，即随节气门开度增大压力值增大，随节气门开度减小压力值减小。对照维修手册得知，燃油供给系统的压力完全正常。

后来，又考虑到空气流量计是影响空燃比的重要因素，便拔下插头试验。拔下插头之后，发动机能以稳定的怠速运转，加速也有所好转，于是利用汽车故障诊断仪做进一步诊断。首先连接汽车故障诊断仪读取空气流量计的数据流，在怠速时为 2 g/s，符合标准值 2~5 g/s 的范围。进行加速试验，发现数据随节气门的开度增大而增大，但在急加速时“回火”声响发生的概率较大。怀疑进气管道可能还存在没有被检查出来的漏气点，于是对空气流量计的数据流进行检查。汽车故障诊断仪上显示真空度为 600 kPa 时，空气流量计的输出电压为 0.6 V，随节气门开度的增加，其输出电压增大到 2.6 V 左右。

检查结果表明：进气管并无漏气点。从数据流来看，空气流量计的数据流在怠速时为 2 g/s，偏小，于是从节气门阀体上拆下空气流量计检查，发现旁通道中的热线未断，但积垢严重。

3）故障排除

更换空气流量计，排除故障。

4）故障总结

空气流量计在别克君威汽车中故障率较高，其主要原因是空气污染严重和使用燃油品质过低，进气管产生回火，造成过多的杂质和积碳胶结在金属铂丝上。在维修此车的过程中，在进行故障分析时走了很多弯路，因此平时在维修过程中应该多观察并记录车辆在主要工况下的标准数据流，以便在遇到问题时可以通过观察数据流来判断故障所在。

2. 奥迪汽车空气流量计故障检修

1）故障现象

一辆奥迪 Q5 汽车，搭载 CAD 发动机与 0B5 变速器，仪表盘上 EPC 灯报警，试车车速在 30~40 km/h 时急加速耸车严重。

2）故障诊断

（1）用汽车故障诊断仪进行诊断，在发动机 ECU 中存储“5663P010200：空气流量计 G70 信号太小”的偶发性故障码，按照故障导航测试计划测量 G70 的插头无腐蚀，针脚无弯曲，针孔大小正常，测量 G70 的线路无断路及短路现象，供电电压正常。重新清洗节气门后让客户继续观察使用。

（2）几天后客户反映依旧有故障现象，再次读取发动机 ECU 故障码，依旧为“5663P010200：空气流量计 G70 信号太小”的偶发性故障码，但试车时依旧无法试出故障现象。怀疑可能是线束的针脚有时接触不好，于是更换空气流量计及发动机 ECU 两侧的相关线束针脚。

（3）第 3 次客户反馈故障依旧并告知故障频率升高。连接汽车故障诊断仪试车，故障现象为先出现耸车现象，再出现 EPC 灯报警现象，在数据块中还发现以下两个现象。

①4 个气缸均有失火记录。

②空气流量计的数值变化非常迟缓，大概 30 s 变化 1 次，同时再次出现“5663P010200：空气流量计信号太小”的偶发性故障码。

（4）根据此现象拔掉空气流量计插头后试车，故障消失，但重新连接后故障再现。为了确切证实故障原因，与试驾车对换空气流量计后故障转移到试驾车上，于是确诊为空气流量计损坏。

确立正确的劳动态度

3）检修结果

更换空气流量计后，故障排除。

3. 思维拓展

空气流量传感器还会引发什么故障现象？列举一个相关的案例。

七、任务总结

1. 学到了哪些知识

2. 掌握了哪些技能

3. 提升了哪些素质

4. 自己的不足之处及同组同学身上值得自己学习的地方有哪些

任务2　进气温度-压力传感器检修

知识目标

（1）掌握进气温度-压力传感器的结构及工作原理。

（2）掌握进气温度-压力传感器的阻值、信号电压及动态数据流的特点。

技能目标

（1）能够使用数字式万用表、解码仪对进气温度-压力传感器信号进行诊断分析。

（2）能够描述故障排除诊断思路并排除故障。

素质目标

（1）能够树立“6S”意识，养成良好的工作习惯，严格按照维修手册的标准从事检修工作。

（2）各小组成员应主动沟通、协作，小组间友善互助，服从组长的安排。

（3）诊断时要有自己的思路，理由要充分，杜绝二次返修和过度维修。

（4）任务完成后及时清理工位和复位工具，并将垃圾分类处理，所有工作在确保安全的前提下有序进行。

工作情景描述

一辆2013款帕萨特1.8TSI（4万km）的VIN码为LFV3A23C493055782，发动机型号为BYJ。该车进厂维修，客户描述该车最近油耗偏高，起动困难，发动机故障指示灯、EPC灯点亮。维修技师小王试车后发现该车确有此现象，连接VAS5051诊断仪，发动机ECU只报出“P00519：进气温度-压力信号不可靠信号 静态”故障码，查看故障出现频率为“185次”，确定为真故障，其余部件和电子元件无任何故障。如果你是小王，你如何分析哪些元件故障会引起油耗偏高，起动困难，发动机故障指示灯、EPC灯点亮？如何对该车进气温度-压力传感器进行故障检修？请选用检测仪器完成进气温度-压力传感器的检修工作，并完成项目工单。

故障机理分析

一、发动机故障指示灯点亮原因分析

可能故障原因如下。

（1）燃烧状态不好。

（2）进气系统故障。

（3）发动机气缸内部有积碳。

二、根据故障码分析故障产生原因

1. 分析故障码出现的原因

（1）传感器内部电路断路或短路。

（2）传感器输出信号不能随进气管真空度的变化而变化。

（3）传感器输出信号的电压过大或过小，其值偏离正常范围。

此外，进气歧管绝对压力传感器和 ECU 的连接电路断路或短路、传感器和进气歧管之间的真空软管堵塞或漏气、进气歧管真空孔堵塞等，也会使传感器的输出信号不正常。

2. 分析故障指示灯点亮、油耗偏高的原因

（1）冷却液温度传感器有故障。如传感器工作特性发生变化，就会造成喷油修正信号不准。

（2）进气歧管绝对压力传感器有故障。如传感器输出压力过高，势必造成混合气过浓。

（3）进气温度传感器有故障。

（4）氧传感器有故障。如传感器内部短路，传感器电压为 0 V，ECU 接收稀混合气信号指令增加喷油量。

（5）节气门位置传感器有故障。如节气门位置信号错误。

三、查找故障部位，确定故障点

出现故障可能部位如下。

（1）冷却液温度传感器故障。

（2）节气门位置传感器故障。

（3）进气歧管绝对压力传感器故障。

（4）进气温度传感器故障。

根据代码优先的原则，参考发动机出现的故障码，结合故障现象，首先要检查进气温度-压力传感器及其控制电路是否出现了问题。

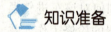

知识准备

一、进气温度-压力传感器的作用及位置

【作用】进气温度-压力传感器和空气流量计的作用一样，是用来进行进气量测量的。唯一不同的是它依据进气温度和进气压力间接计算出进气量，进而得出可燃混合气的精确配比，从而提升发动机的动力性、经济性以及排放性能。

【位置】进气温度传感器和进气歧管绝对压力传感器组合在一起，形成进气温度-压力

传感器，装在进气歧管上，如图 2-2-1 所示。

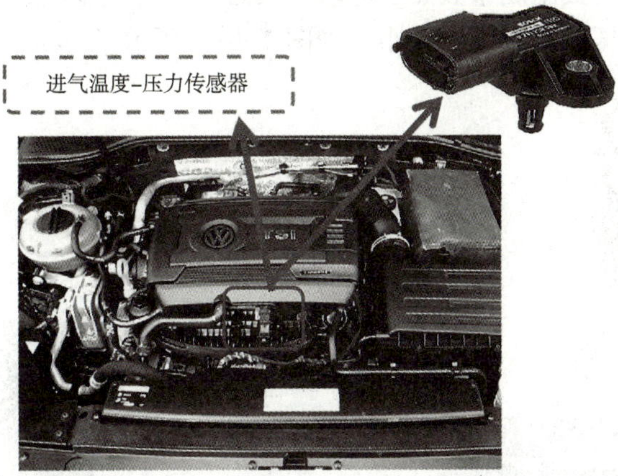

图 2-2-1　进气温度-压力传感器的位置

二、进气温度-压力传感器的类型、结构及工作原理

【分类】

可以用来测量温度的传感器有绕线电阻式、扩散电阻式、半导体晶体管式、金属芯式、热电偶式和热敏电阻式等多种类型，目前在进气温度和冷却水温度测量中应用最广泛的是热敏电阻式温度传感器。

压力传感器有多种形式，根据其信号产生的原理可分为压电式、压敏电阻式、电容式、差动变压器式及表面弹性波式等。汽车上常用的压力传感器类型为压敏电阻式。

进气温度传感器和进气歧管绝对压力传感器虽然集成在一起，但彼此之间并不冲突，本书只针对热敏电阻式进气温度传感器和压敏电阻式进气歧管绝对压力传感器进行阐述。

1. 热敏电阻式进气温度传感器

【结构】由连接器针脚、控制电路、热敏电阻组成，如图 2-2-2 所示。

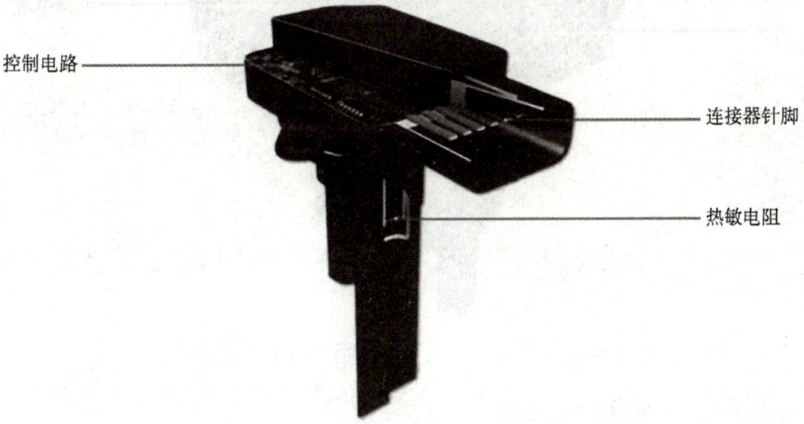

图 2-2-2　热敏电阻式进气温度传感器的结构

【工作原理】

进气温度传感器采用负温度系数热敏电阻，其阻值随进气温度的升高反向变小，从而在传感器输出端输出的电压信号也随之变小，如图 2-2-3 所示。

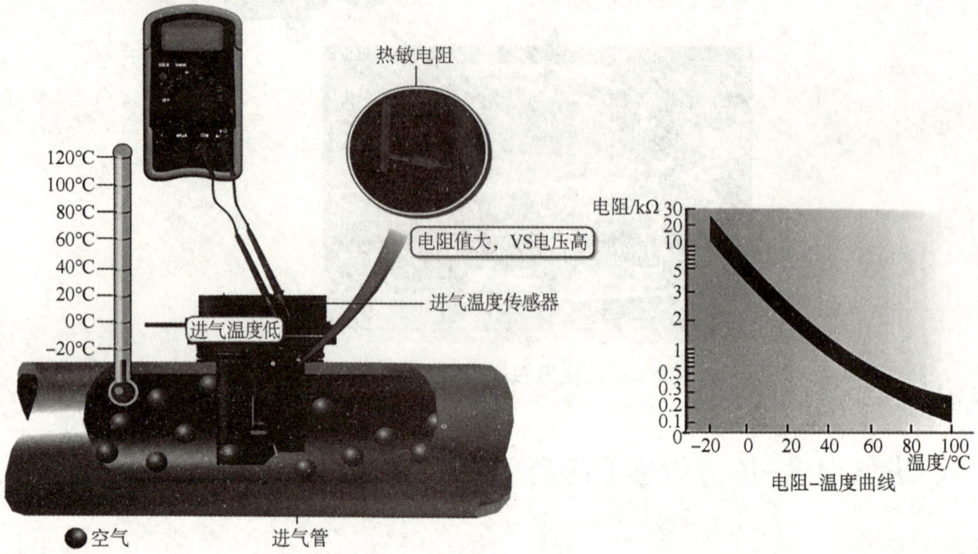

图 2-2-3　进气温度传感器的工作原理

温度升高，阻值反而变小，这是负温度系数热敏电阻的特性。

2. 压敏电阻式进气歧管绝对压力传感器

【结构】由连接器、真空室、集成电路、壳体等部分组成，如图 2-2-4 所示。

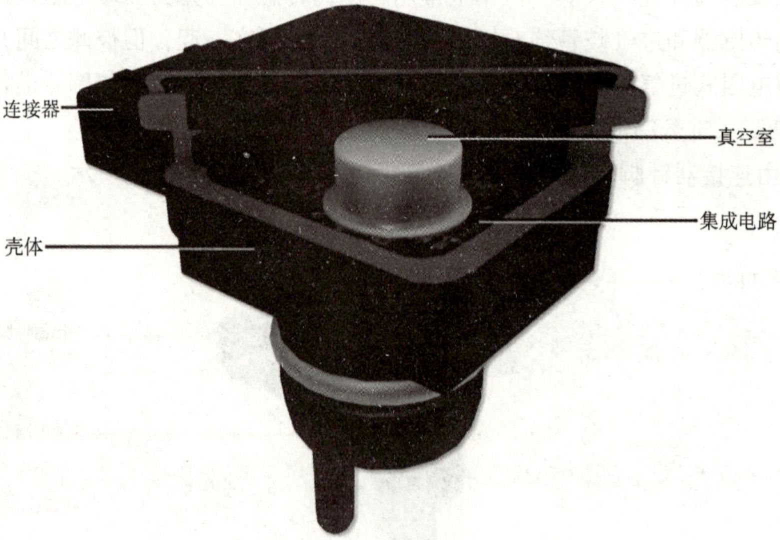

图 2-2-4　压敏电阻式进气歧管绝对压力传感器的结构

【工作原理】

进气歧管绝对压力传感器由一片硅芯片组成，硅芯片上蚀刻出一片压力膜片，压力膜片上有 4 个压电电阻并组成一个惠斯顿电桥。此外，膜芯片还集成了信号处理电路和温度补偿电路。

进气歧管绝对压力传感器的硅膜片随进气歧管内真空度的变化而发生变形，如图 2-2-5 所示。硅膜片表面的压敏电阻阻值也随之发生变化，从而输出变化的电压信号至 ECU。

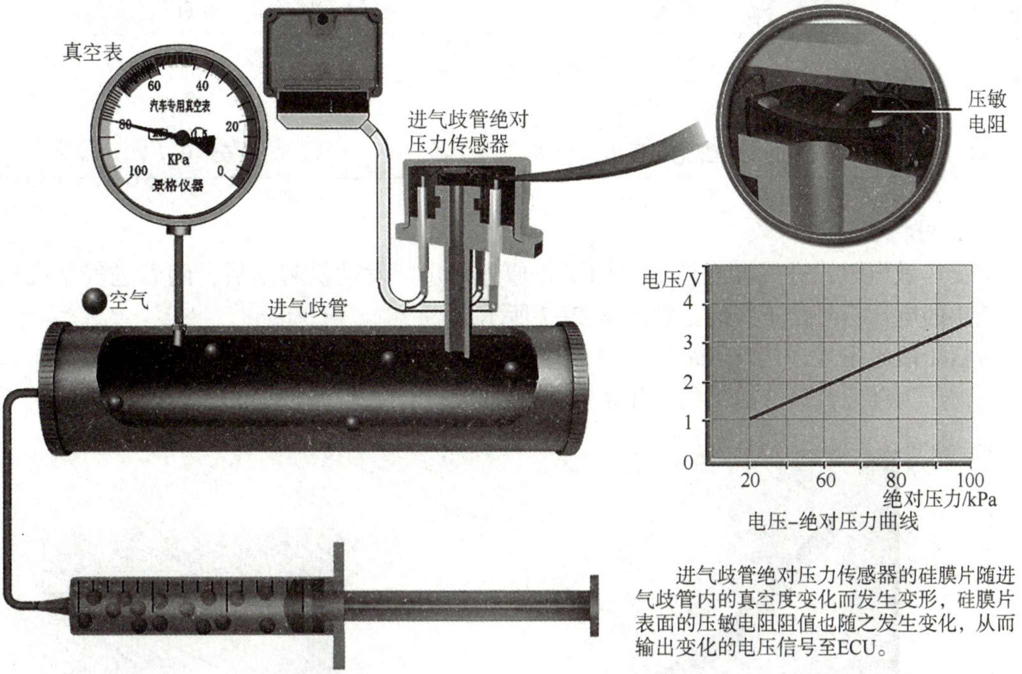

图 2-2-5 进气歧管绝对压力传感器的工作原理

三、控制原理

1. 进气温度部分控制原理

进气温度传感器搭铁线接触不良，数据流会显示异常低温，低温空气密度大，会加大喷油脉宽，造成混合汽过浓。传感器短路，数据流会显示异常高温，高温空气密度小，会减小喷油脉宽，造成混合气过稀。进气温度传感器温度越高，混合气越浓，传感器断路或搭铁不良会造成混合气过稀，导致起动困难。

2. 进气歧管绝对压力部分控制原理

在发动机工作中，节气门开度越小，进气歧管的真空度越大，进气歧管内的绝对压力就越低，输出信号电压也越低。节气门开度越大，进气歧管的真空度越小，进气歧管内的绝对压力就越高，输出信号电压也越高。输出信号电压与进气歧管内真空度的大小成反比，与进气歧管内绝对压力的高低成正比。

3. 电路图

进气温度-压力传感器电路图如图 2-2-6 所示，进气温度-压力传感器各针脚含义见表 2-2-1。

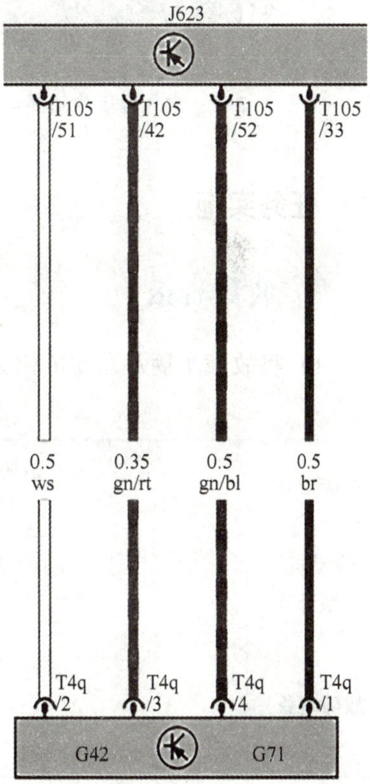

图 2-2-6 进气温度-压力传感器电路图

表 2-2-1　进气温度-压力传感器各针脚含义

针脚号	针脚含义	标准电压（电阻）范围
1	接地线	0 Ω
2	进气温度信号输出	常温下 1.8 V 左右
3	ECU 供电线	5 V
4	进气歧管绝对压力信号线	0.65~0.7 V

4. 信号特征

分析热敏电阻式进气温度传感器的工作原理得出，发动机起动后，随着进气温度的上升，输出的电压信号是下降的，如图 2-2-7 所示。

分析压敏电阻式进气歧管绝对压力传感器的工作原理得出，随着节气门开度变大，进气歧管绝对压力随之升高，输出的电压信号是成比例上升的，如图 2-2-8 所示。

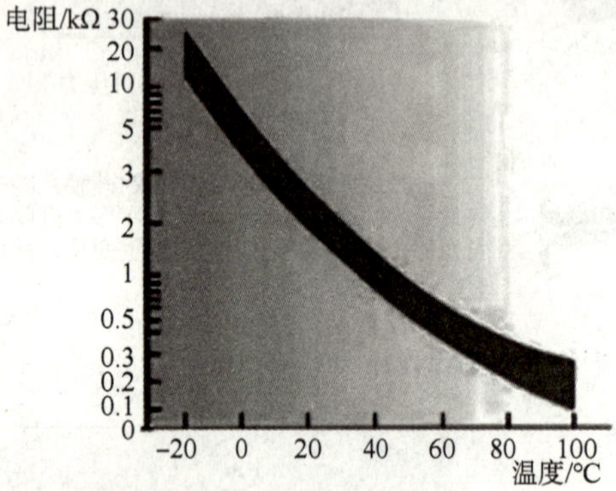

图 2-2-7　进气温度传感器信号特征

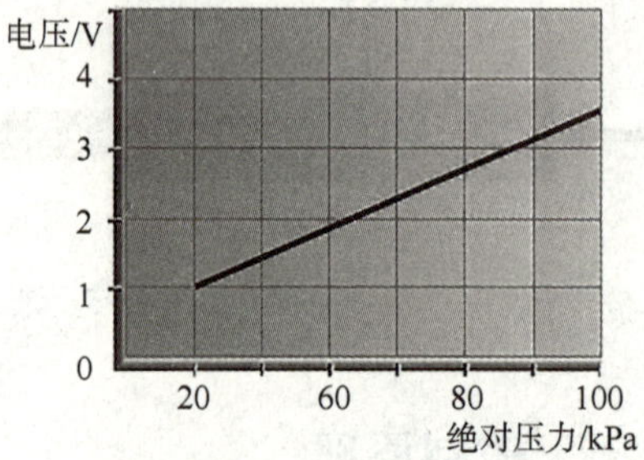

图 2-2-8　进气歧管绝对压力传感器信号特征

任务实施

一、收集资讯

（1）将故障车辆及发动机相关信息输入表 2-2-2。

表 2-2-2　故障车辆信息记录

车辆型号		故障发生日期		VIN 码	
发动机型号				里程表读数	
故障现象					

（2）简述进气温度-压力传感器的位置及作用。

（3）简述热敏电阻式进气温度传感器的工作原理。

（4）简述压敏电阻式进气歧管绝对压力传感器的工作原理。

二、岗位轮转

依据“5+1”岗位工作制（表2-2-3所示）进行分组实践练习。“5”代表机电工组内5个不同的岗位，包括：车内辅助作业、设备和工具技术支持、综合维修、诊断报告书写、整理工具与维修防护等；“1”为小组组长代表维修经理对接发布任务的教师，其中个人岗位由组长按照岗位轮转制进行分配，即随着每节不同子任务的进行，每位成员轮流承担不同的岗位职责。组长分配好岗位后，将分配情况填入表2-2-4。

表2-2-3 “5+1”岗位职责分配

岗位名称	岗位职责
维修经理	接受维修任务，与组员协商制订维修计划，进行维修任务总结及汇报
车内辅助作业	根据维修进度协助维修技师操纵故障车辆，并实时监控故障车辆的状态，将故障现象准确翔实地传达给维修技师
设备和工具技术支持	调试、检查维修设备和工具，根据维修技师的要求递送工具、配合使用维修设备、读取数据以及协助维修作业
综合维修	按照诊断方案实施维修作业，分析检测数据，查找故障点，评估故障原因，排除车辆故障，并将维修过程数据实时汇报给记录员
诊断报告书写	记录过程数据，查阅维修资料，分析故障机理，指导维修作业
整理工具与维修防护	负责作业前的工具准备、车辆维修防护，作业中的工具整理、安全防护以及作业后的工具复位

表2-2-4 岗位轮转表

轮转岗位名称	学生姓名	备注
维修经理		
车内辅助作业		
设备和工具技术支持		
综合维修		
诊断报告书写		
整理工具与维修防护		

三、计划和决策

1. 重现故障现象

起动发动机，观察车辆尤其是发动机的运行情况，发现故障现象及故障特征，分析可能的故障原因。

2. 读取故障码和数据流

连接汽车故障诊断仪，读取故障码，操纵车辆或实训台变换工况，观察并记录进气温度和进气歧管绝对压力随不同工况变化的动态数据流，初步锁定故障范围。

3. 用数字式万用表检测

1）测量电阻

将数字式万用表旋转到电阻挡，按电路图找到进气温度-压力传感器与 ECU 信号测试端口对应的针脚号，分别测试进气温度-压力传感器各连接线之间的电阻，阻值应小于 0.5 Ω。

2）检测电源电压

打开点火开关，将数字式万用表设置在直流电压挡，将红色表针连接进气温度-压力传感器 ECU 供电线，将黑色表针置于电瓶负极或发动机进气歧管壳体，应显示 5 V。

3）测量传感器元件

（1）拆下进气温度-压力传感器，将数字式万用表设置在电阻挡，用吹风机热风挡对着传感器元件直吹一段时间，测量进气温度部分的阻值，阻值应随着温度升高逐渐减小。

（2）拆下进气温度-压力传感器，将数字式万用表设置在直流电压挡，用真空泵对着传感器元件抽真空，测量进气歧管绝对压力部分的信号电压，电压应随着真空度增大而升高。

4. 建立故障诊断思路，制定故障检修方案

参考上述故障检修步骤，结合实际车型的特点，进行故障机理分析，根据分析结果，制定故障检修实施方案，并将其填入表 2-2-5。

表 2-2-5　小组讨论确定的实施方案和计划

<table>
<tr><td rowspan="11">实施步骤</td><td>序号</td><td colspan="2">实施内容</td><td>工具</td></tr>
<tr><td>1</td><td colspan="2"></td><td></td></tr>
<tr><td>2</td><td colspan="2"></td><td></td></tr>
<tr><td>3</td><td colspan="2"></td><td></td></tr>
<tr><td>4</td><td colspan="2"></td><td></td></tr>
<tr><td>5</td><td colspan="2"></td><td></td></tr>
<tr><td>6</td><td colspan="2"></td><td></td></tr>
<tr><td>7</td><td colspan="2"></td><td></td></tr>
<tr><td>8</td><td colspan="2"></td><td></td></tr>
<tr><td>9</td><td colspan="2"></td><td></td></tr>
<tr><td>10</td><td colspan="2"></td><td></td></tr>
<tr><td colspan="2">实施方案其他说明</td><td></td><td>组长签字</td><td></td></tr>
</table>

四、实施

（1）实施计划前准备工作（表 2-2-6）。

表 2-2-6 准备工作检验内容

理论资料是否齐备	是：□；否：□	是否穿戴工装及劳动保护措施	是：□；否：□
工具是否齐全、整齐	是：□；否：□	工作环境是否整洁	是：□；否：□
是否熟知操作安全注意事项	是：□；否：□	组长签字	

（2）针对故障情景，画出进气温度-压力传感器的控制电路图，并列举可能的故障原因。

（3）用专用工具和仪器对进气温度-压力传感器进行检测，将检测数据填入表 2-2-7，并得出分析结论。

表 2-2-7 进气温度-压力传感器检测数据

检测项目		检测条件	标准值	测量值	结论
故障码		打开电门			
		怠速			
		急加速			
数据流	进气温度	打开电门			
		怠速			
		急加速			
	进气歧管绝对压力	打开电门			
		怠速			
		急加速			
电压	供电电压	打开电门			
		怠速			
		急加速			
	进气温度部分信号电压	打开电门			
		怠速			
		急加速			
	进气歧管绝对压力部分信号电压	打开电门			
		怠速			
		急加速			
电阻		熄火			

五、检查与评估

考核类别	考核点	评分标准	分值	自我评价（20%）	组长评价（40%）	教师评价（40%）	得分
过程考核（30分）	操作及人身安全	出现常识性失误扣3分，手指或肢体受伤扣5分	5				
	车辆、设备是否损坏	设备损坏扣5分，车辆损坏扣5分	5				
	工具归位情况	零部件摆放凌乱扣1分，工具未归位扣1分	2				
	操作过程清洁或离场清洁情况	实训环境差扣1分，离场未清扫现场扣1分	2				
	环保意识、垃圾分类	未及时处理工作产生的废弃物扣2分	2				
	操作工具、起动车辆情况	擅自操作仪器扣2分，起动车辆时未警示他人扣2分	4				
	小组协作、沟通能力	组员闲置超时扣5分，无交流扣5分	2				
	作业过程中是否存在肢体碰撞、混乱现象	现场混乱扣5分，肢体碰撞扣5分	2				
	工作态度及规范执行能力	态度消极扣5分，不执行组长命令扣5分	4				
	良好的职业形象和精神风貌	着装怪异扣5分，嬉笑打闹扣5分	2				
工单完成效果评价（70分）	是否查阅资料，理论是否充足	没有罗列资料清单扣3分	5				
	实施计划方案书写是否认真	没有实施计划扣10分，不认真书写实施计划方案书扣3分	10				
	工单书写是否翔实，检修思路表达是否清晰、完整	工单书写不认真扣3分，检修思路不完整扣5分	10				
	工单是否有抄袭现象	工单有一处抄袭扣2分，直至扣完	15				
	工具、仪器使用是否正确	仪器使用错误扣3分	15				
	数据测量及分析是否正确	数据测量有误扣3分，分析不当扣3分	15				
合计			100				

六、拓展练习

1. 进气温度-压力传感器故障检修

1）故障特点

若没有进气温度信号，则 ECU 一般参照 20 ℃的进气温度工作，影响不大。没有进气歧管绝对压力信号影响就很大了，该信号无法通过电子节气门、曲轴位置传感器等的信号准确地反推出来，这将直接导致怠速不稳、加速响应慢、发动机无力、油耗增加等故障。

如果只是进气温度传感器损坏，在开车时是感觉不到的，但是发动机故障指示灯会点亮，而且会影响可燃混合气的精确配比，进而间接影响发动机的动力性、经济性及排放性能。

2）故障现象

（1）将点火开关转到 ON 位置，发动机故障指示灯常亮。

（2）原地缓踩油门踏板时冒少量黑烟，急加速时冒大量黑烟。

（3）发动机动力不足。

（4）故障码 P01D6（进气歧管绝对压力传感器电压低于下限）。

3）故障原因

进气歧管绝对压力信号异常，ECU 无法接收正确的进气量信息，导致喷油量也随之异常，则燃烧不充分，发动机动力不足，在加油过程中冒黑烟。线束连接出问题和传感器失效都会导致该故障。进气温度传感器异常，无法准确地将信号传递给 ECU，无法准确控制喷油量，会导致汽车油耗增加。

4）解决措施

检查更换进气温度-压力传感器。

学习劳模精神

2. 思维拓展

进气温度-压力传感器还会引发什么故障现象？列举一个相关的案例。

七、任务总结

1. 学到了哪些知识

2. 掌握了哪些技能

3. 提升了哪些素质

4. 自己的不足之处及同组同学身上值得自己学习的地方有哪些

任务 3　电子节气门检修

知识目标

（1）掌握电子节气门的结构及工作原理。

（2）掌握电子节气门的电压及动态数据流的特点。

技能目标

（1）能够使用数字式万用表、汽车专用示波器对电子节气门控制信号进行故障诊断分析。

（2）能根据故障现象及检测结果，确定故障点，写出完整的诊断思路，最终排除故障。

素质目标

（1）能够严格按照维修手册的标准从事检修工作，树立正确的职业理想，提升职业素养。

（2）各小组成员应主动沟通、协作，小组间友善互助，服从组长的安排。

（3）诊断时要有自己的思路，理由要充分，杜绝二次返修和过度维修。

（4）任务完成后及时清理工位和复位工具，并将垃圾分类处理，所有工作在确保安全的前提下有序进行。

工作情景描述

一辆 2012 款迈腾 1.8TSI（8 万 km）的 VIN 码为 LFV3A23C493043721，发动机型号为 BYJ。该车进厂维修，客户描述该车行驶中仪表盘上的 EPC 灯点亮，怠速时发动机抖动，转速忽大忽小。维修技师小王试车后发现确有此现象，连接 VAS5051 诊断仪，故障码为“P01553：发动机进气系统存在泄露；P00518：节气门位置传感器 2 G188 信号偏差 静态”；数据流为“节气门开度　4.7%”（正常值为 2.3%）。如果你是维修技师小王，你如何根据这些信息判定故障点？请选用恰当的检测仪器和设备完成故障检修工作，同时完成项目工单。

故障机理分析

一、EPC 灯点亮的原因分析

可能的故障原因如下。

（1）节气门体机械故障。

（2）节气门匹配错误。

(3) 报警相关电路故障。

(4) 制动系统故障。

二、根据故障码分析故障产生的原因

1. 分析故障码出现的原因

发动机怠速运转时，发动机进气量本身就少，若进气系统存在泄漏，节气门开度偏差，则废气中氧含量就会发生变化，发动机 ECU 会根据变化调整喷油量，若调整幅度超出内部所设计极限，发动机 ECU 就会认为是 EPC 故障，进而把 EPC 灯点亮。

2. 分析发动机转速忽大忽小、发动机抖动现象出现的原因

若进气系统存在泄漏，节气门开度偏差，则混合气会变稀，进而会导致发动机转速过小，发动机 ECU 就会对喷油量进行补偿，喷油量增加转速就会增大，进而导致氧传感器信号过大，根据闭环控制，发动机 ECU 再次调整喷油量，发动机转速就会减小，形成发动机转速忽大忽小的死循环，进而导致发动机抖动现象发生。

三、查找故障部位，确定故障点

出现故障的可能部位如下。

(1) 空气流量计故障。

(2) 进气管道密封不严。

(3) 节气门控制电路故障。

(4) 节气门体故障。

根据代码优先的原则，参考发动机出现的故障码，结合故障现象，首先要检查电子节气门及其控制电路是否出现了问题。

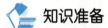

知识准备

一、电子节气门的作用及位置

【作用】反映节气门开度（负荷）的大小，判定发动机怠速、部分负荷、全负荷工况，实现不同的控制模式；反映节气门变化快慢（加速、减速），实现加速加浓、减速断油以及自动挡车的升降挡。

【安装位置】在节气门轴上或与节气门集成在一起（节气门总成），如图 2-3-1 所示。

图 2-3-1 电子节气门的位置

二、电子节气门的结构及工作原理

【结构】由节气门体、节气门、驱动步进电动机、节气门位置传感器等组成，如图 2-3-2 所示。

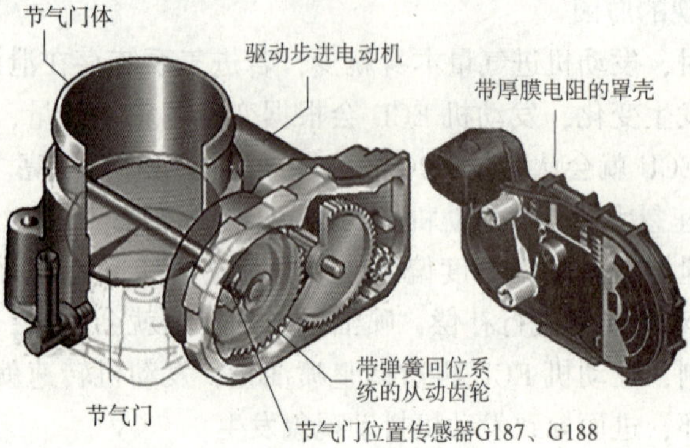

图 2-3-2 电子节气门的结构

【工作原理】驾驶员操纵加速踏板，加速踏板位置传感器产生相应的电压信号输入 ECU，ECU 获取其他工况信息以及各种传感器信号如发动机转速、挡位、节气门位置、空调能耗等，由此计算得到节气门的最佳开度，并把相应的电压信号发送到驱动电路模块，驱动控制电动机使节气门达到最佳的开度位置。节气门位置传感器则把节气门的开度信号反馈给节气门 ECU，形成闭环的位置控制，如图 2-3-3 所示。

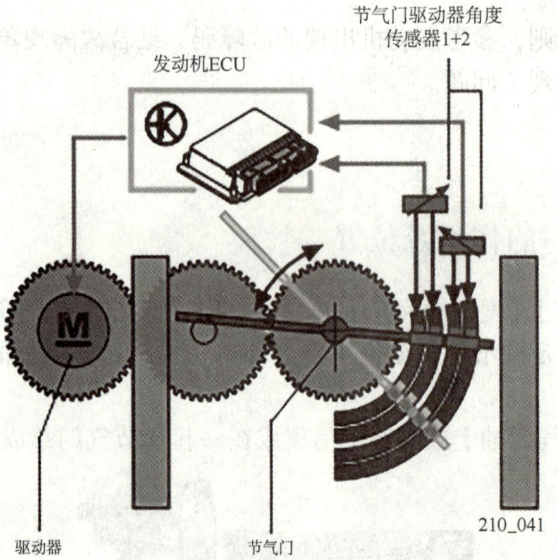

图 2-3-3 电子节气门的工作原理

三、控制原理

电子节气门系统的节气门开度并不完全由加速踏板位置决定，而是 ECU 根据当前行驶状况下整车对发动机的全部扭矩需求，计算出节气门的最佳开度，从而控制电动机驱动节气门达到相应的开度。因此，节气门的实际开度并不完全与驾驶员的操作意图一致。

电子节气门系统采用 2 个踏板位置传感器和 2 个节气门位置传感器，传感器两两反接，实现阻值的反向变化，即两个传感器阻值变化量之和为零。对两个传感器施加相同的电压，两者输出的电压信号也相应反向变化，且其和始终等于供电电压。

从控制角度来讲，使用一个传感器就可以使系统正常运转，但冗余设计可以使两个传感器相互检测，当一个传感器发生故障时能及时被识别，在很大程度上提高了系统的可靠性，保证行车的安全性。

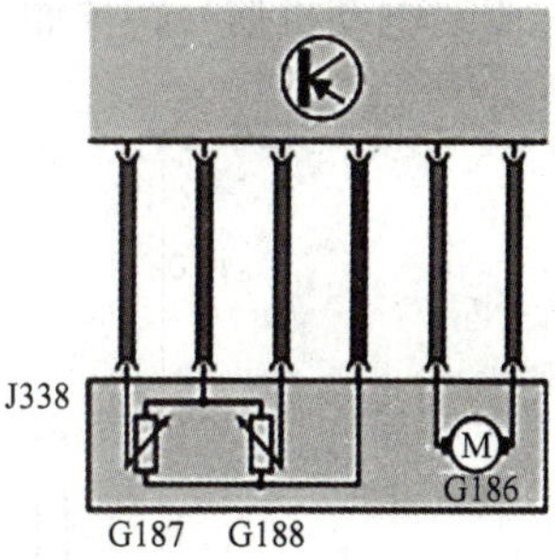

图 2-3-4　电子节气门控制电路图

1. 电路图

电子节气门控制电路图如图 2-3-4 所示，其各针脚含义见表 2-3-1。

表 2-3-1　电子节气门各针脚含义

针脚号	针脚含义	标准电压（电阻）范围
1	G188 节气门位置传感器信号线	0~5 V
2	搭铁线	0 Ω
3	电动机控制线	0~5 V（占空比平均电压值）
4	G187 节气门位置传感器信号线	0~5 V
5	电动机控制线	0~5 V（占空比平均电压值）
6	ECU 供电线	5 V

2. 节气门位置传感器信号特征

G187、G188 两者的信号互补。G188 的信号电压随节气门开度的增大而升高，G187 的信号电压随节气门开度的增大而降低，两者属于直流互补信号，信号电压值加起来约等于 5 V，如图 2-3-5 所示。

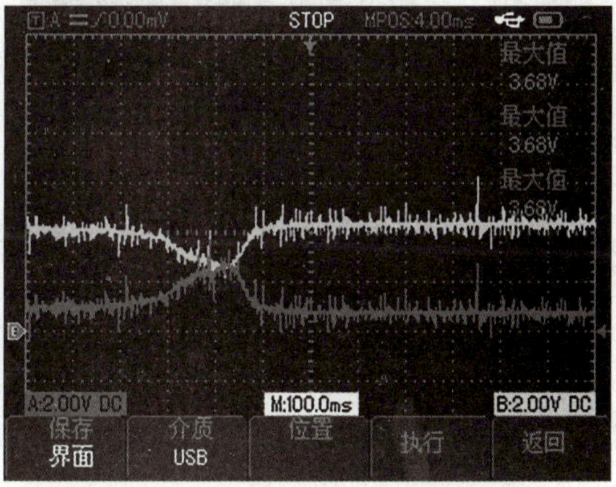

图 2-3-5　节气门位置传感器信号特征

3. 节气门驱动电动机信号特征

节气门驱动电动机信号属于占空比信号，其输出的电压值为平均电压值。占空比是指在一个脉冲循环内，通电时间相对于总时间所占的比例。它是通过 ECU 对加在工作执行元件上一定频率的电压信号进行脉冲宽度的调制，以实现对元件工作状况的精准、连续控制。节气门驱动电动机信号特征如图 2-3-6 所示。

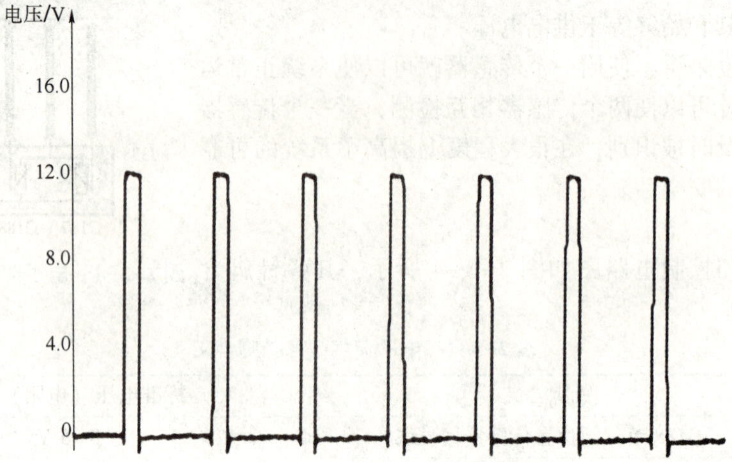

图 2-3-6　节气门驱动电动机信号特征

四、EPC 的概念

EPC 即发动机电子稳定系统。它的功能是监控电子节气门系统与节气门 ECU 各元件的工作状况。当接通点火开关时，EPC 灯亮 3 s，进行自检，若无故障，EPC 灯熄灭；若有故障，EPC 灯持续点亮，如图 2-3-7 所示。

图 2-3-7　EPC 灯

任务实施

一、收集资讯

(1) 将故障车辆及发动机相关信息填入表 2-3-2。

表 2-3-2　故障车辆信息记录

车辆型号		故障发生日期		VIN 码	
发动机型号				里程表读数	
故障现象					

（2）简述 EPC 灯的概念。

（3）简述电子节气门的位置及作用。

（4）简述电子节气门的工作原理及信号特征。

二、岗位轮转

依据“5+1”岗位工作制（表 2-3-3）进行分组实践练习。“5”代表机电工组内 5 个不同的岗位，包括：车内辅助作业、设备和工具技术支持、综合维修、诊断报告书写、整理工具与维修防护等；“1”为小组组长，代表维修经理对接发布任务的教师，其中个人岗位由组长按照岗位轮转制进行分配，即随着每节不同子任务的进行，每位成员轮流承担不同的岗位职责。组长分配好岗位后，将分配情况填入表 2-3-4。

表 2-3-3　“5+1”岗位职责分配

岗位名称	岗位职责
维修经理	接受维修任务，与组员协商制订维修计划，进行维修任务总结及汇报
车内辅助作业	根据维修进度协助维修技师操纵故障车辆，并实时监控故障车辆状态，将故障现象准确翔实地传达给维修技师
设备和工具技术支持	调试、检查维修设备和工具，根据维修技师的要求递送工具、配合使用维修设备、读取数据以及协助维修作业

续表

岗位名称	岗位职责
综合维修	按照诊断方案实施维修作业，分析检测数据，查找故障点，评估故障原因，排除车辆故障，并将维修过程数据实时汇报给记录员
诊断报告书写	记录过程数据，查阅维修资料，分析故障机理，指导维修作业
整理工具与维修防护	负责作业前的工具准备、车辆维修防护，作业中的工具整理、安全防护以及作业后的工具复位

表 2-3-4　岗位轮转表

轮转岗位名称	学生姓名	备注
维修经理		
车内辅助作业		
设备和工具技术支持		
综合维修		
诊断报告书写		
整理工具与维修防护		

三、计划和决策

1. 重现故障现象

起动发动机，观察车辆尤其是发动机的运行情况，发现故障现象及故障特征，分析可能的故障原因。

2. 读取故障码和数据流

连接汽车故障诊断仪，读取故障码，操纵车辆或实训台变换工况，观察并记录节气门开度随不同工况变化的动态数据流，初步锁定故障范围。

3. 用数字式万用表检测

1）测量电阻

将数字式万用表旋转到电阻挡，按电路图找到电子节气门与 ECU 信号测试端口对应的针脚号，分别测试电子节气门各连接线之间的电阻，阻值应小于 0.5 Ω。

2）检测电源电压

打开点火开关，将数字式万用表设置在直流电压挡，将红色表针连接节气门位置传感器 ECU 供电线，将黑色表针置于电瓶负极或发动机进气歧管壳体，应显示 5 V。

3）测量信号电压

起动发动机，将数字式万用表设置在直流电压挡，测量电子节气门中节气门位置传感器 1 和节气门位置传感器 2 的信号电压，测量怠速、加速、急加速等不同工况下信号电压的变化情况，两个电压值相加约等于 5 V，变化趋势恰好相反，一个升高，另一个降低；若不符合上述变化，则在电源电压与参考电压完好的前提下，可以判定电子节气门损坏，必须进行更换。

4. 用汽车专用示波器检测

电子节气门采用占空比控制的方式控制节气门的开度变化，因此电子节气门的电动机输出的波形是方波，如图 2-3-8 所示，其电压值代表电子节气门电动机的平均电压。

节气门位置传感器的两个信号是互补的，当踩下油门踏板时，能观察到明显的交叉点，如图 2-3-9 所示。

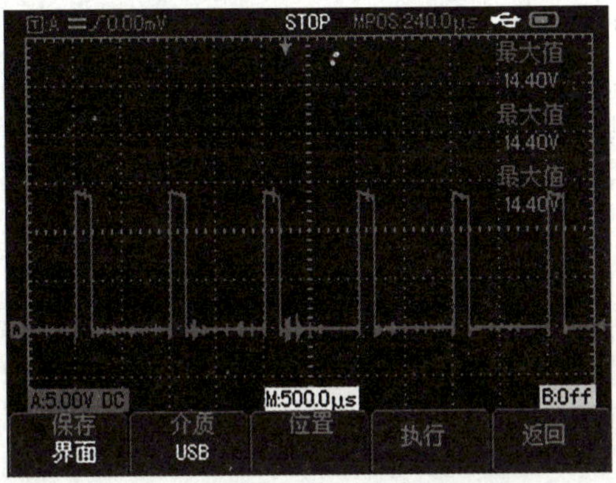

图 2-3-8　电子节气门电动机的波形

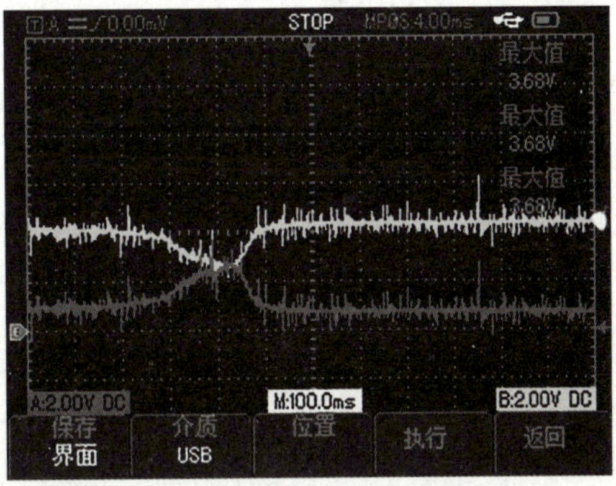

图 2-3-9　节气门位置传感器的波形

5. 建立故障诊断思路，制定故障检修方案

在进行故障检修时，必须建立自己的故障诊断思路，参考上述故障检修步骤，结合实际车型的特点，进行故障机理分析，根据分析结果，制定故障检修实施方案，并将其填入表 2-3-5。

表 2-3-5　小组讨论确定的实施方案和计划

	序号	实施内容	工具
实施步骤	1		
	2		
	3		
	4		
	5		
	6		
	7		
	8		
	9		
	10		
实施方案其他说明		组长签字	

四、实施

(1) 实施计划前准备工作（表 2-3-6）。

表 2-3-6 准备工作检验内容

<table>
<tr><td>理论资料是否齐备</td><td>是：□；否：□</td><td colspan="2">是否穿戴工装及劳动保护措施</td><td>是：□；否：□</td></tr>
<tr><td>工具是否齐全、整齐</td><td>是：□；否：□</td><td colspan="2">工作环境是否整洁</td><td>是：□；否：□</td></tr>
<tr><td colspan="2">是否熟知操作安全注意事项</td><td>是：□；否：□</td><td>组长签字</td><td></td></tr>
</table>

(2) 针对故障情景，画出电子节气门的控制电路图，并列举可能的故障原因。

(3) 用专用工具和仪器对电子节气门进行检测，将检测数据填入表 2-3-7，并得出分析结论。

表 2-3-7 电子节气门检测数据

检测项目		检测条件	标准值	测量值	结论
故障码		打开电门			
		怠速			
		急加速			
数据流	节气门开度	打开电门			
		怠速			
		急加速			
电压	供电电压	打开电门			
		怠速			
		急加速			
	节气门位置传感器 1 信号电压	打开电门			
		怠速			
		急加速			
	节气门位置传感器 2 信号电压	打开电门			
		怠速			
		急加速			

续表

检测项目		检测条件	标准值	测量值	结论
电阻		熄火			
节气门位置传感器波形图		打开电门			
		怠速			
		急加速			
电子节气门电动机波形图		打开电门			
		怠速			
		急加速			

五、检查与评估

考核类别	考核点	评分标准	分值	自我评价（20%）	组长评价（40%）	教师评价（40%）	得分
过程考核（30分）	操作及人身安全	出现常识性失误扣3分，手指或肢体受伤扣5分	5				
	车辆、设备是否损坏	设备损坏扣5分，车辆损坏扣5分	5				
	工具归位情况	零部件摆放凌乱扣1分，工具未归位扣1分	2				
	操作过程清洁或离场清洁情况	实训环境差扣1分，离场未清扫现场扣1分	2				
	环保意识、垃圾分类	未及时处理工作产生的废弃物扣2分	2				
	操作工具、起动车辆情况	擅自操作仪器扣2分，起动车辆时未警示他人扣2分	4				
	小组协作、沟通能力	组员闲置超时扣5分，无交流扣5分	2				
	作业过程中是否存在肢体碰撞、混乱现象	现场混乱扣5分，肢体碰撞扣5分	2				
	工作态度及规范执行能力	态度消极扣5分，不执行组长命令扣5分	4				
	良好的职业形象和精神风貌	着装怪异扣5分，嬉笑打闹扣5分	2				
工单完成效果评价（70分）	是否查阅资料，理论是否充足	没有罗列资料清单扣3分	5				
	实施计划方案书写是否认真	没有实施计划扣10分，不认真书写实施计划方案书扣3分	10				
	工单书写是否翔实，检修思路表达是否清晰、完整	工单书写不认真扣3分，检修思路不完整扣5分	10				
	工单是否有抄袭现象	工单有一处抄袭扣2分，直至扣完	15				
	工具、仪器使用是否正确	仪器使用错误扣3分	15				
	数据测量及分析是否正确	数据测量有误扣3分，分析不当扣3分	15				
合计			100				

六、拓展练习

节气门是汽车发动机的咽喉，是汽车进气系统上的一个可控阀门，位于空气滤清器和发动机缸体之间，能够控制发动机的进气量，使气体进入进气歧管后和汽油混合燃烧。它既影响汽车动力，又影响燃油经济性，是一个重要的部件。在汽车的保养中，节气门保养也是重要的一项。

1. 节气门变脏、变黑的原因

1）空气滤芯过滤有限

其实节气门并未与空气直接接触，它前面还顶着一个空气滤芯，空气滤芯在前面过滤，但也并非什么东西都过滤得掉，还会有灰尘或者其他脏东西通过节气门和节气门表面进行接触。

2）机油蒸汽冷凝附着

发动机的工作温度比较高，机油会产生机油蒸汽，在怠速和低速工况下，机油蒸汽会带着燃油中的胶质（杂质），冷凝在或者倒灌到温度较低的节气门上。

3）混合空气中的灰尘

机油蒸汽和空气中的灰尘混在一起，燃烧变黑。

2. 不清洗节气门的危害

长时间不清洗节气门，可能会让含有杂质的空气进入燃烧室，影响发动机的正常运行，其最明显的表现是怠速不稳定，在正常行驶的过程中会有突然收油的感觉，动力也会大不如前，油耗也会增大，甚至有些时候会造成起动困难等问题，严重时会造成发动机故障。

3. 节气门的清洗时机与方法

清洗节气门的时机最好根据汽车动力反馈来判断，如果出现车辆怠速不稳、起动困难、动力下降，则可以清洗节气门。

清洗节气门有两种方式，分别是免拆卸清洗和拆洗，两种方式各有优劣。

免拆卸清洗的最大特点便是简单省事，直接把节气门清洗剂喷在擦布或者直接喷在节气门上，然后对节气门进行擦洗。其缺点是清洗效果一般，适用于不是特别脏的节气门，注意不可将节气门清洗剂喷到节气门后面的管道里，这会对节气门造成二次伤害。

拆洗比较麻烦，需要把整个节气门总成拆下来，然后用专门的清洗剂全面清洗干净再复原。该方式虽然步骤烦琐，但是清洗效果显著。

培养“争先创优”意识

4. 思维拓展

电子节气门还会引发什么故障现象？列举一个相关的案例。

七、任务总结

1. 学到了哪些知识

2. 掌握了哪些技能

3. 提升了哪些素质

4. 自己的不足之处及同组同学身上值得自己学习的地方有哪些

项目三

电控发动机燃油供给系统检修

项目描述

燃油供给系的任务是将燃油进行雾化和蒸发（汽化）并和空气按一定比例均匀混合成可燃混合气，再根据发动机各种不同工况的要求，向发动机气缸内供给不同质（即不同浓度）和不同量的可燃混合气，以便在临近压缩终了时点火燃烧而放出热量使燃气膨胀做功，最后将气缸内的废气排至大气中。燃油供给系统是给发动机提供燃料的，一旦出现问题，可能导致发动机无法起动、起动困难或怠速不稳、加速无力等故障现象。

任务1　冷却液温度传感器检修

知识目标

（1）掌握冷却液温度传感器的结构及工作原理。

（2）掌握冷却液温度传感器的阻值、信号电压及动态数据流的特点。

技能目标

（1）能够使用数字式万用表、解码仪对冷却液温度传感器信号进行诊断分析。

（2）能够描述故障排除诊断思路并排除故障。

素质目标

（1）能够严格按照维修手册的标准从事检修工作。

（2）各小组成员应主动沟通、协作，小组间友善互助，服从组长的安排。

（3）诊断时要有自己的思路，理由要充分，杜绝二次返修和过度维修。

（4）任务完成后及时清理工位和复位工具，并将垃圾分类处理，所有工作在确保安全的前提下有序进行。

工作情景描述

一辆2014款帕萨特1.8TSI的VIN码为LFV3A23C493094327，发动机型号为BYJ（6万km）。该车进厂维修，客户描述该车起动后仪表盘上水温报警灯点亮并伴随冷却风扇高速旋转，油耗偏大，维修技师小王试车后发现该车确有此现象。连接VAS5051诊断仪，发动机ECU只报出“P00522：冷却液温度传感器信号过大 静态”故障码，查看故障出现频率为“209次”，确定为真故障，其余部件和电子元件无任何故障。如果你是小王，如何判断分析该故障并检修？请用检测仪器完成对冷却液温度传感器的检修工作，并完成项目工单。

故障机理分析

（1）发动机水温报警灯点亮，冷却风扇高速旋转，油耗偏大原因分析。

水温传感器信号过大，ECU认为发动机过热，控制高速风扇旋转，高速风扇一直旋转，负荷增加，油耗也随之增加。

（2）根据故障码分析故障产生原因。

①传感器生锈导致电阻增大，进而导致电路电压异常升高。

②电阻增大使ECU误以为冷却液温度过高，因此增加喷油量（电控燃油喷射系统在计算每个工作循环所需基本喷油量时还会根据节气门位置传感器、冷却液温度传感器、空气温度传感器、点火开关等的信号进行喷油时间综合修正）。

（3）查找故障部位，确定故障点。

出现故障的可能部位如下。

①冷却液泄漏。

②节温器故障。

③水泵故障。

④冷却液温度传感器故障。

根据代码优先的原则，参考发动机出现的故障码，结合故障现象，首先要检查冷却液温度传感器及其控制电路是否出现了问题。

知识准备

一、燃油供给系统

燃油供给系统按喷射位置的不同分为进气歧管内喷射和缸内直喷两种类型，本任务主要介绍进气歧管内喷射类型。

燃油供给系具有供油和喷油两个功能，燃油经燃油泵从燃油箱中被吸出，经过燃油滤清器过滤，再经过燃油管路被送达油轨。油轨将燃油分配到各喷油器，燃油经喷油器喷射到进气歧管内，在进气门处与空气混合，最后由进气门进入气缸，其组成部分如图 3-1-1 所示。通过油压调节器，燃油压力被由弹簧拉紧的膜片阀调节到恒定值，多余燃油回流至燃油箱中。

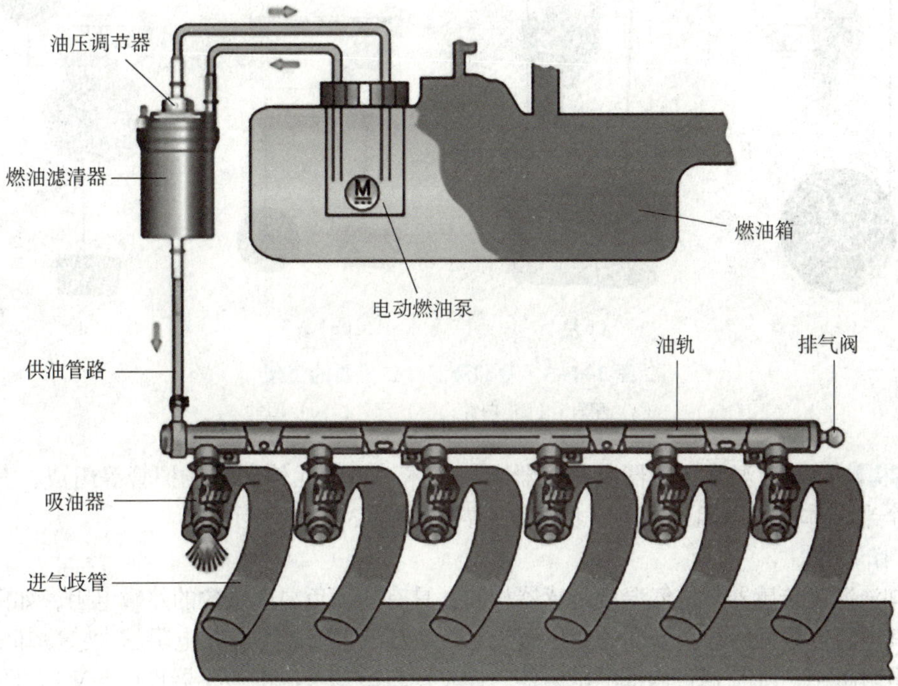

图 3-1-1 燃油供给系统

燃油供给系统涉及的控制元件包括冷却液温度传感器、氧传感器、燃油压力传感器、电动燃油泵、喷油器、燃油压力调节阀等。本任务介绍冷却液温度传感器的故障诊断及检修。

二、冷却液温度传感器认知

【作用】检测发动机冷却液温度，并将冷却液温度的信息转变为电信号输入发动机 ECU，ECU 根据该信号对燃油喷射、点火正时、废气再循环、空调、怠速、变速器换挡及离合器锁止、爆燃、冷却风扇等控制进行修正。

【位置】气缸体水套上或冷却液出口处，如图 3-1-2 所示。

图 3-1-2　冷却液温度传感器的位置

【分类】目前常用的冷却液温度传感器有单针、两针、三针和四针四种结构，如图 3-1-3 所示。

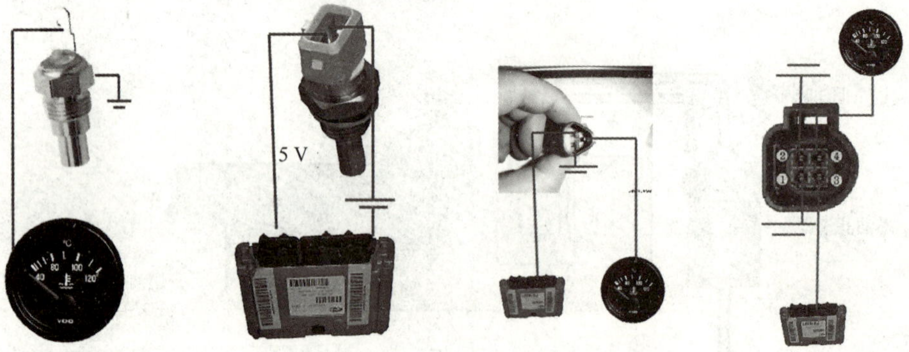

（a）　（b）　（c）　（d）

图 3-1-3　冷却液温度传感器的类型

（a）单针；（b）两针；（c）三针；（d）四针

【结构】冷却液温度传感器由连接器座、壳体、热敏元件和接线护管等组成，其热敏元件是一个半导体热敏电阻，它具有负温度系数，如图 3-1-4 所示。

【工作原理】

冷却液温度传感器与进气温度传感器相同，具有一个负温度系数的热敏电阻，如图 3-1-5 所示，其电阻值根据冷却液温度的变化而变化。冷却液温度越低，其电阻越大；冷却液温度越高，其电阻越小。ECU 通过内部的电阻器，向发动机冷却液温度传感器提供 5 V 信号电压并对电压进行测量。当发动机冷车时，发动机温度↓→传感器电阻值↑→信号电压 THW↑，电压将升高；当发动机热车时，发动机温度↑→传感器电阻值↓→信号电压 THW↓，电压将降低。ECU 通过测量电压，计算出发动机冷却液温度。

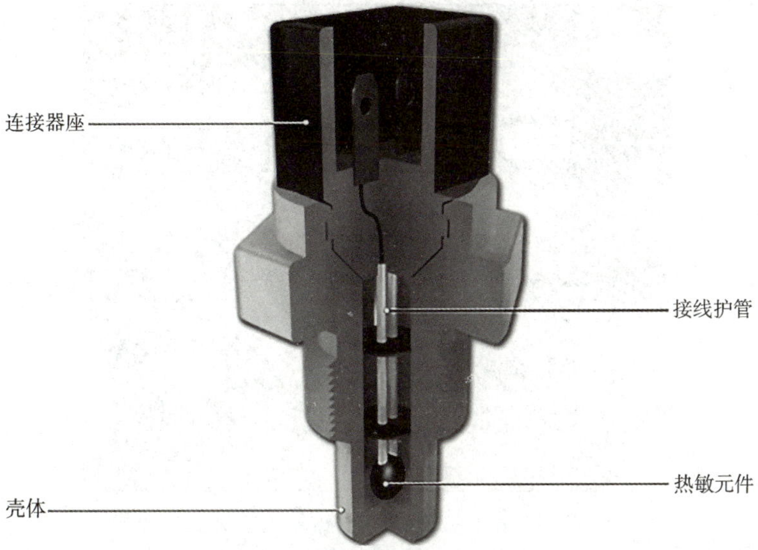

图 3-1-4　冷却液温度传感器的结构

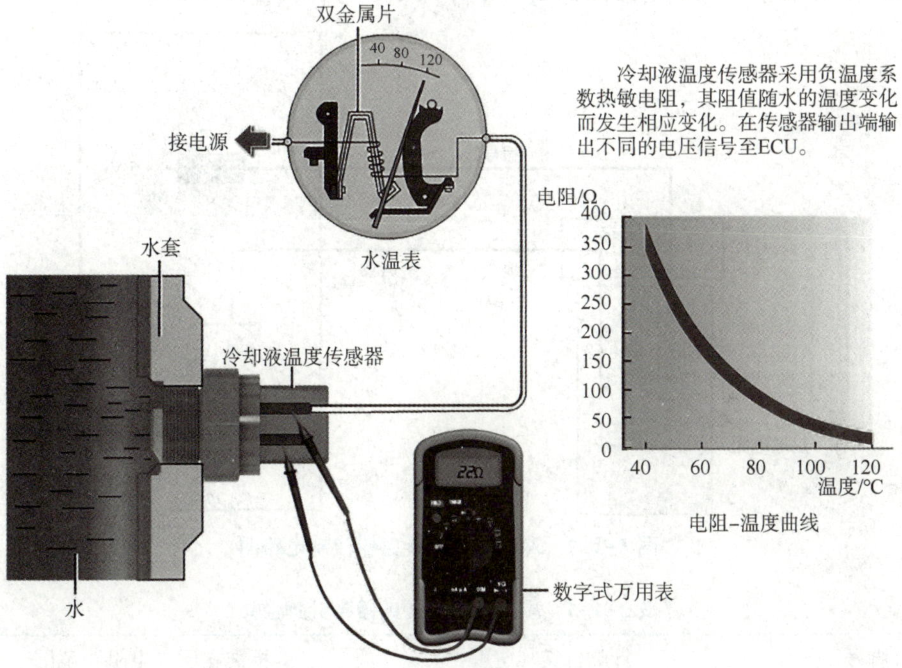

图 3-1-5　冷却液温度传感器的工作原理

三、控制原理

温度升高，阻值反而变小，这是负温度系数热敏电阻的特性。

发动机起动后，随着发动机的运行，冷却液温度逐渐升高，其热敏电阻值随之减小，输出的电压也同步下降，发动机转速增大，点火提前角减小，喷油量减小，如图 3-1-6 所示。

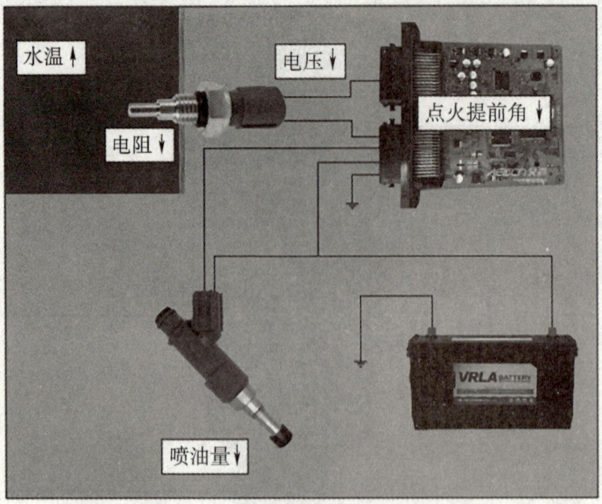

图 3-1-6　冷却液温度传感器的控制原理

1. 电路图

冷却液温度传感器控制电路图如图 3-1-7 所示，各针脚含义见表 3-1-1。

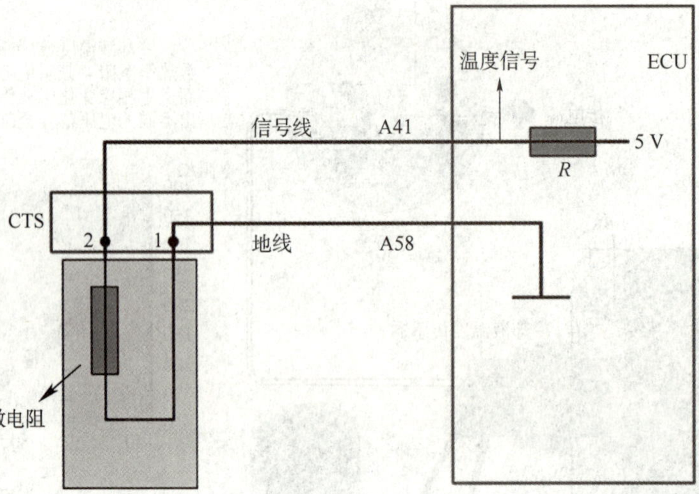

图 3-1-7　冷却液温度传感器控制电路图

表 3-1-1　冷却液温度传感器各针脚含义

针脚号	针脚含义	标准电压（电阻）范围
1	接地线	0 Ω
2	ECU 供电线 和信号线	拔下端子为 5 V， 插上端子为 0~5 V

2. 信号特征

分析冷却液温度传感器的工作原理得出，发动机起动后，随着冷却液温度的上升，输出的电压信号是下降的，如图 3-1-8 所示。

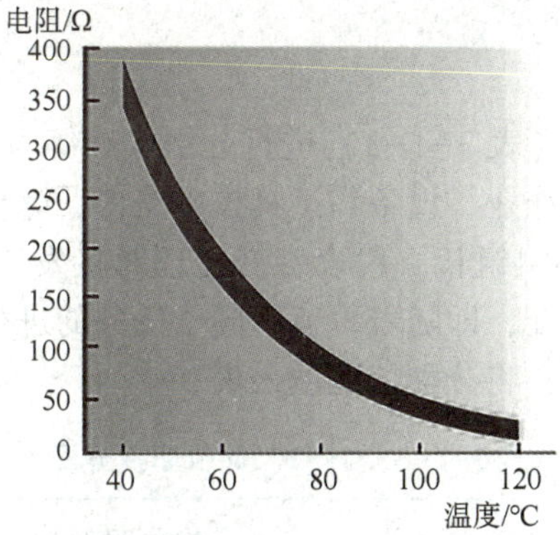

图 3-1-8　冷却液温度传感器的信号特征

任务实施

一、收集资讯

（1）将故障车辆及发动机相关信息填入表 3-1-2。

表 3-1-2　故障车辆信息记录

车辆型号		故障发生日期		VIN 码	
发动机型号				里程表读数	
故障现象					

（2）简述燃油供给系统的组成。

（3）简述冷却液温度传感器的位置及作用。

（4）简述冷却液温度传感器的工作原理。

二、岗位轮转

依据“5+1”岗位工作制（表3-1-3）进行分组实践练习。“5”代表机电工组内5个不同的岗位，包括：车内辅助作业、设备和工具技术支持、综合维修、诊断报告书写、整理工具与维修防护等；“1”为小组组长，代表维修经理对接发布任务的教师，其中个人岗位由组长按照岗位轮转制进行分配，即随着每节不同子任务的进行，每位成员轮流承担不同的岗位职责。组长分配好岗位后，将分配情况填入表3-1-4。

表3-1-3 “5+1”岗位职责分配

岗位名称	岗位职责
维修经理	接受维修任务，与组员协商制订维修计划，进行维修任务总结及汇报
车内辅助作业	根据维修进度协助维修技师操纵故障车辆，并实时监控故障车辆状态，将故障现象准确翔实地传达给维修技师
设备和工具技术支持	调试、检查维修设备和工具，根据维修技师的要求递送工具、配合使用维修设备、读取数据以及协助维修作业
综合维修	按照诊断方案实施维修作业，分析检测数据，查找故障点，评估故障原因，排除车辆故障，并将维修过程数据实时汇报给记录员
诊断报告书写	记录过程数据，查阅维修资料，分析故障机理，指导维修作业
整理工具与维修防护	负责作业前的工具准备、车辆维修防护，作业中的工具整理、安全防护以及作业后的工具复位

表3-1-4 岗位轮转表

轮转岗位名称	学生姓名	备注
维修经理		
车内辅助作业		
设备和工具技术支持		
综合维修		
诊断报告书写		
整理工具与维修防护		

三、计划和决策

1. 重现故障现象

起动发动机，观察车辆尤其是发动机的运行情况，发现故障现象及故障特征，分析可能的故障原因。

2. 读取故障码和数据流

连接汽车故障诊断仪，读取故障码，操纵车辆或实训台变换工况，观察并记录冷却液温度随不同工况变化的动态数据流，初步锁定故障范围。

3. 用数字式万用表检测

1）测量电阻

将数字式万用表旋转到电阻挡，按电路图找到冷却液温度传感器与 ECU 信号测试端口对应的针脚号，分别测试冷却液温度传感器各连接线之间的电阻，阻值应小于 0.5 Ω。

2）检测电源电压

拔下冷却液温度传感器插头，接通点火开关，检测传感器线束插头上两端子间的电源电压，电压值应为 5 V 左右。

3）测量信号电压

测量信号电压时，插上冷却液温度传感器插头，接通点火开关。当发动机工作时，检测冷却液温度传感器信号电压，温度升高时电压降低，温度降低时电压升高。

4. 建立故障诊断思路，制定故障检修方案

参考上述故障检修步骤，结合实际车型的特点，进行故障机理分析，根据分析结果，制定故障检修实施方案，并将其填入表 3-1-5。

表 3-1-5　小组讨论确定的实施方案和计划

实施步骤	序号	实施内容		工具
实施方案其他说明			组长签字	

四、实施

（1）实施计划前准备工作（表 3-1-6）。

表 3-1-6 准备工作检验内容

<table>
<tr><td>理论资料是否齐备</td><td>是：□；否：□</td><td colspan="2">是否穿戴工装及劳动保护措施</td><td>是：□；否：□</td></tr>
<tr><td>工具是否齐全、整齐</td><td>是：□；否：□</td><td colspan="2">工作环境是否整洁</td><td>是：□；否：□</td></tr>
<tr><td colspan="2">是否熟知操作安全注意事项</td><td>是：□；否：□</td><td>组长签字</td><td></td></tr>
</table>

（2）针对故障情景，画出冷却液温度传感器的控制电路图，并列举可能的故障原因。

（3）用专用工具和仪器对冷却液温度传感器进行检测，将检测数据填入表 3-1-7，并得出分析结论。

表 3-1-7 冷却液温度传感器检测数据

检测项目		检测条件	标准值	测量值	结论
故障码		打开电门			
		怠速			
		急加速			
数据流	冷却液温	打开电门			
		怠速			
		急加速			
电压	供电电压	打开电门			
		怠速			
		急加速			
	信号电压	打开电门			
		怠速			
		急加速			
电阻		熄火			

五、检查与评估

考核类别	考核点	评分标准	分值	自我评价（20%）	组长评价（40%）	教师评价（40%）	得分
过程考核（30分）	操作及人身安全	出现常识性失误扣3分，手指或肢体受伤扣5分	5				
	车辆、设备是否损坏	设备损坏扣5分，车辆损坏扣5分	5				
	工具归位情况	零部件摆放凌乱扣1分，工具未归位扣1分	2				
	操作过程清洁或离场清洁情况	实训环境差扣1分，离场未清扫现场扣1分	2				
	环保意识、垃圾分类	未及时处理工作产生的废弃物扣2分	2				
	操作工具、起动车辆情况	擅自操作仪器扣2分，起动车辆时未警示他人扣2分	4				
	小组协作、沟通能力	组员闲置超时扣5分，无交流扣5分	2				
	作业过程中是否存在肢体碰撞、混乱现象	现场混乱扣5分，肢体碰撞扣5分	2				
	工作态度及规范执行能力	态度消极扣5分，不执行组长命令扣5分	4				
	良好的职业形象和精神风貌	着装怪异扣5分，嬉笑打闹扣5分	2				
工单完成效果评价（70分）	是否查阅资料，理论是否充足	没有罗列资料清单扣3分	5				
	实施计划方案书写是否认真	没有实施计划扣10分，不认真书写实施计划方案书扣3分	10				
	工单书写是否翔实，检修思路表达是否清晰、完整	工单书写不认真扣3分，检修思路不完整扣5分	10				
	工单是否有抄袭现象	工单有一处抄袭扣2分，直至扣完	15				
	工具、仪器使用是否正确	仪器使用错误扣3分	15				
	数据测量及分析是否正确	数据测量有误扣3分，分析不当扣3分	15				
合计			100				

六、拓展练习

1. 汽车冷却液温度传感器故障案例分析

车型：桑塔纳 2000GSI 汽车。

故障现象：车主反映冷车时发动机很难起动，热车时工作则很好。

故障诊断：新型桑塔纳汽车现已不装配冷起动喷油器，冷起动时全靠冷却液温度传感器提供的冷却液信号来控制喷油器加宽喷油脉冲，即增加喷油量，以提供冷起动时所需的浓混合气。

故障排查：首先用汽车故障诊断仪读取故障码，结果 ECU 没有故障码存储；接着进行数据块测试，着重查看冷却液温度和进气温度显示情况，分别显示 95 ℃和 30 ℃，说明温度正常，发动机无故障。

在冷车时，测试冷却液温度和进气温度显示情况，结果分别显示 48 ℃和 5 ℃。说明冷却液温度传感器的温度特性在低温时偏离特性曲线，冷却液温度传感器失效。

故障修复：更换冷却液温度传感器，进行冷车起动，一次起动成功。

故障分析：修理前要根据现象进行分析，以少走弯路。冷却液温度传感器在低温时电阻过小，产生信号电压过高，发动机 ECU 识别为高温信号，控制混合气过稀，造成冷起动困难。由于冷却液温度传感器信号电压仍在有效电压范围内，发动机 ECU 检测不到故障，因此不能存储故障码。

树立人与自然和谐共生的新生态自然观

2. 思维拓展

冷却液温度传感器还会引发什么故障现象？列举一个相关的案例。

七、任务总结

1. 学到了哪些知识

2. 掌握了哪些技能

3. 提升了哪些素质

4. 自己的不足之处及同组同学身上值得自己学习的地方有哪些

任务2 氧传感器检修

知识目标

（1）掌握氧传感器的结构及工作原理。

（2）掌握氧传感器的阻值、信号电压及动态数据流的特点。

技能目标

（1）能够使用数字式万用表、解码仪对氧传感器信号进行诊断分析。

（2）能够描述故障排除诊断思路并排除故障。

素质目标

（1）能够严格按照维修手册的标准从事检修工作。

（2）各小组成员应主动沟通、协作，小组间友善互助，服从组长的安排。

（3）诊断时要有自己的思路，理由要充分，杜绝二次返修和过度维修。

（4）任务完成后及时清理工位和复位工具，并将垃圾分类处理，所有工作在确保安全的前提下有序进行。

工作情景描述

一辆2015款帕萨特1.8TSI的VIN码为LFV3A23C493077368，发动机型号为BYJ（7万km）。该车进厂维修，客户描述该车起动后，在行驶过程中仪表盘上的发动机故障指示灯点亮，油耗偏大。维修技师小王试车后发现该车确有此现象。连接VAS5051诊断仪，发动机ECU只报出“P00522：氧传感器信号过大 静态”故障码，查看故障出现频率为“309次”，确定为真故障，其余部件和电子元件无任何故障。如果你是小王，如何判断分析该故障并进行检修？请用检测仪器完成对氧传感器的检修工作，并完成项目工单。

故障机理分析

一、发动机故障指示灯点亮，油耗偏大原因分析

可能的故障原因如下。

（1）燃烧状态不好。

（2）燃油质量不好。

（3）发动机气缸内部有积碳。

二、根据故障码分析故障产生的原因

故障码表明可能的故障原因是混合气过浓、传感器被污染等。

(1) 空气流量计故障。

空气流量计的性能恶化，输送给 ECU 的信号不准确，导致发动机始终处于混合气偏浓状态，引起氧传感器损坏或性能下降。此时汽车故障诊断仪读取的故障信息可能是“混合气超出调整极限”“氧传感器不良”等。

(2) 使用进气歧管绝对压力传感器（MAP）的发动机，进气系统发生泄漏会造成混合气过浓。

(3) 喷油器升程变大。

喷油脉宽一定时，喷油器升程变大后每循环的喷油量增加，引起混合气过浓。

(4) 氧传感器本身脏污。

若通废气的孔被堵塞，则氧传感器检测不到废气中的氧气，输出高的电压信号，ECU 误认为“混合气过浓”，从而向喷油器发出减小喷油量的指令，导致混合气过稀。此时，每缸火花塞均呈白色，由于混合气过稀，所以燃烧速度慢，未烧完的燃油进入排气管，其中的 HC 含量过大，发生二次燃烧，造成排气管烧红或进气涡轮增压器烧红。三元催化转换器工作任务过重导致温度过高甚至烧红。

三、查找故障部位，确定故障点

出现故障可能部位如下。

(1) 燃油压力传感器故障。

(2) 进气系统泄漏。

(3) 喷油器故障。

(4) 氧传感器故障。

根据代码优先的原则，参考发动机出现的故障码，结合故障现象，首先要检查氧传感器及其控制电路是否出现了问题。

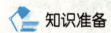

知识准备

一、氧传感器的作用及位置

现代汽车为了减小发动机排气中有害成分（CO、HC、NO_x）的含量，在排气管中安装了三元催化转换器。三元催化转换器内有三元催化剂（常用铂、铑、钯），它能促使排气中的有害成分进行化学反应，可使 CO 氧化为 CO_2，HC 氧化为 CO_2 和 H_2O，NO_x 还原为 N_2。但是，只有当发动机在空燃比为 14.7 附近的一个很小范围内运转时，三元催化剂才能同时促进氧化还原反应，三元催化转换器的转换效率才最高，排气中有害物质的含量才最小。因此，现代汽车中均安装了氧传感器。

【作用】把排气中氧的浓度转换为电压信号，ECU 根据氧传感器输入的信号判断可燃混合气的浓度，进而修正喷油量，最终将缸内可燃混合气的浓度控制在理想空燃比 14.7 左右，实现空燃比闭环控制。

【位置】氧传感器安装在排气管中，包含前氧传感器和后氧传感器。前氧传感器也称为上游氧传感器，装在三元催化转换器之前；后氧传感器也称为下游氧传感器，装在三元催化转换器之后。在氧传感器出现故障，需要检修时，必须快速找到氧传感器的位置，如图 3-2-1 所示。

三元催化转换器安装在车辆排气系统上，可以把发动机排出的 HC、CO、NO_x 等有害气体催化转化成 CO_2、H_2O、N_2 等对大气无害的气体，是一种用于环保的尾气净化装置（图 3-2-2）。

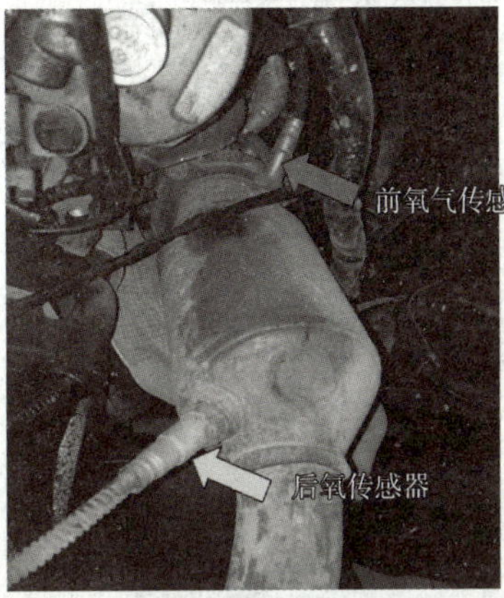

图 3-2-1　氧传感器的位置

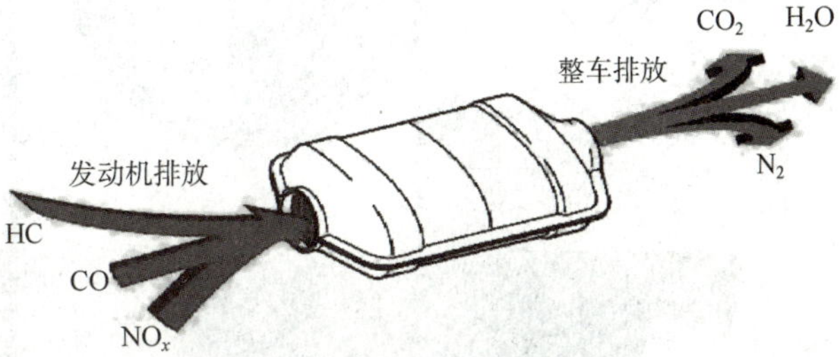

图 3-2-2　三元催化转换器

二、氧传感器的结构及工作原理

【分类】 目前常用的氧传感器有氧化钛式氧传感器、氧化锆式氧传感器。两者的工作原理类似，本任务以氧化锆式氧传感器为例进行阐述。

【结构】 氧传感器由连接器针脚、铂电极、氧化锆管、加热器、法兰和大气孔等组成，如图 3-2-3 所示，它利用大气和废气的氧浓度差来计算、监测空燃比。

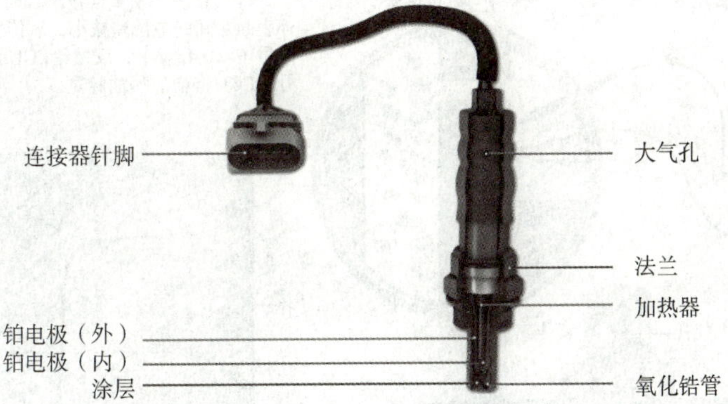

图 3-2-3　氧传感器的结构

【工作原理】

发动机运转时，排气管内的废气从氧化锆管外电极表面的陶瓷层渗入，与外电极接触，内电极与大气接触。氧化锆管内、外侧存在氧浓度差，使氧化锆电解质内部的氧向外电极扩散，扩散的结果是在内、外电极之间产生电位差，形成一个微电池：其外电极为氧化锆管负极，内电极为氧化锆管正极。

当气缸内可燃混合气浓时，如图 3-2-4 所示，排气中氧含量低，CO 含量相对较高，而且在氧化锆管外电极铂膜的催化作用下，排气中的氧几乎全部参与反应，生成 CO_2，使氧化锆管外表面上氧浓度几乎为 0，而氧化锆管的内表面与大气相通，氧浓度很大，氧化锆管内、外两侧氧浓度差很大，因此在内、外电极之间产生了较强的电压信号（0.8~1.0 V）。

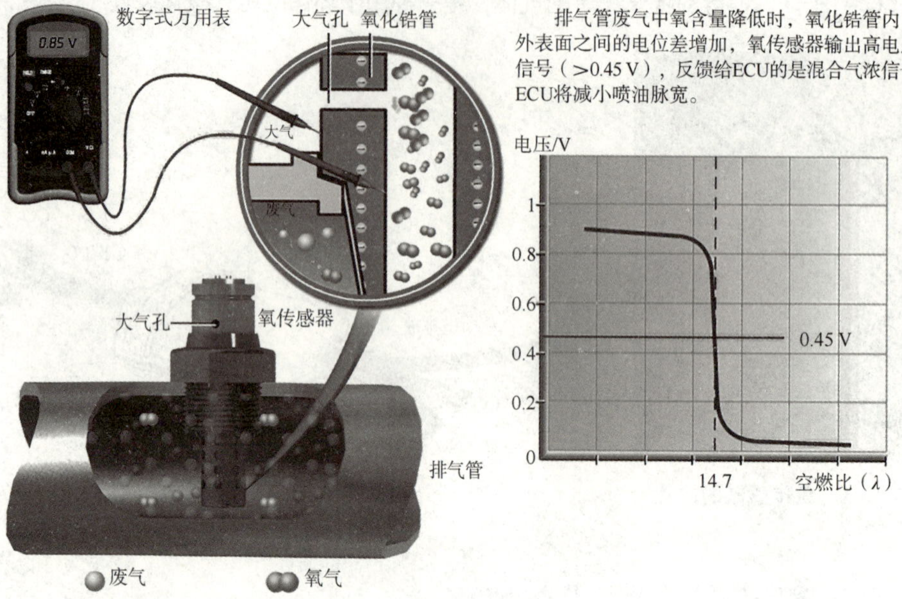

图 3-2-4 混合气浓时氧传感器的输出特性

当气缸内可燃混合气稀时，如图 3-2-5 所示，排气中氧的含量较高，CO 的含量相对较低，即使 CO 全部与氧反应，氧化锆管外表面还会有多余的氧存在，氧化锆管内、外两侧氧浓度差小，因此在内、外电极之间只产生较弱的电压信号（约 0.1 V）。

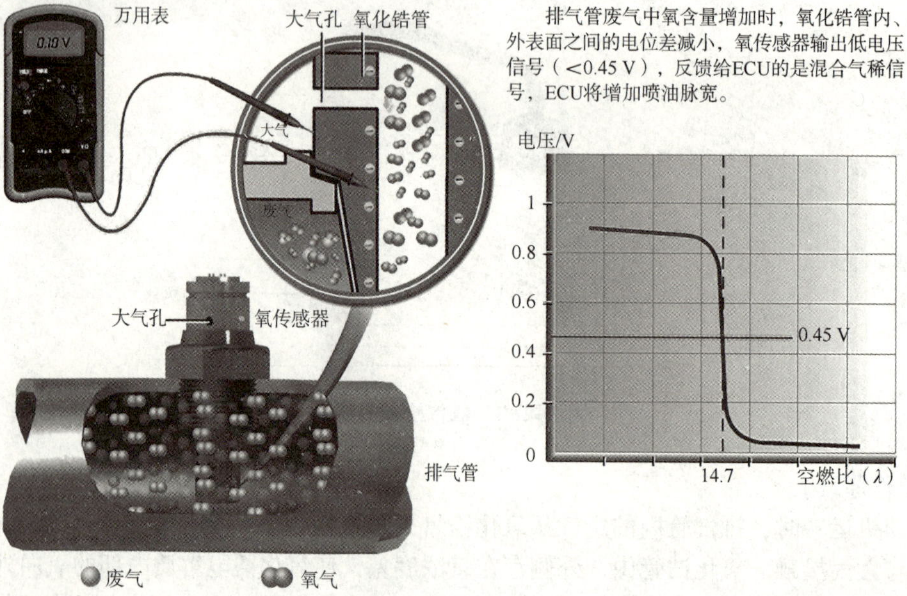

图 3-2-5 混合气稀时氧传感器的输出特性

三、控制原理

发动机 ECU 接收空气流量计、曲轴位置传感器、冷却液温度传感器等传感器输送的信号，进行综合分析判断，决定基本喷油量，向执行元件喷油器输出指令，喷油器根据指令喷油，燃油进入气缸参与燃烧，燃烧后的废气排出，氧传感器检测废气中氧含量，并将氧含量信号转变成电信号输送给 ECU，以判定混合气浓度，修正喷油量，形成混合气的闭环控制，获得最理想的空燃比，如图 3-2-6 所示。

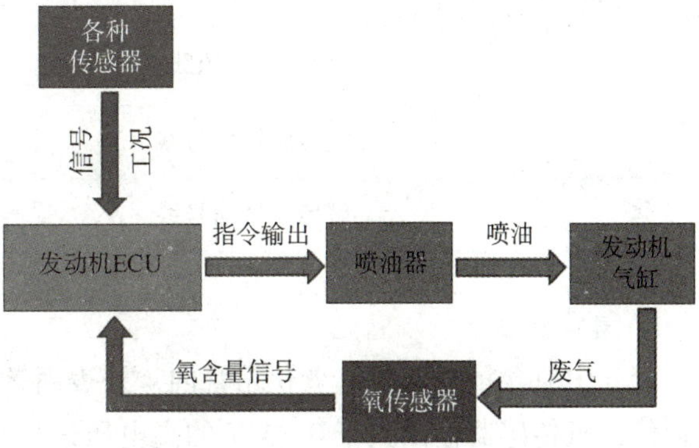

图 3-2-6　氧传感器的控制原理

1. 电路图

氧传感器电路图如图 3-2-7 所示，各针脚含义见表 3-2-1。

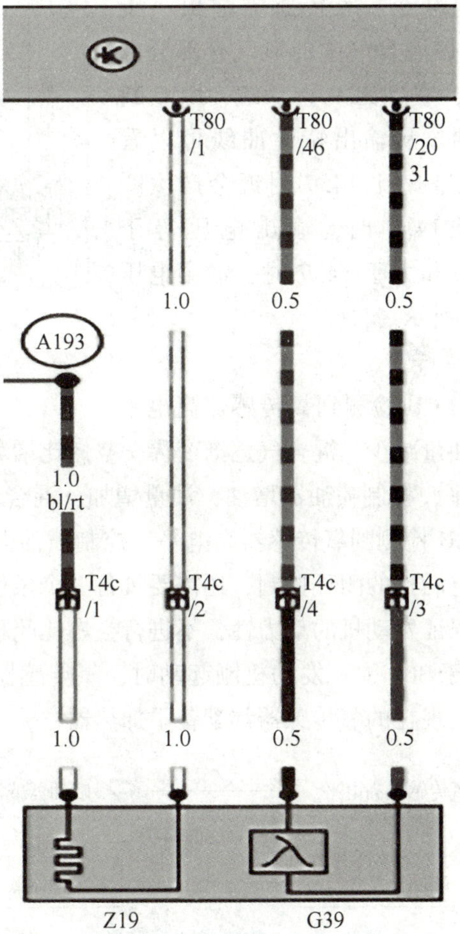

图 3-2-7　氧传感器电路图

表 3-2-1　氧传感器各针脚含义

针脚号	针脚含义	标准电压（电阻）范围
1	加热器控制线	0 Ω
2	加热器电源线	12 V
3	氧传感器信号线	3#与 4#之间：0~1 V
4	氧传感器信号线	

2. 信号特征

废气中氧含量降低时，氧化锆管内、外表面氧浓度差增加，导致电位差增加，观察万用表数值，氧传感器输出大于 0.45 V 的高电压信号，可燃混合气中大部分的氧气被燃烧消耗掉了，说明气少油多，空燃比小于 14.7，ECU 断定混合气浓，将减少喷油。

废气中氧含量增加时，氧化锆管内、外表面的氧浓度差减小，导致电位差减小，氧传感器输出小于 0.45 V 的低电压信号，可燃混合气中的氧气有部分未参与燃烧，说明气多油少，空燃比大于 14.7，ECU 断定混合气稀，将增加喷油。从输出特性曲线可以看出，氧传感器输出电压在空燃比 14.7 附近会产生跃变，当空燃比恰好等于 14.7 时，输出电压等于 0.45 V，空燃比小于 14.7 和大于 14.7 时，输出电压值差距较大，如图 3-2-8 所示。

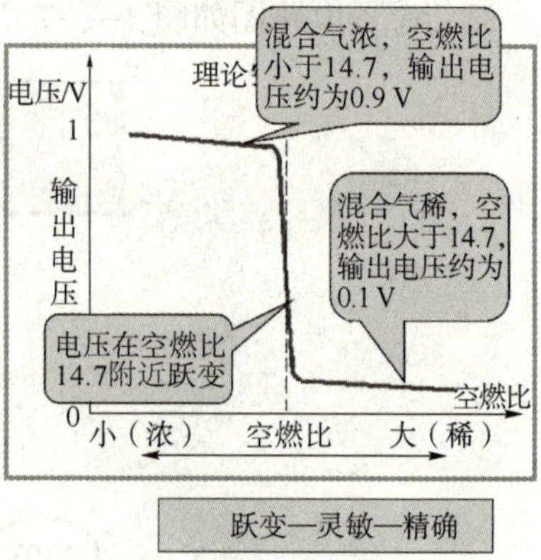

图 3-2-8　氧传感器的输出特性

3. 闭环控制

如图 3-2-9 所示，当 ECU 检测到氧传感器高电平时，会控制喷油器减油，油量减少，混合气逐渐变稀，空燃比增大，当空燃比大于 14.7 时，ECU 检测到氧传感器低电平，控制喷油器增油，油量增加，混合气逐渐变浓，空燃比减小，当空燃比小于 14.7 时，ECU 检测到氧传感器高电平，控制喷油器减油，这样形成一个对空燃比的闭环控制。要实现空燃比的闭环控制，还需要具备三个条件：①发动机怠速和部分负荷，发动机大负荷时为了保证发动机的动力性，不进行空燃比闭环控制；②发动机温度高于 60 ℃；③氧传感器温度高于 300 ℃。发动机刚起动时，氧传感器温度达不到 300 ℃，为了保证氧传感器的正常工作，现在的氧传感器都配备了加热器。

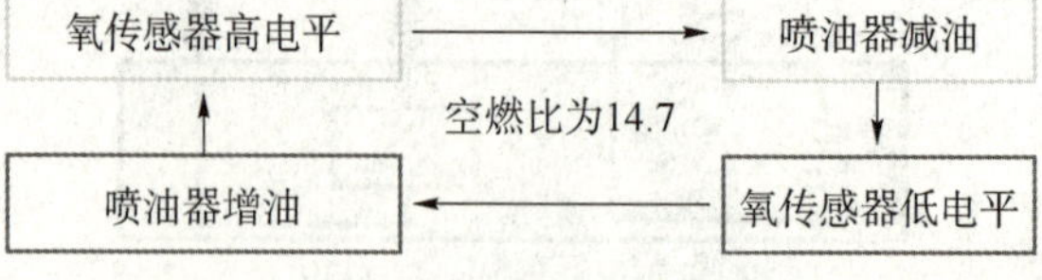

图 3-2-9　氧传感器闭环控制

任务实施

一、收集资讯

（1）将故障车辆及发动机相关信息填入表 3-2-2。

表 3-2-2　故障车辆信息记录

车辆型号		故障发生日期		VIN 码	
发动机型号				里程表读数	
故障现象					

（2）简述闭环控制系统的工作过程。

（3）简述氧传感器的位置及作用。

（4）简述氧传感器的结构及工作原理。

二、岗位轮转

依据“5+1”岗位工作制（表 3-2-3）进行分组实践练习。“5”代表机电工组内 5 个不同的岗位，包括：车内辅助作业、设备和工具技术支持、综合维修、诊断报告书写、整理工具与维修防护等；“1”为小组组长，代表维修经理对接发布任务的教师，其中个人岗位由组长按照岗位轮转制进行分配，即随着每节不同子任务的进行，每位成员轮流承担不同的岗位职责。组长分配好岗位后，将分配情况填入表 3-2-4。

表 3-2-3 "5+1" 岗位职责分配

岗位名称	岗位职责
维修经理	接受维修任务，与组员协商制订维修计划，进行维修任务总结及汇报
车内辅助作业	根据维修进度协助维修技师操纵故障车辆，并实时监控故障车辆状态，将故障现象准确翔实地传达给维修技师
设备和工具技术支持	调试、检查维修设备和工具，根据维修技师的要求递送工具、配合使用维修设备、读取数据以及协助维修作业
综合维修	按照诊断方案实施维修作业，分析检测数据，查找故障点，评估故障原因，排除车辆故障，并将维修过程数据实时汇报给记录员
诊断报告书写	记录过程数据，查阅维修资料，分析故障机理，指导维修作业
整理工具与维修防护	负责作业前的工具准备、车辆维修防护，作业中的工具整理、安全防护以及作业后的工具复位

表 3-2-4 岗位轮转表

轮转岗位名称	学生姓名	备注
维修经理		
车内辅助作业		
设备和工具技术支持		
综合维修		
诊断报告书写		
整理工具与维修防护		

三、计划和决策

1. 重现故障现象

起动发动机，观察车辆尤其是发动机运行情况，发现故障现象及故障特征，分析可能的故障原因。

2. 读取故障码和数据流

连接汽车故障诊断仪，读取故障码，操纵车辆或实训台变换工况，观察并记录氧传感器信号电压随不同工况变化的动态数据流，初步锁定故障范围。

3. 用数字式万用表检测

1）测量加热器

拔下氧传感器插头。测量氧传感器加热器两端的电阻，在室温时氧传感器加热器电阻为 1~5 Ω，温度上升一点，电阻值迅速增大。如果氧传感器加热器是通路，再应测试氧传感器加热器的供电电压。

2）测量信号电压

如果氧传感器加热正常，可拔下氧传感器插头，打开点火开关，测量氧传感器端子 3 和 4 间的电压，标准电压信号范围为 0~1 V，10 s 内波动次数应不少于 8 次。

3）测量 ECU

如果氧传感器加热器和信号电压测量均正常，检测氧传感器信号线到 ECU 端的控制电路是否断路或短路，如结果正常，需排查 ECU 故障。

4. 建立故障诊断思路，制定故障检修方案

参考上述故障检修步骤，结合实际车型的特点，进行故障机理分析，根据分析结果，制定故障检修实施方案，并将其填入表 3-2-5。

表 3-2-5　小组讨论确定的实施方案和计划

<table>
<tr><td rowspan="9">实施步骤</td><td>序号</td><td colspan="2">实施内容</td><td>工具</td></tr>
<tr><td></td><td colspan="2"></td><td></td></tr>
<tr><td></td><td colspan="2"></td><td></td></tr>
<tr><td></td><td colspan="2"></td><td></td></tr>
<tr><td></td><td colspan="2"></td><td></td></tr>
<tr><td></td><td colspan="2"></td><td></td></tr>
<tr><td></td><td colspan="2"></td><td></td></tr>
<tr><td></td><td colspan="2"></td><td></td></tr>
<tr><td></td><td colspan="2"></td><td></td></tr>
<tr><td colspan="2">实施方案其他说明</td><td></td><td>组长签字</td><td></td></tr>
</table>

四、实施

（1）实施计划前准备工作（表 3-2-6）。

表 3-2-6　准备工作检验内容

<table>
<tr><td>理论资料是否齐备</td><td>是：□；否：□</td><td colspan="2">是否穿戴工装及劳动保护措施</td><td colspan="2">是：□；否：□</td></tr>
<tr><td>工具是否齐全、整齐</td><td>是：□；否：□</td><td colspan="2">工作环境是否整洁</td><td colspan="2">是：□；否：□</td></tr>
<tr><td colspan="2">是否熟知操作安全注意事项</td><td>是：□；否：□</td><td colspan="2">组长签字</td><td></td></tr>
</table>

（2）针对故障情景，画出氧传感器的控制电路图，并列举可能的故障原因。

（3）用专用工具和仪器对氧传感器进行检测，将检测数据填入表 3-2-7，并得出分析结论。

表 3-2-7　氧传感器检测数据

<table>
<tr><th colspan="2">检测项目</th><th>检测条件</th><th>标准值</th><th>测量值</th><th>结论</th></tr>
<tr><td colspan="2" rowspan="3">故障码</td><td>打开电门</td><td colspan="2"></td><td></td></tr>
<tr><td>怠速</td><td colspan="2"></td><td></td></tr>
<tr><td>急加速</td><td colspan="2"></td><td></td></tr>
<tr><td rowspan="3">数据流</td><td rowspan="3">氧传感器
信号电压</td><td>打开电门</td><td></td><td></td><td></td></tr>
<tr><td>怠速</td><td></td><td></td><td></td></tr>
<tr><td>急加速</td><td></td><td></td><td></td></tr>
<tr><td rowspan="6">前氧传感器</td><td rowspan="3">加热器电压</td><td>打开电门</td><td></td><td></td><td></td></tr>
<tr><td>怠速</td><td></td><td></td><td></td></tr>
<tr><td>急加速</td><td></td><td></td><td></td></tr>
<tr><td rowspan="3">信号电压</td><td>打开电门</td><td></td><td></td><td></td></tr>
<tr><td>怠速</td><td></td><td></td><td></td></tr>
<tr><td>急加速</td><td></td><td></td><td></td></tr>
<tr><td rowspan="6">后氧传感器</td><td rowspan="3">加热器电压</td><td>打开电门</td><td></td><td></td><td></td></tr>
<tr><td>怠速</td><td></td><td></td><td></td></tr>
<tr><td>急加速</td><td></td><td></td><td></td></tr>
<tr><td rowspan="3">信号电压</td><td>打开电门</td><td></td><td></td><td></td></tr>
<tr><td>怠速</td><td></td><td></td><td></td></tr>
<tr><td>急加速</td><td></td><td></td><td></td></tr>
<tr><td rowspan="3">电阻</td><td></td><td rowspan="3">熄火</td><td></td><td></td><td></td></tr>
<tr><td></td><td></td><td></td><td></td></tr>
<tr><td></td><td></td><td></td><td></td></tr>
</table>

五、检查与评估

考核类别	考核点	评分标准	分值	自我评价（20%）	组长评价（40%）	教师评价（40%）	得分
过程考核（30分）	操作及人身安全	出现常识性失误扣3分，手指或肢体受伤扣5分	5				
	车辆、设备是否损坏	设备损坏扣5分，车辆损坏扣5分	5				
	工具归位情况	零部件摆放凌乱扣1分，工具未归位扣1分	2				
	操作过程清洁或离场清洁情况	实训环境差扣1分，离场未清扫现场扣1分	2				
	环保意识、垃圾分类	未及时处理工作产生的废弃物扣2分	2				
	操作工具、起动车辆情况	擅自操作仪器扣2分，起动车辆时未警示他人扣2分	4				
	小组协作、沟通能力	组员闲置超时扣5分，无交流扣5分	2				
	作业过程中是否存在肢体碰撞、混乱现象	现场混乱扣5分，肢体碰撞扣5分	2				
	工作态度及规范执行能力	态度消极扣5分，不执行组长命令扣5分	4				
	良好的职业形象和精神风貌	着装怪异扣5分，嬉笑打闹扣5分	2				
工单完成效果评价（70分）	是否查阅资料，理论是否充足	没有罗列资料清单扣3分	5				
	实施计划方案书写是否认真	没有实施计划扣10分，不认真书写实施计划方案书扣3分	10				
	工单书写是否翔实，检修思路表达是否清晰、完整	工单书写不认真扣3分，检修思路不完整扣5分	10				
	工单是否有抄袭现象	工单有一处抄袭扣2分，直至扣完	15				
	工具、仪器使用是否正确	仪器使用错误扣3分	15				
	数据测量及分析是否正确	数据测量有误扣3分，分析不当扣3分	15				
合计			100				

六、拓展练习

1. 平常用车伤害前氧传感器的 4 个习惯

传感器是汽车 ECU 的感觉神经，给 ECU 发送信号，让 ECU 做出正确的判断。在排气管上也有传感器，它也是汽车的一个重要部件，即氧传感器。氧传感器有两个，被三元催化转换器隔开成前氧传感器和后氧传感器。论重要程度，显然前氧传感器更为重要，后氧传感器仅配合前氧传感器判断三元催化转换器的工况。如果前氧传感器出现故障，即便三元催化转换器工况良好，尾气排放依然会污染严重。

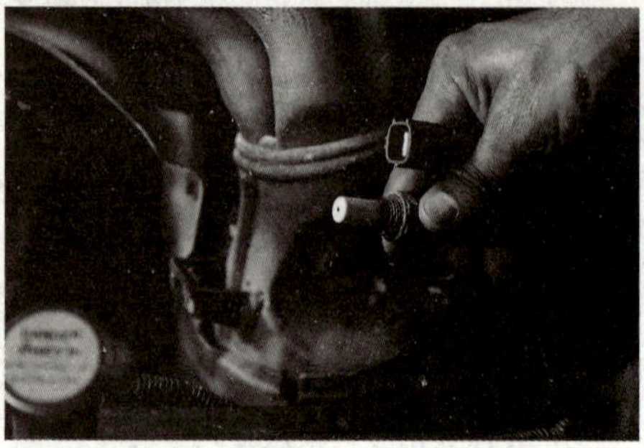

图 3-2-10　前氧传感器

前氧传感器（图 3-2-10）一旦故障，ECU 就无法获得排气中氧浓度的信息，无法精确控制空燃比，造成混合气比例失调，使混合气燃烧不完全而产生大量的积碳，造成汽车排放污染加剧的同时出现一系列相关的故障现象。可以说前氧传感器非常重要，而平常的一些用车习惯可能在伤害着氧传感器，比如下述这 4 个。

1）习惯怠速停车和行驶

经常怠速停车，或者怠速行驶，看起来似乎和氧传感器没有关系，对节气门积碳的影响似乎更大一些。但不要忘了，混合气燃烧不充分更容易发生于怠速环境，而混合气燃烧不充分产生的大量积碳会经排气管排出，不但污染三元催化转换器，还会污染氧传感器，这是造成氧传感器失效的一个重要原因。如果氧传感器因积碳污染而失效，可以通过草酸溶液或其他清洗剂的清洗来恢复活性。

2）燃油

“好车喝细粮”，常年给汽车加优质的燃油对整车寿命有很大的好处。品质低劣的燃油不但容易堵塞油路，造成电动燃油泵因堵塞而损坏，还会因铅含量超标而对三元催化剂有致命伤害，同样对氧传感器也有巨大的损害。相比可逆的积碳污染，氧传感器严重堵塞是不可逆的，只能更换新的氧传感器。

3）挡位与汽车的时速不匹配

所谓挡位与汽车的时速不匹配，也就是“拖挡”，如高挡低速和低挡高速都可称为“拖挡”。有些人认为高挡低速省油而低挡高速费油，从而习惯高挡低速。殊不知，高挡低速对汽车的危害性相比于低挡高速有过之而无不及。事实证明，高挡低速不但会让汽车没劲、抖动，还是造成混合气比例失调、混合气燃烧不充分的罪魁之一。

4）不热车或怠速热车时间过长

汽车经过长时间停放，如不热车，尤其在天冷时不热车，不但会造成发动机磨损加剧，还是发动机出现混合气比例失调问题的重要原因。冷却液温度在 90 ℃左右时发动机处于最佳工作状态，冷却液温度低于 85 ℃，燃油雾化不佳，容易增加混合气燃烧不充分的发生概率，显然不热车更容易使发动机工况不良。在天冷的早晨，热车是有必要的，但长时间怠速热车显然又是不可取的，这种习惯是造成氧传感器积碳，最终被积碳包围失效的重要原因。一般怠速热车时间应控制在 3 min 以内为宜，另外，可以采用“缓速慢行”的热车方式。

树立和践行习近平生态文明思想

2. 思维拓展

氧传感器还会引发什么故障现象？列举一个相关的案例。

七、任务总结

1. 学到了哪些知识

2. 掌握了哪些技能

3. 提升了哪些素质

4. 自己的不足之处及同组同学身上值得自己学习的地方有哪些

任务3 燃油压力传感器检修

知识目标

(1) 掌握燃油压力传感器的结构及工作原理。

(2) 掌握燃油压力传感器信号电压及动态数据流的特点。

技能目标

(1) 能够使用数字式万用表、汽车故障诊断仪对燃油压力传感器信号进行诊断分析。

(2) 能够描述故障排除诊断思路并排除故障。

素质目标

(1) 能够严格按照维修手册的标准从事检修工作。

(2) 各小组成员应主动沟通、协作，小组间友善互助，服从组长的安排。

(3) 诊断时要有自己的思路，理由要充分，杜绝二次返修和过度维修。

(4) 任务完成后及时清理工位和复位工具，并将垃圾分类处理，所有工作在确保安全的前提下有序进行。

工作情景描述

一辆 2015 款帕萨特 1.8TSI 的 VIN 码为 LFV3A23C493077368，发动机型号为 EA888 (5 万 km)。该车进厂维修，客户描述该车起动后，在行驶过程中发动机起动困难，加速无力，怠速。维修技师小王试车后发现该车确有此现象。连接 VAS5051 诊断仪，发动机 ECU 只报出“P04506：燃油压力传感器信号-G410 功能失效”故障码，其余部件和电子元件无任何故障。如果你是小王，如何判断分析该故障现象并进行检修？请用检测仪器完成对燃油压力传感器的检修工作，并完成项目工单。

故障机理分析

一、发动机起动困难原因分析

(1) 积碳过多，导致混合气过稀，从而影响发动机起动。

(2) 冷却液温度传感器工作不良，不能提供正确的温度信号，从而影响发动机喷油，容易造成混合气空燃比不正常，影响发动机起动。

(3) 进气温度传感器断路或搭铁不良会造成混合汽过稀，不论混合气过浓还是过稀都容易导致发动机起动困难。

(4) 燃油压力不足，气缸内供油不足，导致发动机起动困难。

(5) 碳罐电磁阀损坏或关闭不严。

二、发动机加速无力原因分析

（1）油路系统出现问题，如喷油器堵塞、油管漏油、电动燃油泵功率降低、燃油滤清器阻塞都会造成发动机加速无力。

（2）进气系统出现问题。发动机除了需要燃油，还需要空气，如果空气滤清器、节气门等部件堵塞或者出现问题，会导致进气量不足，也会造成发动机加速无力。

（3）点火系统出现问题，如果某一缸失火或火花塞点火不良，也有可能导致发动机加速无力。

（4）排气系统故障，如排气不畅、排气管堵塞也会导致发动机功率下降，加速无力。

三、查找故障部位，确定故障点

出现故障的可能部位如下。

（1）喷油器故障。

（2）电动燃油泵故障。

（3）油管或燃油滤清器堵塞。

（4）燃油压力传感器故障。

根据代码优先的原则，参考发动机出现的故障码，结合故障现象，首先要检查燃油压力传感器及其控制电路是否出现了问题。

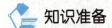

知识准备

一、燃油压力传感器的作用及位置

【作用】燃油压力传感器也叫作油压调节器，作用是控制油路中的燃油压力，保持喷油器恒定的供油油压，并将多余的燃油送回油箱。

【位置】安装在高压油泵上，如图 3-3-1 所示。

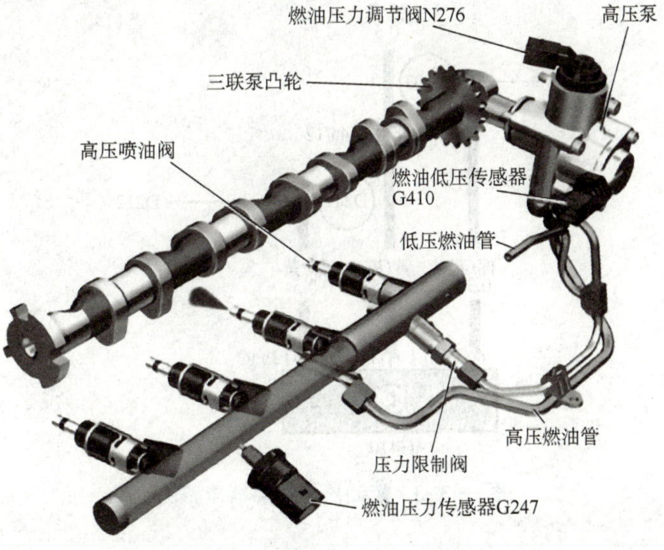

图 3-3-1 燃油压力传感器的位置

二、燃油压力传感器的结构及工作原理

【结构】如图 3-3-2 所示，燃油压力传感器由电路板、传感器元件、间隔块和壳体等组成，其内有 1 个压力腔，压力腔内有 1 个具有溢流阀的膜片，膜片内侧为真空腔，且真空腔内有 1 个弹簧。

【工作原理】

燃油系统的压力与进气歧管真空度造成的压力差及弹簧弹力共同作用于膜片。当燃油系统的压力与进气歧管真空度造成的压力差低于弹簧弹力时，溢流阀关闭；当燃油系统的压力与进气歧管真空度造成的压力差高于弹簧弹力时，溢流阀打开，多余的燃油经回油管流回燃油箱。这样便可以调节燃油系统的压力，保持喷油器恒定的供油油压（在 180~320 kPa 的范围内）。

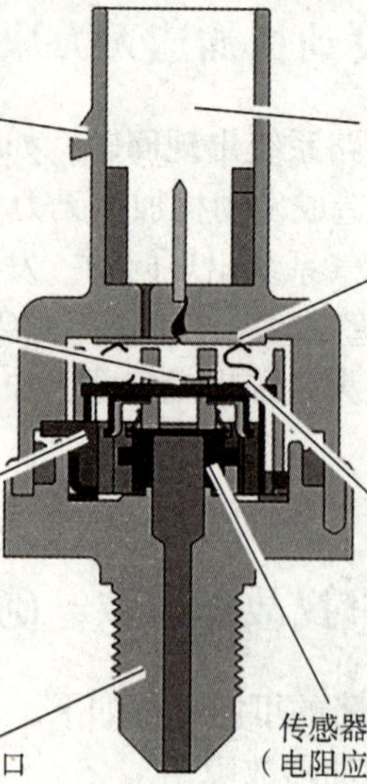

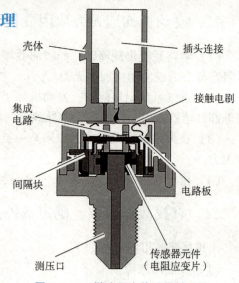

图 3-3-2　燃油压力传感器的结构

三、燃油压力传感器的控制原理

燃油压力传感器将燃油压力信号反馈到发动机 ECU。发动机 ECU 向电动燃油泵控制单元发送信号来调整电动燃油泵，进而控制低压燃油系统。

1. 电路图

燃油压力传感器电路图如图 3-3-3 所示，各针脚含义见表 3-3-1。

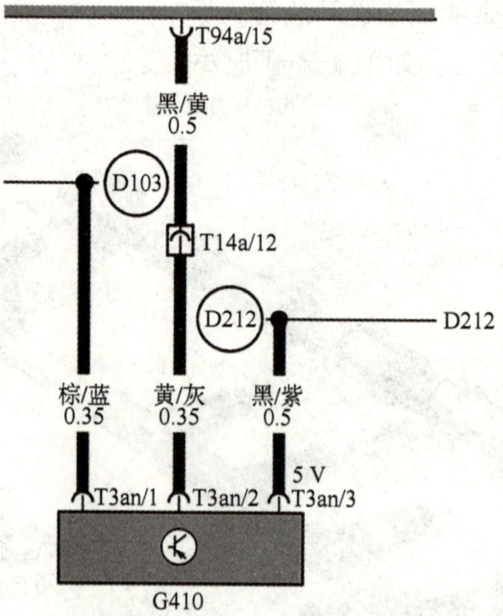

图 3-3-3　燃油压力传感器电路图

表 3-3-1 燃油压力传感器各针脚含义

针脚号	针脚含义	标准电压（电阻）范围
1	电源线	12 V
2	燃油压力传感器信号线	0~5 V
3	搭铁线	0 Ω

2. 信号特征

分析燃油压力传感器的工作原理得出，随着燃油压力的增大，输出的电压信号成比例上升，如图 3-3-4 所示。

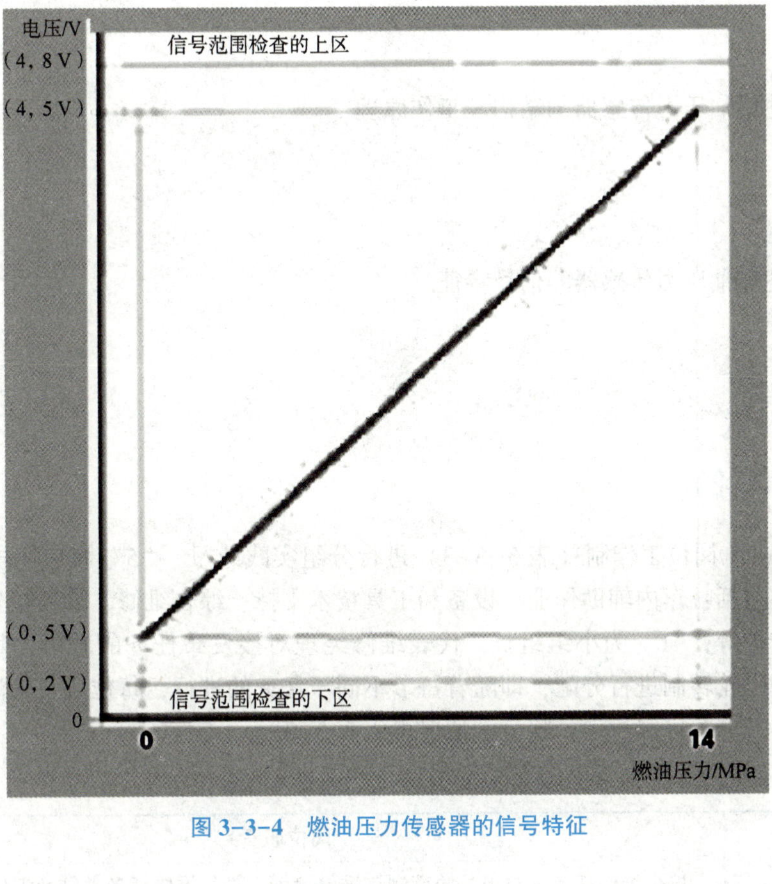

图 3-3-4 燃油压力传感器的信号特征

任务实施

一、收集资讯

（1）将故障车辆及发动机相关信息填入表 3-3-2。

表 3-3-2　故障车辆信息记录

车辆型号		故障发生日期		VIN 码	
发动机型号				里程表读数	
故障现象					

(2) 简述燃油压力传感器的位置及作用。

(3) 简述燃油压力传感器的结构及工作原理。

(4) 简述燃油压力传感器的信号特征。

二、岗位轮转

依据“5+1”岗位工作制（表 3-3-3）进行分组实践练习。“5”代表机电工组内 5 个不同的岗位，包括：车内辅助作业、设备和工具技术支持、综合维修、诊断报告书写、整理工具与维修防护等；“1”为小组组长，代表维修经理对接发布任务的教师，其中个人岗位由组长按照岗位轮转制进行分配，即随着每节不同子任务的进行，每位成员轮流承担不同的岗位职责。组长分配好岗位后，将分配情况填入表 3-3-4。

表 3-3-3　“5+1”岗位职责分配

岗位名称	岗位职责
维修经理	接受维修任务，与组员协商制订维修计划，进行维修任务总结及汇报
车内辅助作业	根据维修进度协助维修技师操纵故障车辆，并实时监控故障车辆状态，将故障现象准确翔实地传达给维修技师
设备和工具技术支持	调试、检查维修设备和工具，根据维修技师的要求递送工具、配合使用维修设备、读取数据以及协助维修作业

续表

岗位名称	岗位职责
综合维修	按照诊断方案实施维修作业，分析检测数据，查找故障点，评估故障原因，排除车辆故障，并将维修过程数据实时汇报给记录员
诊断报告书写	记录过程数据，查阅维修资料，分析故障机理，指导维修作业
整理工具与维修防护	负责作业前的工具准备、车辆维修防护，作业中的工具整理、安全防护以及作业后的工具复位

表 3-3-4 岗位轮转表

轮转岗位名称	学生姓名	备注
维修经理		
车内辅助作业		
设备和工具技术支持		
综合维修		
诊断报告书写		
整理工具与维修防护		

三、计划和决策

1. 重现故障现象

起动发动机，观察车辆尤其是发动机的运行情况，发现故障现象及故障特征，分析可能的故障原因。

2. 读取故障码和数据流

连接汽车故障诊断仪，读取故障码，操纵车辆或实训台变换工况，观察并记录燃油压力随不同工况变化的动态数据流，初步锁定故障范围。

3. 用数字式万用表检测

1）测量电阻

将数字式万用表旋转到电阻挡，按电路图找到燃油压力传感器与 ECU 信号测试端口对应的针脚号，分别测试燃油压力传感器各连接线之间的电阻，阻值应小于 0.5 Ω。

2）检测电源电压

打开点火开关，将数字式万用表设置在直流电压挡，将红色表针置于燃油压力传感器 ECU 供电线，将黑色表针置于电瓶负极或发动机进气歧管壳体，应显示 5 V。

3）测量信号电压

打开点火开关，将数字式万用表设置在直流电压挡，操纵油门踏板，检测燃油压力传感器信号电压在不同工况下的数值变化，其数值变化应符合标准。

4. 建立故障诊断思路，制定故障检修方案

参考上述故障检修步骤，结合实际车型的特点，进行故障机理分析，根据分析结果，制定故障检修实施方案，并将其填入表 3-3-5。

表 3-3-5　小组讨论确定的实施方案和计划

	序号	实施内容	工具
实施步骤			
实施方案其他说明		组长签字	

四、实施

（1）实施计划前准备工作（表 3-3-6）。

表 3-3-6　准备工作检验内容

理论资料是否齐备	是：□；否：□	是否穿戴工装及劳动保护措施	是：□；否：□
工具是否齐全、整齐	是：□；否：□	工作环境是否整洁	是：□；否：□
是否熟知操作安全注意事项		是：□；否：□	组长签字

（2）针对故障情景，画出燃油压力传感器的控制电路图，并列举可能的故障原因。

（3）用专用工具和仪器对燃油压力传感器进行检测，将检测数据填入表 3-3-7，并得出分析结论。

表 3-3-7　燃油压力传感器检测数据

检测项目		检测条件	标准值	测量值	结论
故障码		打开电门			
		怠速			
		急加速			
数据流	燃油压力	打开电门			
		怠速			
		急加速			

续表

检测项目		检测条件	标准值	测量值	结论
电压	供电电压	打开电门			
		怠速			
		急加速			
	信号电压	打开电门			
		怠速			
		急加速			
电阻		熄火			

五、检查与评估

考核类别	考核点	评分标准	分值	自我评价（20%）	组长评价（40%）	教师评价（40%）	得分
过程考核（30分）	操作及人身安全	出现常识性失误扣3分，手指或肢体受伤扣5分	5				
	车辆、设备是否损坏	设备损坏扣5分，车辆损坏扣5分	5				
	工具归位情况	零部件摆放凌乱扣1分，工具未归位扣1分	2				
	操作过程清洁或离场清洁情况	实训环境差扣1分，离场未清扫现场扣1分	2				
	环保意识、垃圾分类	未及时处理工作产生的废弃物扣2分	2				
	操作工具、起动车辆情况	擅自操作仪器扣2分，起动车辆时未警示他人扣2分	4				
	小组协作、沟通能力	组员闲置超时扣5分，无交流扣5分	2				
	作业过程中是否存在肢体碰撞、混乱现象	现场混乱扣5分，肢体碰撞扣5分	2				
	工作态度及规范执行能力	态度消极扣5分，不执行组长命令扣5分	4				
	良好的职业形象和精神风貌	着装怪异扣5分，嬉笑打闹扣5分	2				

续表

考核类别	考核点	评分标准	分值	自我评价（20%）	组长评价（40%）	教师评价（40%）	得分
工单完成效果评价（70分）	是否查阅资料，理论是否充足	没有罗列资料清单扣3分	5				
	实施计划方案书写是否认真	没有实施计划扣10分，不认真书写实施计划方案书扣3分	10				
	工单书写是否翔实，检修思路表达是否清晰、完整	工单书写不认真扣3分，检修思路不完整扣5分	10				
	工单是否有抄袭现象	工单有一处抄袭扣2分，直至扣完	15				
	工具、仪器使用是否正确	仪器使用错误扣3分	15				
	数据测量及分析是否正确	数据测量有误扣3分，分析不当扣3分	15				
合计			100				

六、拓展练习

1. 大众甲壳虫汽车燃油压力传感器故障

（1）故障现象：客户进店报修，称发动机故障指示灯亮，车辆行驶时感觉动力有异常。

（2）故障诊断：维修技师在进行常规检查时发现怠速时发动机故障指示灯亮，故障属实。连接汽车故障诊断仪检测发动机 ECU，发现有喷油器和燃油压力传感器（图中“压力调节器”）的故障提示，如图 3-3-5 所示。

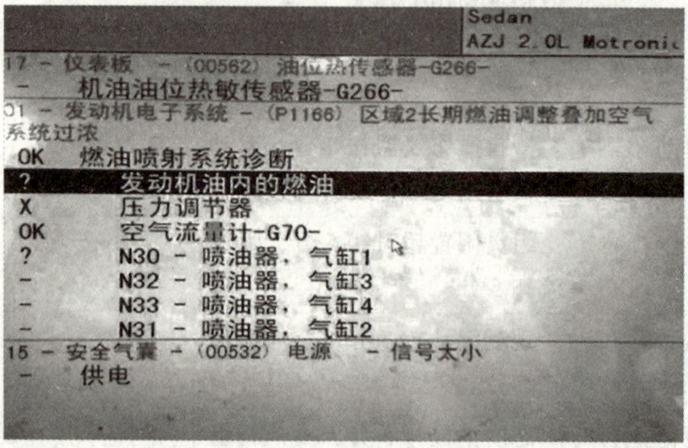

图 3-3-5　故障信息

维修技师根据故障记忆和进行引导故障查询的结果分析，该车的车龄较长而行驶里程少，初步判断该车行驶路况为城市短途较多，故障原因可能是喷油器积碳，于是建议客户清洗喷油器积碳后使用。

征得客户同意，拆卸喷油器，用超声波清洗喷油器积碳，删除故障码并进行路试，故障未出现。可是就在客户提车的第二天，故障又出现，客户再次来店检测，故障现象和之前一样。

维修技师在读取故障码时发现有混合气过浓故障码，如图 3-3-6 所示。

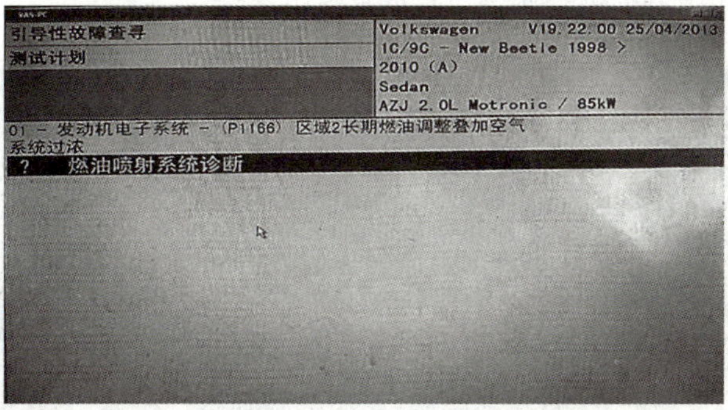

图 3-3-6 故障码

维修技师对比正常车的发动机空气流量计、氧传感器空燃比、喷油脉宽等数据流，如图 3-3-7、图 3-3-8 所示。

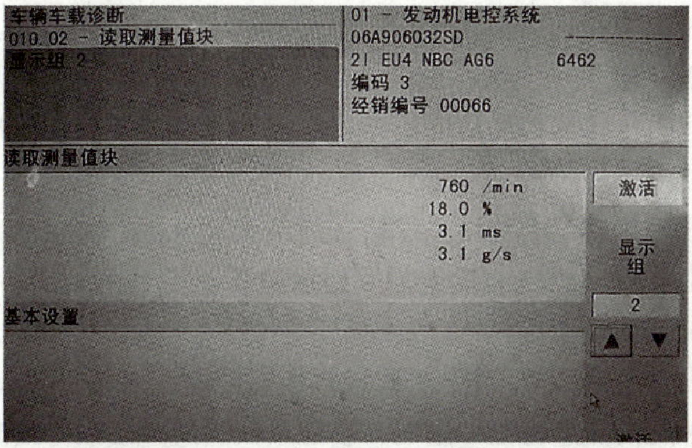

图 3-3-7 数据流（故障车）

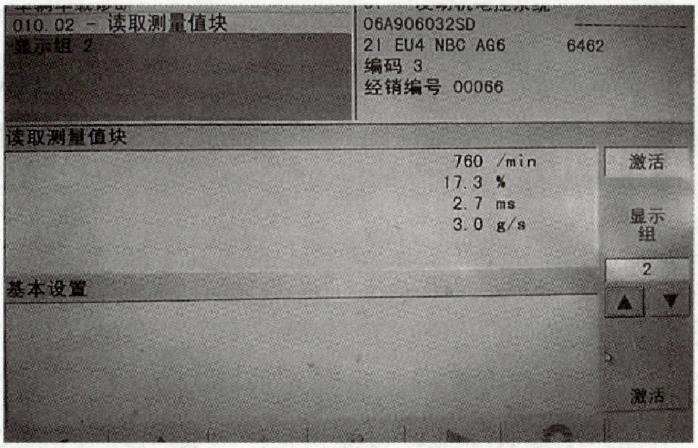

图 3-3-8 数据流（正常车）

通过数据流对比，查看到喷油脉宽和进气量数据比正常数值稍大，而空燃比数值为负值，超出范围，说明混合气确实过浓。

造成混合气浓的故障部位一般为空气流量计、电动燃油泵、氧传感器、燃油压力传感器等。通过对比两辆车的数据，可以确认空气流量和喷油脉宽数据基本正常，那么重点就是检查燃油压力。连接燃油压力表进行测试，如图 3-3-9 所示。

图 3-3-9　测试燃油压力

实测该车的燃油压力为 660 kPa（正常车的燃油压力为 250 kPa），超出正常范围，而且在检查中发现回油管不回油。

分析原因是燃油压力传感器损坏，回油不畅造成燃油压力升高，使喷油器喷油过多，数据显示脉宽增大，造成混合气过浓。

我们知道，燃油压力传感器的功用是保持进气系统真空压力与燃油系统燃油压力的差值恒定不变，这样从喷油器喷出的燃油量便唯一地取决于喷油器的开启时间，使 ECU 能够通过控制喷油脉宽来精确控制喷油量。

喷油脉宽指的是发动机 ECU 控制喷油器每次喷油的时间长度。发动机油路中的燃油压力是一定的，因此喷油时的流速也是一定的，喷油量只能通过喷油持续时间来控制。喷油脉宽的单位是毫秒（ms），参数显示的数值越大，表示喷油器每次打开喷油的时间越长，发动机将获得较浓的混合气；参数显示的数值越小，表示喷油器每次打开喷油的时间越短，发动机将获得较稀的混合气。

同时，喷油脉宽随着发动机转速、负荷和进气量的不同而变化，ECU 根据这些指标计算出精确的喷油脉宽数值。一般喷油脉宽范围为 1.5～2.9 ms，如果在相同的喷油脉宽下燃油压力过高，则喷油量变大，混合气变浓。

（3）故障排除：更换一个新的燃油压力传感器，再次测量燃油压力，结果显示 250 kPa，为正常数值，回油管回油正常，故障彻底排除。

（4）故障总结：对于一些故障，当我们的思维有限时，可以借助汽车故障诊断仪的数据流功能查看相关部件数据并对比正常数值，分析原因，得出最后的结论，但在诊断过程中应尽可能根据引导提示进行相关部件的检查，以便少走弯路，得出正确的结果。

绿水青山就是金山银山

2. 思维拓展

燃油压力传感器还会引发什么故障现象？列举一个相关的案例。

七、任务总结

1. 学到了哪些知识

2. 掌握了哪些技能

3. 提升了哪些素质

4. 自己的不足之处及同组同学身上值得自己学习的地方有哪些

任务4　发动机电动燃油泵、喷油器性能检修

知识目标

（1）掌握电动燃油泵、喷油器的结构及工作原理。

（2）掌握电动燃油泵、喷油器的电压、信号波形及动态数据流的特点。

技能目标

（1）能够使用数字式万用表、汽车专用示波器、解码仪对电动燃油泵、喷油器控制信号进行诊断分析。

（2）能够描述故障排除诊断思路并排除故障。

素质目标

（1）能够严格按照维修手册的标准从事检修工作。

（2）各小组成员应主动沟通、协作，小组间友善互助，服从组长的安排。

（3）诊断时要有自己的思路，理由要充分，杜绝二次返修和过度维修。

（4）任务完成后及时清理工位和复位工具，并将垃圾分类处理，所有工作在确保安全的前提下有序进行。

工作情景描述

一辆2015款帕萨特B5 1.8T的VIN码为LFV3A23C493055754，发动机型号为BYJ（7万km）。该车进厂维修，客户描述该车起动困难，多次起动才可着车，运行10 min左右又熄火，再次起动又出现同样的状况。维修技师小王试车后发现该车确有此现象。连接VAS5051诊断仪，发动机ECU无故障码报出，读取数据流发现该车喷油脉宽为1.3 ms，（正常值为2.6 ms），熄火后发现用手能捏扁进油管，其余部件和电子元件无任何故障，确定该故障为燃油系统故障（压力不足，电动燃油泵、喷油器故障）导致。如果你是小王，你如何对电动燃油泵、喷油器进行诊断和检测？请用检测仪器完成发动机燃油压力测试、电动燃油泵及喷油器的检修工作，并完成项目工单。

故障机理分析

（1）发动机起动困难，多次起动才能着车原因分析。

发动机起动困难主要为四种情况：一是冷起动困难；二是热起动困难；三是冷、热起动都困难；四是间歇性起动困难。造成这些问题的原因都差不多。如混合气过浓，会导致热起动困难，如果混合气过稀，则冷起动困难；影响供油的问题可能出在燃油质量、电动燃油泵、燃油滤清器、燃油压力传感器、冷起动系统、喷油器以及冷却液温度传感器等诸多方

面，还有就是空气供给系统的堵塞、漏气、管道不畅和怠速控制方面，以及正时带磨损、节气门关闭不严、点火系统故障等原因。

（2）故障排查过程。

①发动机冷机起动困难。

在供油系统正常的情况下，首先应该检查冷却液温度传感器的状况，如插头、插脚是否有锈蚀污垢；检查插脚的电阻值是否正常，因为电阻值过大会传递错误信息；塑料头有无损坏；信号电压是否过低；插脚是否扭曲变形，因为插脚扭曲变形会使接触不良；传感器插头是否插错；维修中是否误将插头插在制动液液面报警开关插座上。

另外，还应检查喷油器，查看喷油器质量，检查定时开关触点闭合与否、喷油器是否堵塞（喷油器堵塞会使喷油量减少）；对于燃油压力传感器的问题，应重点检查密封圈是否完好。

②发动机热起动困难。

这时要检查冷却液温度传感器。检查冷却液温度传感器是否损坏、连线是否脱落或者导线是否出现故障。检查点火控制模块连线是否损坏或者发热，空气流量计的软管是否老化、腐蚀、损坏。

③发动机冷、热起动都困难。

这时候要检查电源继电器、燃油泵继电器。点火模块接头氧化或者松动，就不会正确传递信号给 ECU；或者 ECU 本身损坏也是原因之一。ECU 收不到正确的上止点位置，一般是曲轴位置传感信号盘上和点火模块内有脏物堵塞造成的。还有一种情况是节气门电位计磨损严重。

④发动机间歇性起动困难。

发动机间歇性起动困难，主要原因是各零部件有松动或者链接线头不到位。如 ECU、燃油泵继电器以及与起动相关的传感器的插头松动、脱落、虚线或者连接处有脏物都可能导致发动机起动困难，有时候能起动，而有时候不能起动，所以要用心检查，排查问题所在。

（3）查找故障部位，确定故障点。

出现故障的可能部位如下。

①冷却液温度传感器故障。

②燃油压力传感器故障。

③喷油器故障。

④电动燃油泵故障。

根据代码优先的原则，参考发动机出现的故障码，结合故障现象，首先要检查电动燃油泵、喷油器及其控制电路是否出现了问题。

知识准备

一、电动燃油泵的作用及位置

【位置】安装在油箱内，如图 3-4-1 所示。

【作用】将燃油从油箱中吸出，并以足够的泵油量和泵油压力向燃油系统供油。

图 3-4-1 电动燃油泵

二、电动燃油泵的结构及工作原理

【分类】电动燃油泵的分类如图 3-4-2 所示。

1. 滚柱式电动燃油泵

【结构】如图 3-4-3 所示，滚柱式电动燃油泵由电动机、滚柱泵、单向阀、安全阀、转子、滚柱、泵壳等组成，其中单向阀是为了防止燃油倒流，保持燃油压力，安全阀是为了防止燃油压力过高。

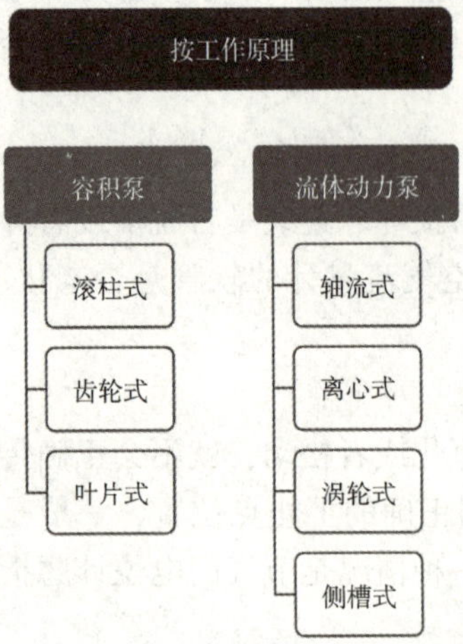

图 3-4-2　电动燃油泵的分类

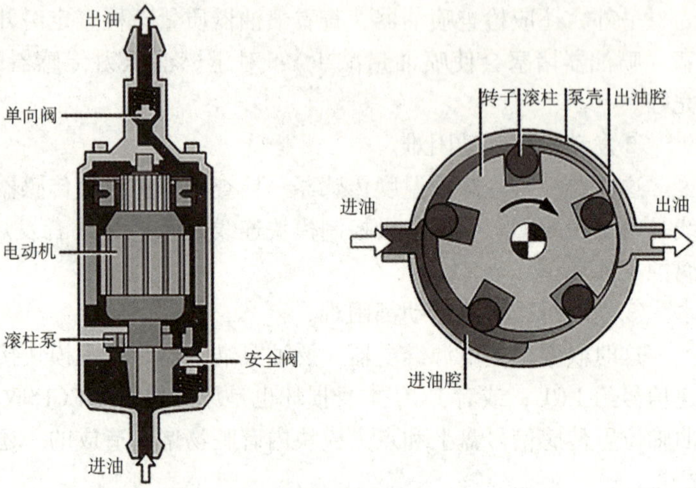

图 3-4-3　滚柱式电动燃油泵的结构

【工作原理】

如图 3-4-4 所示，转子偏心地安装在泵壳内，转子外围均布有若干凹槽，槽内装有滚柱。转子旋转时，滚柱压向壳体内表面，形成若干个密封腔，密封腔容积随转子旋转周期变化，容积增大时，吸油；容积减小时，出油。

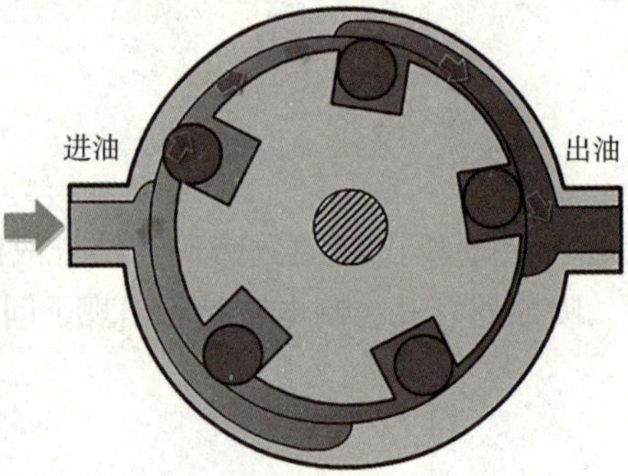

图 3-4-4　滚柱式电动燃油泵的工作原理

2. 涡轮式电动燃油泵

【结构】如图 3-4-5 所示，涡轮式电动燃油泵由涡轮、弹簧、上端盖、换向器、永久磁铁、钢球、转子、壳体、轴承座、下端盖等组成。

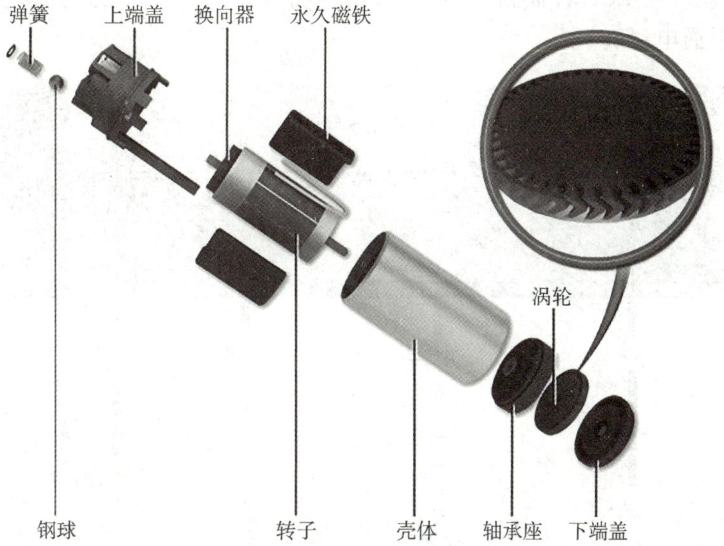

图 3-4-5 涡轮式电动燃油泵的结构

【工作原理】如图 3-4-6 所示，涡轮旋转时，涡轮内的燃油随同一起高速旋转，出油口处的燃油压力增高，进油口处的燃油压力降低，从而使燃油从进油口被吸入，从出油口流出。

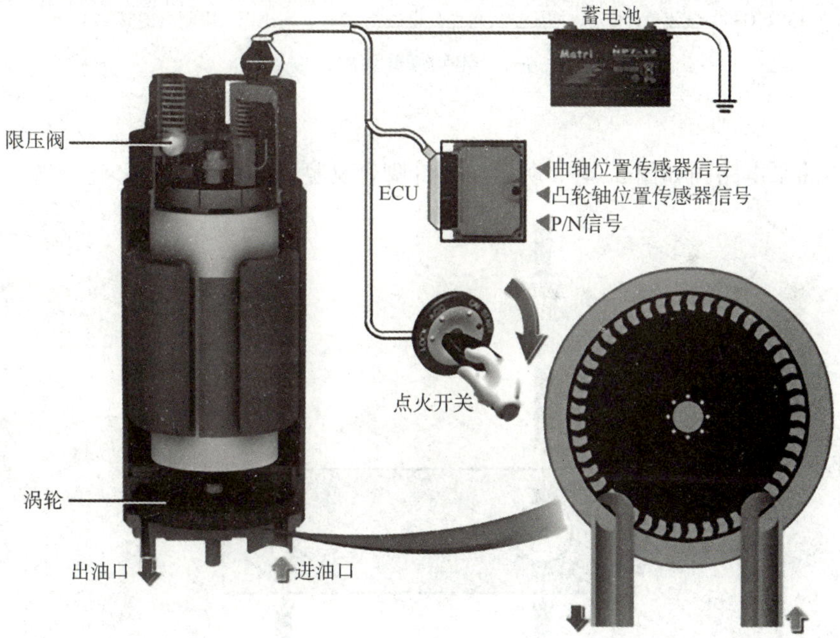

图 3-4-6 涡轮式电动燃油泵的工作原理

三、电动燃油泵的控制原理

如图 3-4-7 所示，电动燃油泵经过 J17 继电器供电，J17 继电器受发动机 ECU（J220）

第 65 号针脚控制。当 ECU 控制搭铁时，J17 继电器吸合，经过 S228 保险丝向电动燃油泵供电，电动燃油泵通电运转。

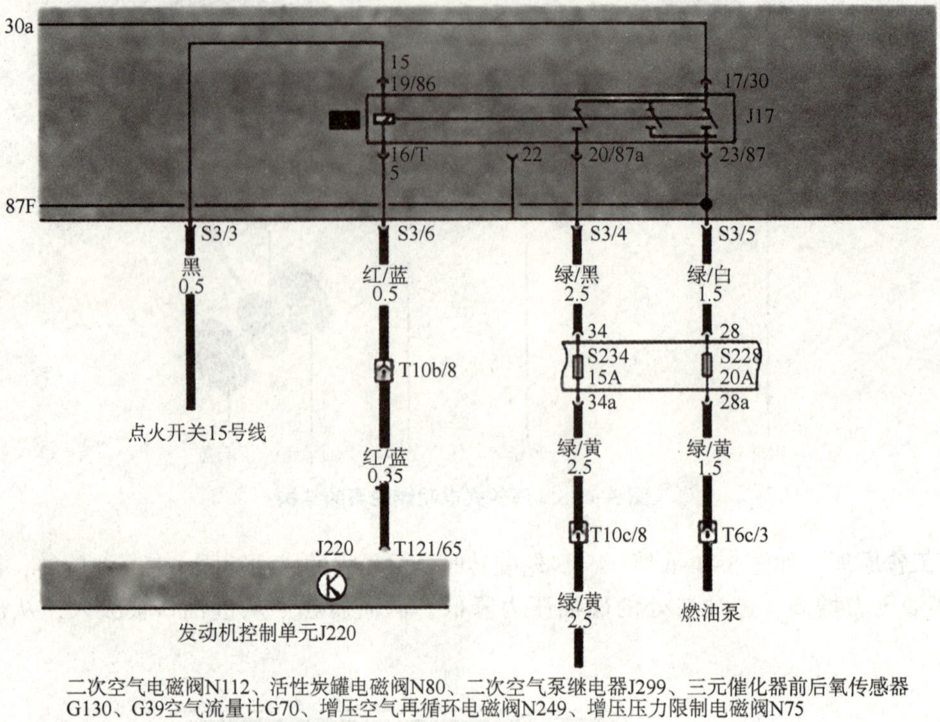

图 3-4-7　电动燃油泵的控制原理

1. 电路图

电动燃油泵电路图如图 3-4-8 所示，各针脚含义见表 3-4-1。

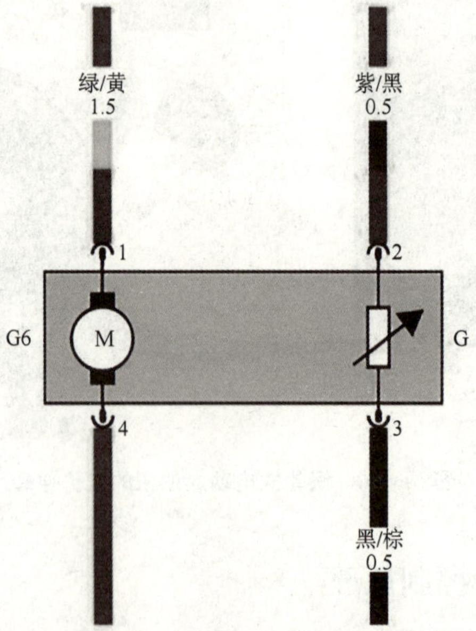

图 3-4-8　电动燃油泵电路图

表 3-4-1　电动燃油泵各针脚含义

针脚号	针脚含义	标准电压（电阻）范围
1	占空比控制线	0~5 V（平均电压值）
2	燃油压力传感器电源线	5 V
3	燃油压力传感器搭铁线	0 Ω
4	占空比控制线	0~5 V（平均电压值）

2. 信号特征

电动燃油泵电动机采用占空比控制，输出电压为一个周期内的平均电压值。

四、喷油器的作用及位置

【作用】将燃油以一定压力喷出并雾化。

【位置】燃油分配管旁边，进气歧管上，如图 3-4-9 所示。

图 3-4-9　喷油器的位置

五、喷油器的结构及工作原理

【分类】目前常用的喷油器有轴针式、球阀式、片阀式等类型。

【结构】如图 3-4-10 所示，喷油器由密封圈、进油滤网、连接器、电磁线圈、回位弹簧、衔铁、针阀、喷口等组成。

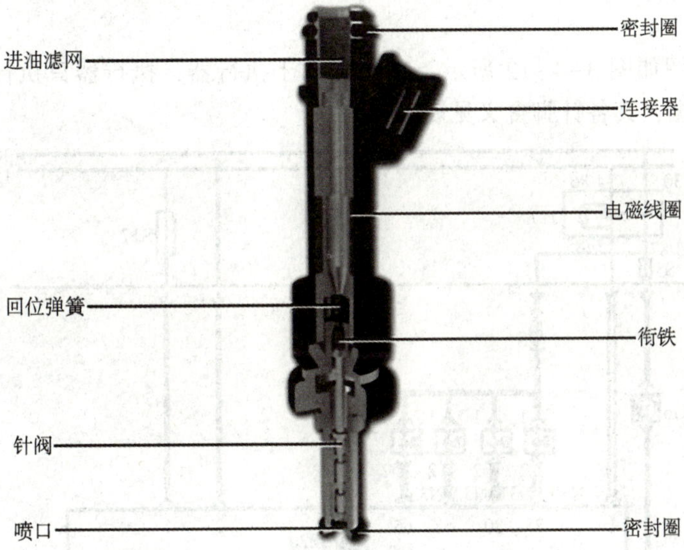

图 3-4-10　喷油器的结构

【工作原理】

如图 3-4-11 所示，当喷油器不工作时，针阀在回位弹簧的作用下紧紧压在阀座上，防止滴油。

当电磁线圈通电时，产生电磁吸力，克服回位弹簧的弹力和针阀的重力吸动衔铁上移，衔铁带动针阀从其座面上升，喷油口打开，燃油喷出。

当电磁线圈断电时，电磁吸力消失，回位弹簧使针阀迅速关闭，喷油器停止喷油。

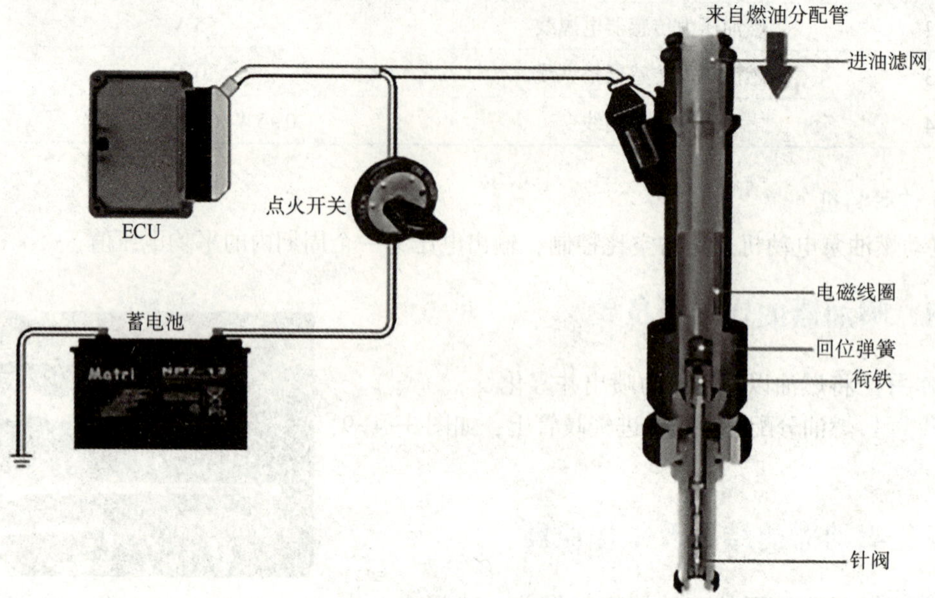

图 3-4-11　喷油器的工作原理

六、喷油器的控制原理

1. 电路图

喷油器电路图如图 3-4-12 所示，喷油器属于执行器，执行器只执行动作，不检测数据，也不输出数据，其各针脚含义见表 3-4-2。

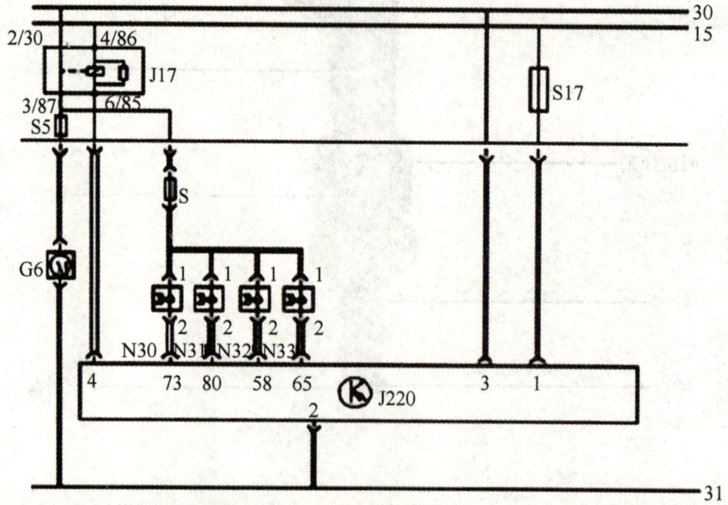

J17—燃油泵继电器；　S5、S17—熔断丝；　N30~N33—喷油器；
J220—发动机ECU；　G6—燃油泵；

图 3-4-12　喷油器电路图

表 3-4-2　喷油器各针脚含义

针脚号	针脚含义	标准电压（电阻）范围
1	供电线	12～14 V
2	接地线	0 Ω

2. 信号特征

喷油器工作时，ECU 接通喷油器电路，电源线电压为 12～14 V，接地线和电源线之间有压降；喷油器不工作时，喷油器电路断开，电源线和接地线电压均为 0 V；喷油器电路接通时长会随着工况的变化而变化，可通过汽车专用示波器检测，但是其电压值不会随着工况变化。

任务实施

一、收集资讯

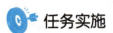

（1）将故障车辆及发动机相关信息输入表 3-4-3。

表 3-4-3　故障车辆信息记录

车辆型号		故障发生日期		VIN 码	
发动机型号				里程表读数	
故障现象					

（2）简述电动燃油泵的作用及工作原理。

（3）简述喷油器的作用及工作原理。

（4）简述电动燃油泵、喷油器的信号特征。

二、岗位轮转

依据“5+1”岗位工作制（表 3-4-4）进行分组实践练习。“5”代表机电工组内 5 个不同的岗位，包括：车内辅助作业、设备和工具技术支持、综合维修、诊断报告书写、整理工具与维修防护等；“1”为小组组长，代表维修经理对接发布任务的教师，其中个人岗位由组长按照岗位轮转制进行分配，即随着每节不同子任务的进行，每位成员轮流承担不同的岗位职责。组长分配好岗位后，将分配情况填入表 3-4-5。

表 3-4-4 “5+1”岗位职责分配

岗位名称	岗位职责
维修经理	接受维修任务，与组员协商制订维修计划，进行维修任务总结及汇报
车内辅助作业	根据维修进度协助维修技师操纵故障车辆，并实时监控故障车辆状态，将故障现象准确翔实地传达给维修技师
设备和工具技术支持	调试、检查维修设备和工具，根据维修技师的要求递送工具、配合使用维修设备、读取数据以及协助维修作业
综合维修	按照诊断方案实施维修作业，分析检测数据，查找故障点，评估故障原因，排除车辆故障，并将维修过程数据实时汇报给记录员
诊断报告书写	记录过程数据，查阅维修资料，分析故障机理，指导维修作业
整理工具与维修防护	负责作业前的工具准备、车辆维修防护，作业中的工具整理、安全防护以及作业后的工具复位

表 3-4-5 岗位轮转表

轮转岗位名称	学生姓名	备注
维修经理		
车内辅助作业		
设备和工具技术支持		
综合维修		
诊断报告书写		
整理工具与维修防护		

三、计划和决策

1. 重现故障现象

起动发动机，观察车辆尤其是发动机的运行情况，发现故障现象及故障特征，分析可能的故障原因。

2. 读取故障码和数据流

连接汽车故障诊断仪，读取故障码，操纵车辆或实训台变换工况，观察并记录喷油脉宽随不同工况变化的动态数据流，初步锁定故障范围。

3. 用数字式万用表检测

用数字式万用表电阻挡测量电动燃油泵、喷油器上两个接线端子间的电阻，其阻值应符合正常标准。

4. 检查电动燃油泵、喷油器的工作状态

连接汽车故障诊断仪，利用执行元件的动作测试功能，检测电动燃油泵、喷油器是否存在卡滞现象、能否正常运行。

5. 测试燃油压力

（1）泄压。让发动机怠速运转，拔下燃油泵继电器或保险丝，起动发动机 3~5 次（起动发动机 1~2 次不能完全降低残余油压），将燃油供给系统内的残余油压泄掉，防止在接燃油压力表时，燃油系统因燃油压力过高而喷出燃油。

（2）将燃油压力表安装在燃油供给系统的进油管路里（一般安装在燃油滤清器后面）。

（3）打开点火开关，电动燃油泵工作 5 s 左右，让电动燃油泵工作泵油，燃油压力上升 3 kg/cm^2，正常燃油压力为 250~310 kPa（车型不同，燃油压力标准参数也不同），停泵后燃油压力应稳定（起始燃油压力）。

（4）起动发动机，让发动机怠速运转，燃油压力下降到 2. 5 kg/cm^2（工作燃油压力）。

（5）急加速，此时节气门开度变大，真空吸力减小，燃油压力上升到 3 kg/cm^2 左右（加速燃油压力）。

（6）用大力钳夹住燃油压力表出油口，燃油压力上升 2~5 倍，若达不到，说明电动燃油泵损坏。

（7）熄火后，残余压力要求保持 30 min 以上。

（8）若燃油压力下降，再用大力钳夹住燃油压力表出油口，这时会有两种情况。

①若燃油压力继续下降，说明电动燃油泵泄漏（出油阀损坏）。

②燃油压力停止下降，再用大力钳夹住回油口，若燃油压力不下降，说明燃油压力传感器回油阀泄漏；若燃油压力继续下降，说明喷油器泄漏。

6. 用汽车专用示波器检测

电动燃油泵的控制属于占空比控制，输出的波形是典型的方波，如图 3-4-13 所示。通过 ECU 搭铁控制喷油器的接通和断开，喷油器断开时会有明显的反冲电压，如图 3-4-14 所示。

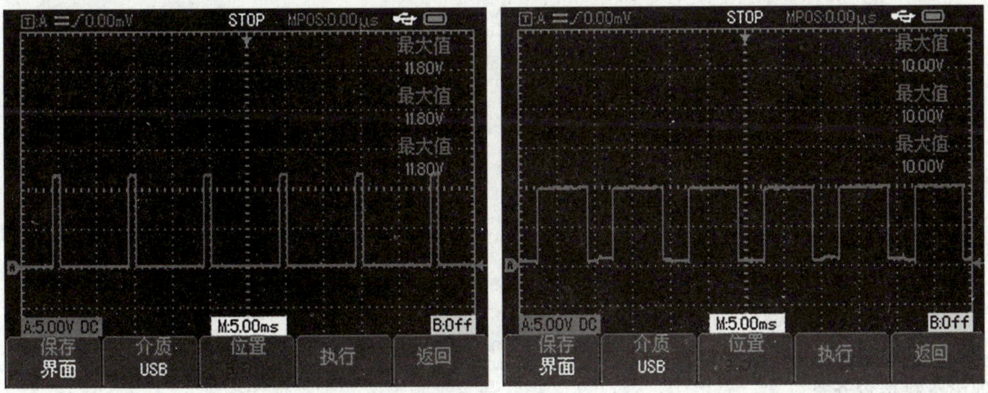

（a）　　　　　　　　　　　　（b）

图 3-4-13　电动燃油泵标准波形

（a）起动时波形；（b）起动后波形

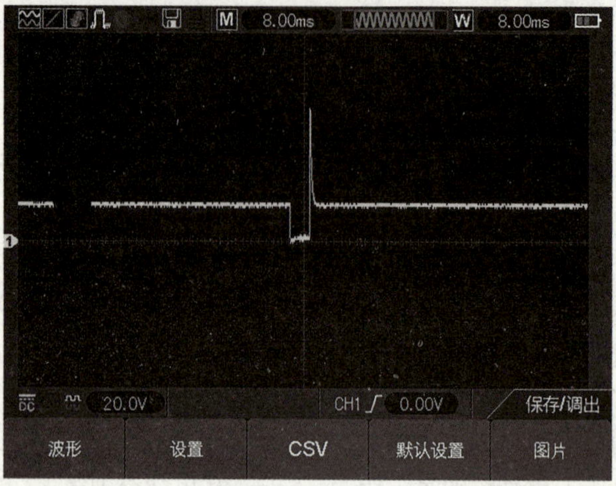

图 3-4-14　喷油器波形

7. 建立故障诊断思路，制定故障检修方案

参考上述故障检修步骤，结合实际车型的特点，进行故障机理分析，根据分析结果，制定故障检修实施方案，并将其填入表 3-4-6。

表 3-4-6　小组讨论确定的实施方案和计划

	序号	实施内容	工具
实施步骤			
实施方案其他说明		组长签字	

四、实施

（1）实施计划前准备工作（表 3-4-7）。

表 3-4-7　准备工作检验内容

理论资料是否齐备	是：□；否：□	是否穿戴工装及劳动保护措施	是：□；否：□
工具是否齐全、整齐	是：□；否：□	工作环境是否整洁	是：□；否：□
是否熟知操作安全注意事项		是：□；否：□	组长签字

（2）针对故障情景，画出电动燃油泵控制电路图，并列举可能的故障原因。

（3）针对故障情景，画出喷油器控制电路图，并列举可能的故障原因。

（4）用专用工具和仪器对电动燃油泵、喷油器进行检测，将检测数据填入表 3-4-8，并得出分析结论。

表 3-4-8 电动燃油泵、喷油器检测数据

<table>
<tr><th colspan="2">检测项目</th><th>检测条件</th><th>标准值</th><th>测量值</th><th>结论</th></tr>
<tr><td colspan="2" rowspan="3">故障码</td><td>打开电门</td><td colspan="2"></td><td></td></tr>
<tr><td>怠速</td><td colspan="2"></td><td></td></tr>
<tr><td>急加速</td><td colspan="2"></td><td></td></tr>
<tr><td rowspan="5">数据流</td><td rowspan="5">喷油脉宽</td><td>打开电门</td><td></td><td></td><td></td></tr>
<tr><td>怠速</td><td></td><td></td><td></td></tr>
<tr><td>急加速</td><td></td><td></td><td></td></tr>
<tr><td>怠速</td><td></td><td></td><td></td></tr>
<tr><td>急加速</td><td></td><td></td><td></td></tr>
<tr><td rowspan="4">电阻</td><td></td><td rowspan="4">熄火</td><td></td><td></td><td></td></tr>
<tr><td></td><td></td><td></td><td></td></tr>
<tr><td></td><td></td><td></td><td></td></tr>
<tr><td></td><td></td><td></td><td></td></tr>
<tr><td colspan="2" rowspan="3">电动燃油泵波形图</td><td>打开电门</td><td></td><td></td><td></td></tr>
<tr><td>怠速</td><td></td><td></td><td></td></tr>
<tr><td>急加速</td><td></td><td></td><td></td></tr>
<tr><td colspan="2" rowspan="3">喷油器波形图</td><td>打开电门</td><td></td><td></td><td></td></tr>
<tr><td>怠速</td><td></td><td></td><td></td></tr>
<tr><td>急加速</td><td></td><td></td><td></td></tr>
</table>

五、检查与评估

考核类别	考核点	评分标准	分值	自我评价（20%）	组长评价（40%）	教师评价（40%）	得分
过程考核（30分）	操作及人身安全	出现常识性失误扣3分，手指或肢体受伤扣5分	5				
	车辆、设备是否损坏	设备损坏扣5分，车辆损坏扣5分	5				
	工具归位情况	零部件摆放凌乱扣1分，工具未归位扣1分	2				
	操作过程清洁或离场清洁情况	实训环境差扣1分，离场未清扫现场扣1分	2				
	环保意识、垃圾分类	未及时处理工作产生的废弃物扣2分	2				
	操作工具、起动车辆情况	擅自操作仪器扣2分，起动车辆时未警示他人扣2分	4				
	小组协作、沟通能力	组员闲置超时扣5分，无交流扣5分	2				
	作业过程中是否存在肢体碰撞、混乱现象	现场混乱扣5分，肢体碰撞扣5分	2				
	工作态度及规范执行能力	态度消极扣5分，不执行组长命令扣5分	4				
	良好的职业形象和精神风貌	着装怪异扣5分，嬉笑打闹扣5分	2				
工单完成效果评价（70分）	是否查阅资料，理论是否充足	没有罗列资料清单扣3分	5				
	实施计划方案书写是否认真	没有实施计划扣10分，不认真书写实施计划方案书扣3分	10				
	工单书写是否翔实，检修思路表达是否清晰、完整	工单书写不认真扣3分，检修思路不完整扣5分	10				
	工单是否有抄袭现象	工单有一处抄袭扣2分，直至扣完	15				
	工具、仪器使用是否正确	仪器使用错误扣3分	15				
	数据测量及分析是否正确	数据测量有误扣3分，分析不当扣3分	15				
合计			100				

六、拓展练习

1. 治愈大众、奥迪车系“哮喘”的良方

1）故障现象

发动机故障指示灯点亮，发动机经常打着火之后又熄火，汽车行驶时显得力不从心。

2）故障诊断

(1) 汽车行驶 11 万 km 一直没有换火花塞（对奥迪车系建议行驶 4 万 km 后换火花塞），这可能导致间歇性无法点火，进而导致燃油燃烧不充分。

(2) 大众、奥迪车系的节气门附近可能有油泥、积碳（日本车系一般只有积碳，没有油泥；这也是所谓的大众、奥迪车系“烧机油”的一个具体体现，说白了就是部分废机油参与了燃烧）。

(3) 11 万 km 的里程中，从进气口进入的空气质量不佳，导致在节气门附近有尘埃沉降，进而形成油泥和积碳。

3）故障排查

(1) 节气门附近有非常严重的油泥和积碳，如图 3-4-15 所示。

(2) 整个喷油器都被完全堵死，如图 3-4-16 所示。

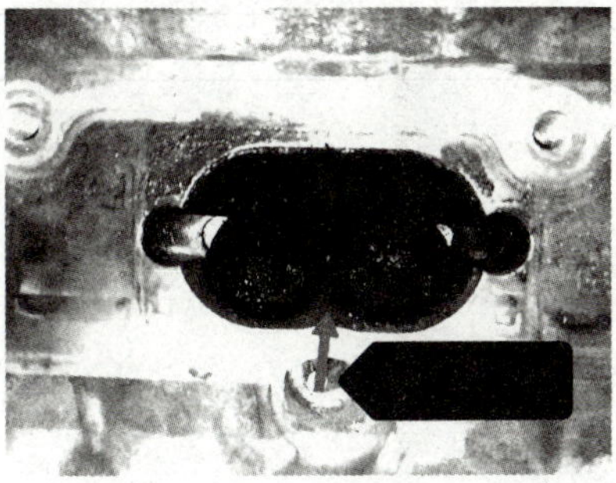

图 3-4-15　节气门附近积碳严重

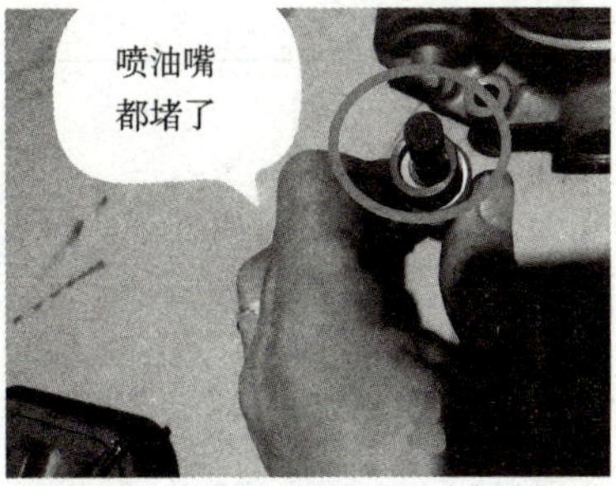

图 3-4-16　喷油器堵塞

(3) 用化油器清洗剂把节气门、进气口、喷油器、分量拨片都清洗干净。

(4) 更换火花塞。

4）故障分析

(1) 空气质量、燃油质量、燃油是否完全燃烧，都会影响油路中的油泥、积碳。大众、奥迪车系尤其有油泥、积碳的可能，清洗油路是解决这类问题的好方法。

(2) 清洗油路是相当费时费力的工作。

(3) 火花塞不可使用太久，不要等到坏了才换，要根据厂商的建议时间考虑更换。

“山水林田湖草是一个生命共同体”的新系统观

2. 思维拓展

电动燃油泵、喷油器还会引发什么故障现象？列举一个相关的案例。

七、任务总结

1. 学到了哪些知识

2. 掌握了哪些技能

3. 提升了哪些素质

4. 自己的不足之处及同组同学身上值得自己学习的地方有哪些

项目四

电控发动机电控点火系统检修

项目描述

电控点火系统（ESA）最基本的功能是点火提前角控制。该系统根据各相关传感器信号，判断发动机的运行工况和运行条件，选择最理想的点火提前角点燃混合气，从而改善发动机的燃烧过程，以实现提高发动机的动力性、经济性和降低排放污染的目的。

任务1　曲轴位置传感器检修

知识目标

（1）掌握曲轴位置传感器的工作原理。

（2）掌握曲轴位置传感器的电压、信号波形及动态数据流的特点。

技能目标

（1）能够使用数字式万用表、汽车故障诊断仪、汽车专用示波器对曲轴位置信号进行诊断分析。

（2）能够描述故障排除诊断思路并排除故障。

素质目标

（1）能够严格按照维修手册的标准从事检修工作。

（2）各小组成员应主动沟通、协作，小组间友善互助，服从组长的安排。

（3）诊断时要有自己的思路，理由要充分，杜绝二次返修和过度维修。

（4）任务完成后及时清理工位和复位工具，并将垃圾分类处理，所有工作在确保安全的前提下有序进行。

工作情景描述

某天一客户拨打4S店救援电话，说自己的2012款帕萨特汽车发动机无法起动。该站救援车出动，将该故障车托运至站内。维修技师小王试车后发现该车的故障如车主描述的一样，但同时发现该车起动时起动机可以转动，仪表盘上转速表不转。维修技师小王连接VAS5051诊断仪，发动机ECU报出“P0049：起动机被卡死”的故障码。如果你是小王，你如何进行诊断和检测？

故障机理分析

一、发动机故障指示灯点亮原因分析

可能的故障原因如下。

（1）曲轴位置传感器元件、电路发生故障。

（2）发动机正时故障。

（3）曲轴可变正时调整部分发生故障。

（4）曲轴位置传感器靶轮故障或间隙异常。

二、根据故障码分析故障产生原因

起动时，明显感觉到起动机运转，但发动机无法起动，同时报出起动机卡死故障，说明不是起动机的问题，从仪表盘上发现转速表不转，说明曲轴位置传感器信号缺失，发动机ECU误认为发动机没有起动，而起动机是带动发动机起动的，因此报出起动机卡死故障。

三、查找故障部位，确定故障点

出现故障的可能部位如下。

(1) 发动机机械故障。

(2) 燃油喷射系统故障。

(3) 曲轴位置传感器故障。

(4) ECU 故障。

根据代码优先的原则，参考发动机出现的故障码，结合故障现象，首先要检查曲轴位置传感器及其控制电路是否出现了问题。

知识准备

一、曲轴位置传感器的作用及位置

【作用】判断可燃混合气浓度，检测空燃比，进而修正喷油量，实现空燃比闭环控制。

【位置】通常安装在曲轴前端或飞轮上，如图 4-1-1 所示。

图 4-1-1 曲轴位置传感器的位置

二、曲轴位置传感器的结构及工作原理

【分类】目前常用曲轴位置传感器有电磁感应式、霍尔式、光电式三种类型。结合实训条件，本任务以电磁感应式曲轴位置传感器为例进行讲解。

【结构】曲轴位置传感器由传感器外壳、安装支架、永磁铁、软磁铁芯、线圈、脉冲轮等组成，如图 4-1-2 所示。

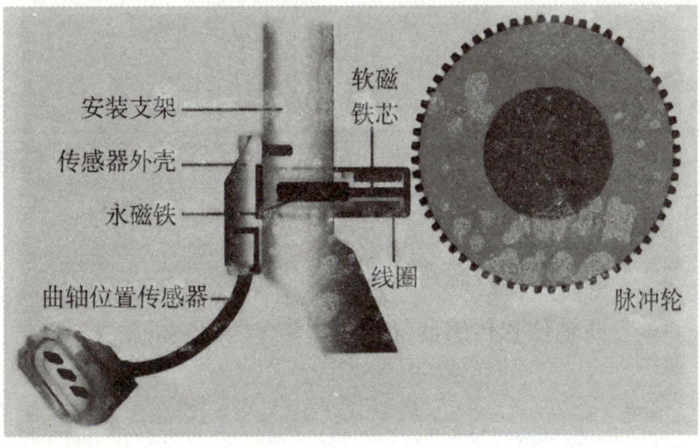

图 4-1-2 曲轴位置传感器的结构

【工作原理】

信号盘旋转，当信号盘凸齿接近并对正电磁线圈时，磁场增强；当信号盘凸齿离开电磁线圈时，磁场减弱，在感应线圈中产生交变的感应电动势，其频率和幅值随发动机转速的增大而增大，根据频率（脉冲数）计量转速，如图 4-1-3 所示。

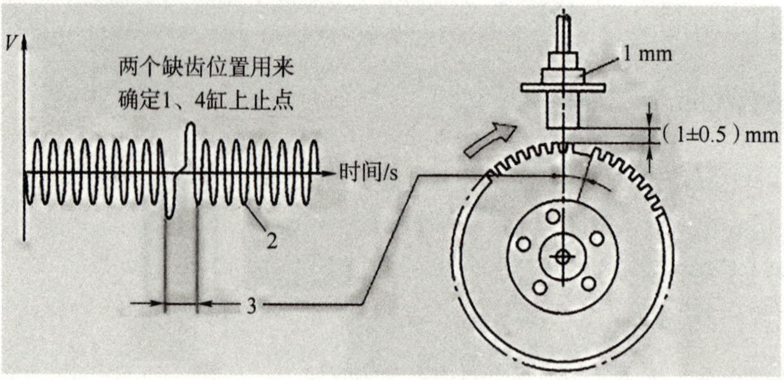

图 4-1-3　曲轴位置传感器的工作原理

其中宽齿槽对正电磁线圈时，产生频率不同的信号，用于确认曲轴基准位置。

三、控制原理

1. 电路图

曲轴位置传感器电路图如图 4-1-4 所示，各针脚含义见表 4-1-1。

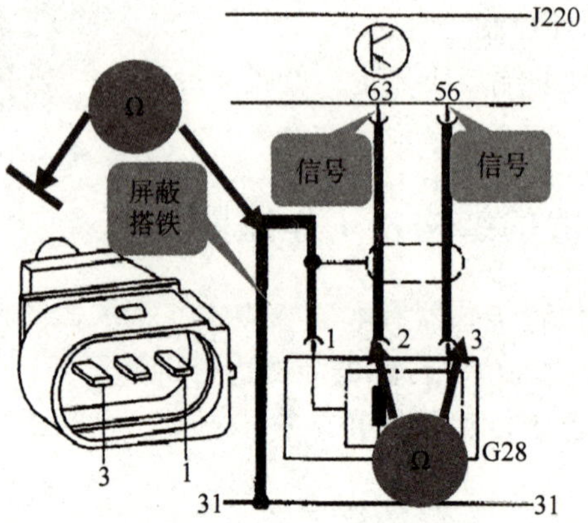

图 4-1-4　曲轴位置传感器电路图

表 4-1-1　曲轴位置传感器各针脚含义

针脚号	针脚含义	标准电压范围
1	屏蔽线	0 V
2	曲轴位置传感器信号线	2#与 3#之间：0~5 V
3	曲轴位置传感器信号线	

2. 信号特征（图 4-1-5）

（1）频率和幅值随转速的增大而增大。

（2）靠除去触发轮上一个齿所产生的同步脉冲，可以确定上止点的信号。
（3）波形的形状基本一致，在 0 V 电位的上下基本对称。

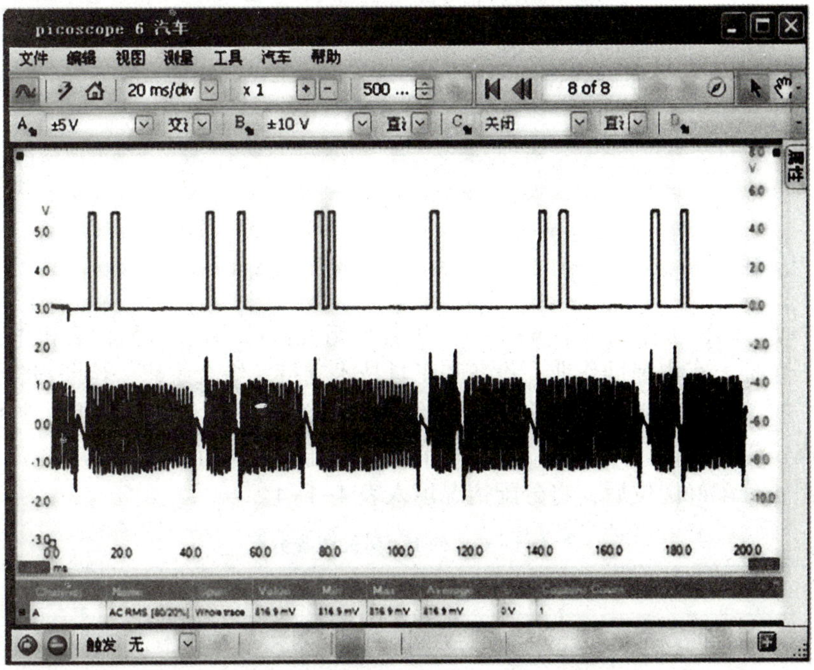

图 4-1-5　曲轴位置传感器波形

任务实施

一、收集资讯

（1）将故障车辆及发动机相关信息填入表 4-1-2。

表 4-1-2　故障车辆信息记录

车辆型号		故障发生日期		VIN 码	
发动机型号				里程表读数	
故障现象					

（2）简述曲轴位置传感器的控制策略以及其功能失效所引发的故障现象。

（3）简述曲轴位置传感器各线束的作用。

（4）简述曲轴位置传感器的控制原理。

二、岗位轮转

依据“5+1”岗位工作制（表 4-1-3）进行分组实践练习。“5”代表机电工组内 5 个不同的岗位，包括：车内辅助作业、设备和工具技术支持、综合维修、诊断报告书写、整理工具与维修防护等；“1”为小组组长，代表维修经理对接发布任务的教师，其中个人岗位由组长按照岗位轮转制进行分配，即随着每节不同子任务的进行，每位成员轮流承担不同的岗位职责。组长分配好岗位后，将分配情况填入表 4-1-4。

表 4-1-3 “5+1”岗位职责分配

岗位名称	岗位职责
维修经理	接受维修任务，与组员协商制订维修计划，进行维修任务总结及汇报
车内辅助作业	根据维修进度协助维修技师操纵故障车辆，并实时监控故障车辆状态，将故障现象准确翔实地传达给维修技师
设备和工具技术支持	调试、检查维修设备和工具，根据维修技师的要求递送工具、配合使用维修设备、读取数据以及协助维修作业
综合维修	按照诊断方案实施维修作业，分析检测数据，查找故障点，评估故障原因，排除车辆故障，并将维修过程数据实时汇报给记录员
诊断报告书写	记录过程数据，查阅维修资料，分析故障机理，指导维修作业
整理工具与维修防护	负责作业前的工具准备、车辆维修防护，作业中的工具整理、安全防护以及作业后的工具复位

表 4-1-4 岗位轮转表

轮转岗位名称	学生姓名	备注
维修经理		
车内辅助作业		
设备和工具技术支持		
综合维修		
诊断报告书写		
整理工具与维修防护		

三、计划和决策

1. 重现故障现象

起动发动机，观察车辆尤其是发动机的运行情况，发现故障现象及故障特征，分析可能的故障原因。

2. 读取故障码和数据流

连接汽车故障诊断仪，读取故障码，操纵车辆或实训台变换工况，观察并记录不同转速随不同工况变化的动态数据流，初步锁定故障范围。

3. 用数字式万用表及二极管测试灯检测

1）测量传感器电阻

端子 2 和 3 间的电阻为 480~1 000 Ω。

2）测量屏蔽线

线束端子 1 与搭铁间的电阻应为 0 Ω。

3）测量间隙（塞尺测量）

曲轴位置传感器与信号盘凸齿间隙为 0.2~0.4 mm，信号盘应无缺损。

4. 用汽车专用示波器检测

（1）频率和幅值随转速的增大而增大。

（2）靠除去触发轮上一个齿所产生的同步脉冲，可以确定上止点的信号。

（3）波形的形状基本一致，在 0 V 电位的上下基本对称。

5. 建立故障诊断思路，制定故障检修方案

参考上述故障检修步骤，结合实际车型的特点，进行故障机理分析，根据分析结果，制定故障检修实施方案，并将其填入表 4-1-5。

表 4-1-5　小组讨论确定的实施方案和计划

<table>
<tr><td rowspan="9">实施步骤</td><td>序号</td><td colspan="2">实施内容</td><td>工具</td></tr>
<tr><td></td><td colspan="2"></td><td></td></tr>
<tr><td></td><td colspan="2"></td><td></td></tr>
<tr><td></td><td colspan="2"></td><td></td></tr>
<tr><td></td><td colspan="2"></td><td></td></tr>
<tr><td></td><td colspan="2"></td><td></td></tr>
<tr><td></td><td colspan="2"></td><td></td></tr>
<tr><td></td><td colspan="2"></td><td></td></tr>
<tr><td></td><td colspan="2"></td><td></td></tr>
<tr><td colspan="2">实施方案其他说明</td><td></td><td>组长签字</td><td></td></tr>
</table>

四、实施

（1）实施计划前准备工作（表 4-1-6）。

表 4-1-6 准备工作检验内容

<table>
<tr><td>理论资料是否齐备</td><td>是：□；否：□</td><td colspan="2">是否穿戴工装及劳动保护措施</td><td>是：□；否：□</td></tr>
<tr><td>工具是否齐全、整齐</td><td>是：□；否：□</td><td colspan="2">工作环境是否整洁</td><td>是：□；否：□</td></tr>
<tr><td colspan="2">是否熟知操作安全注意事项</td><td>是：□；否：□</td><td>组长签字</td><td></td></tr>
</table>

（2）针对故障情景，画出曲轴位置传感器控制电路图，并列举可能的故障原因。

（3）用专用工具和仪器对曲轴位置传感器各端子进行检测，将检测数据填入表 4-1-7，并得出分析结论。

表 4-1-7 曲轴位置传感器检测数据

检测项目		检测条件	标准值	测量值	结论
故障码		打开电门			
		怠速			
		急加速			
电压	供电电压	打开电门			
		怠速			
		急加速			
	信号电压	打开电门			
		怠速			
		急加速			
	接地线信号	打开电门			
		怠速			
		急加速			
信号波形图		打开电门			
		怠速			
		急加速			

五、检查与评估

考核类别	考核点	评分标准	分值	自我评价（20%）	组长评价（40%）	教师评价（40%）	得分
过程考核（30分）	操作及人身安全	出现常识性失误扣3分，手指或肢体受伤扣5分	5				
	车辆、设备是否损坏	设备损坏扣5分，车辆损坏扣5分	5				
	工具归位情况	零部件摆放凌乱扣1分，工具未归位扣1分	2				
	操作过程清洁或离场清洁情况	实训环境差扣1分，离场未清扫现场扣1分	2				
	环保意识、垃圾分类	未及时处理工作产生的废弃物扣2分	2				
	操作工具、起动车辆情况	擅自操作仪器扣2分，起动车辆时未警示他人扣2分	4				
	小组协作、沟通能力	组员闲置超时扣5分，无交流扣5分	2				
	作业过程中是否存在肢体碰撞、混乱现象	现场混乱扣5分，肢体碰撞扣5分	2				
	工作态度及规范执行能力	态度消极扣5分，不执行组长命令扣5分	4				
	良好的职业形象和精神风貌	着装怪异扣5分，嬉笑打闹扣5分	2				
工单完成效果评价（70分）	是否查阅资料，理论是否充足	没有罗列资料清单扣3分	5				
	实施计划方案书写是否认真	没有实施计划扣10分，不认真书写实施计划方案书扣3分	10				
	工单书写是否翔实，检修思路表达是否清晰、完整	工单书写不认真扣3分，检修思路不完整扣5分	10				
	工单是否有抄袭现象	工单有一处抄袭扣2分，直至扣完	15				
	工具、仪器使用是否正确	仪器使用错误扣3分	15				
	数据测量及分析是否正确	数据测量有误扣3分，分析不当扣3分	15				
合计			100				

六、拓展练习

1. 切诺基 7250EL 故障检修

1）故障现象

切诺基 7250EL，装载直列四缸、水冷、四行程多点燃油喷射式汽油发动机，排量为 2.5 L，已行驶 31.5 万 km。该车在高速行驶时突然熄火，再起动时无任何起动征兆。

2）故障诊断与排除

先测量该车的燃油压力，燃油压力应为（338±34）kPa。经测量，该车的燃油压力在规定值范围内。用汽车专用 DRB Ⅱ诊断测试仪调取故障码（还有另一种调码方式，就是在 5 s 内打开关点火开关 3 次，仪表盘上的故障指示灯开始闪烁），读取故障代码 11，当发动机运转时，未检测到分电机同步信号，也就是说动力系统 PCM 收不到曲轴位置信号。用汽车故障诊断仪的清码功能消除此故障码，起动发动机，再次进行检测，还是读出此故障码。看来此故障码为真实故障码，并与发生故障有直接关联。因为收不到曲轴位置信号，发动机 ECU 根本无法定位同步缸，也就无法确定点火和喷油，导致不能起动。该车曲轴位置传感器装在飞轮壳上。首先对发动机 ECU 的电源进行测量，电源正常。经过分析，该车的故障为曲轴位置传感器损坏和发动机 ECU 插接头不好，引起发动机 ECU 搭铁不良造成双重故障。重新加固插接头后，该车故障完全消失。

社会主义核心价值观——诚信

2. 思维拓展

数据流与故障码在故障诊断中的作用是什么？

七、任务总结

1. 学到了哪些知识

2. 掌握了哪些技能

3. 提升了哪些素质

4. 自己的不足之处及同组同学身上值得自己学习的地方有哪些

任务 2　凸轮轴位置传感器检修

知识目标

（1）掌握凸轮轴位置传感器的工作原理。

（2）掌握凸轮轴位置传感器的电压、信号波形及动态数据流的特点。

技能目标

（1）能够使用数字式万用表、汽车故障诊断仪、汽车专用示波器对凸轮轴位置信号进行诊断分析。

（2）能够描述故障排除诊断思路并排除故障。

素质目标

（1）能够严格按照维修手册的标准从事检修工作。

（2）各小组成员应主动沟通、协作，小组间友善互助，服从组长的安排。

（3）诊断时要有自己的思路，理由要充分，杜绝二次返修和过度维修。

（4）任务完成后及时清理工位和复位工具，并将垃圾分类处理，所有工作在确保安全的前提下有序进行。

工作情景描述

维修技师小王在完成任务 1 中故障车的曲轴位置传感器的诊断和检测后，发现曲轴位置传感器线束断路，处理好后再次起动，发动机正常着车，转速表可以转动，但怠速时发动机有“游车”现象。维修技师小王连接 VAS5051 诊断仪，发动机 ECU 报出“P0016 000：气缸 1 列凸轮轴位置传感器 G40/发动机转速传感器 G28 布置错误”的故障码，读取怠速状态下发动机数据流 91 组“凸轮轴调节到达极限”，于是检查该发动机正时调节机构，一切正常。再用汽车专用示波器测量凸轮轴位置传感器和凸轮轴电磁阀的波形，发现凸轮轴电磁阀信号异常，判定为凸轮轴电磁阀故障引起发动机“游车”。如果你是小王，你如何对凸轮轴位置传感器和凸轮轴电磁阀进行波形测试？如何分析该凸轮轴电磁阀引起发动机“游车”？如何用万用表对凸轮轴电磁阀进行诊断和检测？

故障机理分析

一、怠速时发动机“游车”现象原因分析

可能的故障原因如下。

（1）点火过迟。

（2）节气门关闭不严。

（3）排气管部分堵塞。

二、根据故障码分析故障产生原因

凸轮轴位置传感器向 ECU 提供确认活塞位置的信号，以此决定发动机的点火时刻和喷油顺序。发动机缺少或收不到其发出的正确位置信号，将会产生起动困难、加速无力、排放超标、怠速“游车”等现象。

三、查找故障部位，确定故障点

出现故障的可能部位如下。

（1）发动机正时故障。

（2）凸轮轴可变正时调整部分故障。

（3）凸轮轴位置传感器元件、电路或 ECU 故障。

（4）凸轮轴位置传感器靶轮故障或间隙不正常。

根据代码优先的原则，参考发动机出现的故障码，结合故障现象，首先要检查凸轮轴位置传感器及其控制电路是否出现了问题。

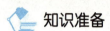

知识准备

一、凸轮轴位置传感器的作用及位置

【作用】采集配气凸轮轴的位置信号，并输入 ECU，以便 ECU 识别气缸 1 压缩上止点，从而进行顺序喷油控制、点火时刻控制和爆燃控制。

【位置】凸轮轴位置传感器一般安装在凸轮轴罩盖前端对着进排气凸轮轴前端的位置，如图 4-2-1 所示。

图 4-2-1　凸轮轴位置传感器的位置

二、凸轮轴位置传感器的结构及工作原理

【分类】目前常用的凸轮轴位置传感器有电磁感应式、霍尔式、光电式三种类型。结合实训条件，本任务以霍尔式凸轮轴位置传感器为例进行讲解。

【结构】如图 4-2-2 所示，凸轮轴位置传感器由连接器针脚、密封圈、壳体、霍尔 IC 元件等组成。

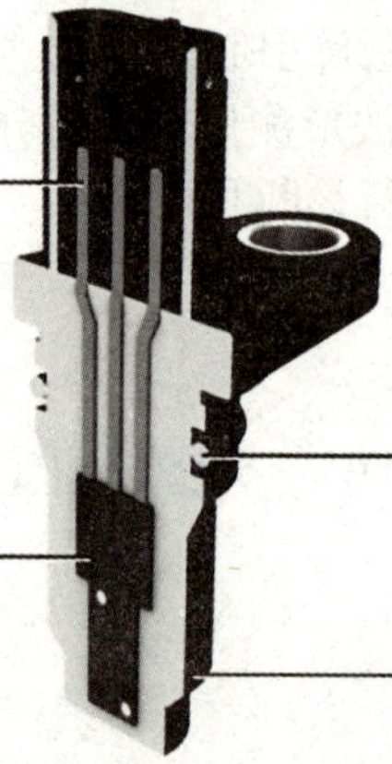

图 4-2-2　凸轮轴位置传感器的结构

【工作原理】

叶片进入气隙，磁场被旁路，霍尔电压为0 V，输出为高电平（5 V）信号；叶片离开气隙，磁场穿过霍尔元件，产生霍尔电压，输出为低电平（0.1 V）信号，发动机不停地运转，产生数字脉冲信号，信号的频率随发动机转速的增大而增大，如图4-2-3所示。

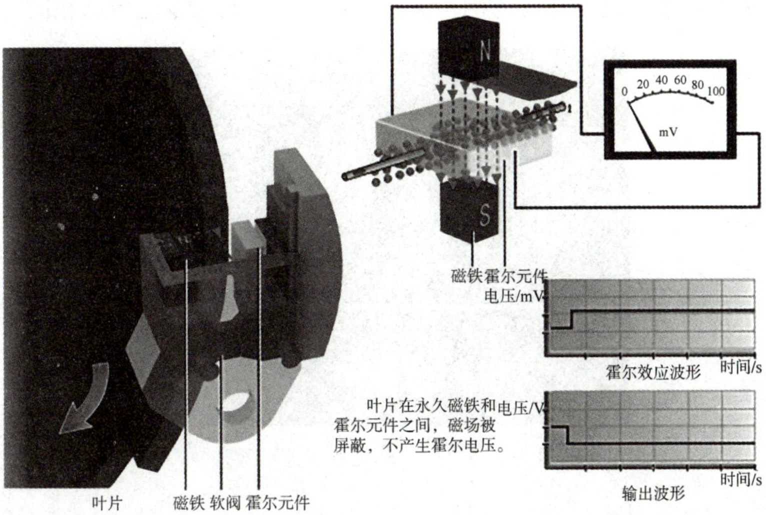

图4-2-3 凸轮轴位置传感器的工作原理

三、控制原理

1. 电路图

凸轮轴位置传感器电路图如图4-2-4所示，各针脚含义见表4-2-1。

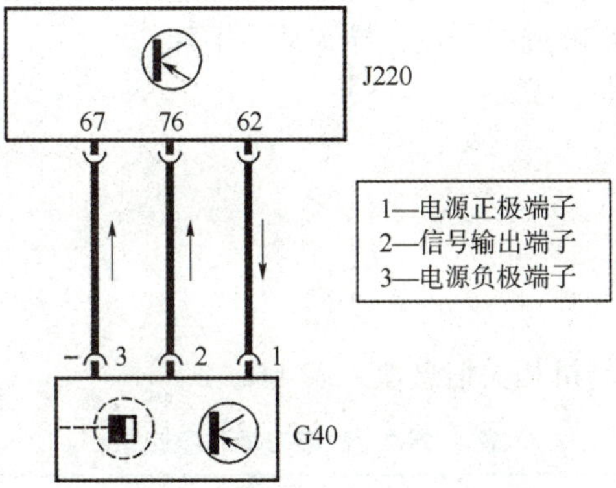

图4-2-4 凸轮轴位置传感器电路图

表4-2-1 凸轮轴位置传感器各针脚含义

针脚号	针脚含义	标准电压范围/V
1	ECU供电线	5
2	凸轮轴位置传感器信号线	0~5
3	搭铁线	0

2. 信号特征（图 4-2-5）

（1）高电平为电源电压，低电平为 0 V 的数字信号。

（2）信号频率随发动机转速的增大而升高。

（3）应与曲轴位置传感器信号有同步关系，信号波形与触发轮形状相同。

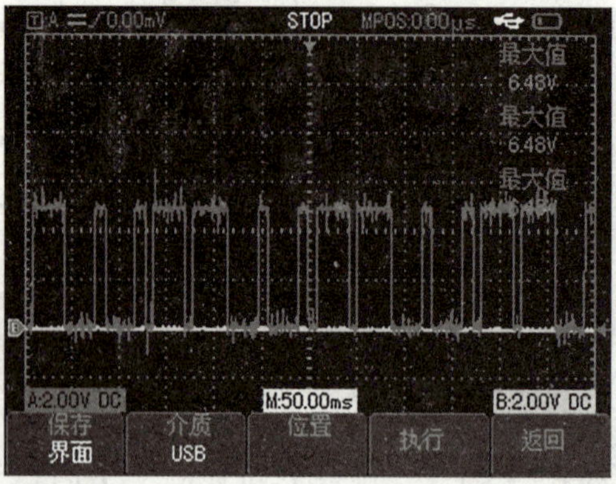

图 4-2-5　凸轮轴位置传感器波形

四、故障现象

（1）发动机起动困难或无法起动，即点火无效。这是因为凸轮轴位置传感器可以预测点火顺序，出了问题自然很难起动。

（2）发动机的燃料消耗增加。如果凸轮轴位置传感器出现故障，行车 ECU 将无法准确喷油，导致油耗增加。

（3）动力下降，发动机无力。如果凸轮轴位置传感器出现故障，行车 ECU 将检测不到凸轮轴的位置变化，进而影响进排气量，导致动力下降。

（4）发动机故障指示灯点亮。

任务实施

一、收集资讯

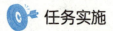

（1）将故障车辆及发动机相关信息填入表 4-2-2。

表 4-2-2　故障车辆信息记录

车辆型号		故障发生日期		VIN 码	
发动机型号				里程表读数	
故障现象					

（2）简述凸轮轴位置传感器的控制策略以及功能失效会引发的故障现象。

（3）简述凸轮轴位置传感器各线束的作用。

（4）简述凸轮轴位置传感器的控制原理。

二、岗位轮转

依据“5+1”岗位工作制（表 4-2-3）进行分组实践练习。“5”代表机电工组内 5 个不同的岗位，包括：车内辅助作业、设备和工具技术支持、综合维修、诊断报告书写、整理工具与维修防护等；“1”为小组组长，代表维修经理对接发布任务的教师，其中个人岗位由组长按照岗位轮转制进行分配，即随着每节不同子任务的进行，每位成员轮流承担不同的岗位职责。组长分配好岗位后，将分配情况填入表 4-2-4。

表 4-2-3 “5+1”岗位职责分配

岗位名称	岗位职责
维修经理	接受维修任务，与组员协商制订维修计划，进行维修任务总结及汇报
车内辅助作业	根据维修进度协助维修技师操纵故障车辆，并实时监控故障车辆状态，将故障现象准确翔实地传达给维修技师
设备和工具技术支持	调试、检查维修设备和工具，根据维修技师的要求递送工具、配合使用维修设备、读取数据以及协助维修作业
综合维修	按照诊断方案实施维修作业，分析检测数据，查找故障点，评估故障原因，排除车辆故障，并将维修过程数据实时汇报给记录员
诊断报告书写	记录过程数据，查阅维修资料，分析故障机理，指导维修作业
整理工具与维修防护	负责作业前的工具准备、车辆维修防护，作业中的工具整理、安全防护以及作业后的工具复位

表 4-2-4 岗位轮转表

轮转岗位名称	学生姓名	备注
维修经理		
车内辅助作业		
设备和工具技术支持		
综合维修		
诊断报告书写		
整理工具与维修防护		

三、计划和决策

1. 重现故障现象

起动发动机，观察车辆尤其是发动机的运行情况，发现故障现象及故障特征，分析可能的故障原因。

2. 读取故障码和数据流

连接汽车故障诊断仪，读取故障码，操纵车辆或实训台变换工况，观察并记录不同转速随不同工况变化的动态数据流，初步锁定故障范围。

3. 用数字式万用表及二极管测试灯检测

1）测量信号电压

将二极管测试灯接在连接器端子 2 和 3 之间，运行发动机，二极管测试灯应闪亮。

2）测量电源线

断开连接器，将点火开关转到“ON”位置，用数字式万用表测量连接器插头端子 1 与搭铁间的电压，电压值应为 4.7~5 V。

3）测量搭铁线

断开连接器，将点火开关转到“OFF”位置，用数字式万用表测量连接器插头端子 3 与搭铁间的电阻，应与规定一致。

4. 用汽车专用示波器检测

（1）高电平为电源电压，低电平为 0 V 的数字信号。

（2）信号频率随发动机转速的增大而升高。

（3）应与曲轴位置传感器信号有同步关系。

5. 建立故障诊断思路，制定故障检修方案

参考上述故障检修步骤，结合实际车型的特点，进行故障机理分析，根据分析结果，制定故障检修实施方案，并将其填入表 4-2-5。

表 4-2-5　小组讨论确定的实施方案和计划

实施步骤	序号	实施内容		工具
实施方案其他说明			组长签字	

四、实施

(1) 实施计划前准备工作（表 4-2-6）。

表 4-2-6　准备工作检验内容

理论资料是否齐备	是：□；否：□	是否穿戴工装及劳动保护措施		是：□；否：□
工具是否齐全、整齐	是：□；否：□	工作环境是否整洁		是：□；否：□
是否熟知操作安全注意事项		是：□；否：□	组长签字	

(2) 针对故障情景，画出凸轮轴位置传感器的控制电路图，并列举可能的故障原因。

(3) 用专用工具和仪器对凸轮轴位置传感器各端子进行检测，将检测数据填入表 4-2-7，并得出分析结论。

表 4-2-7　凸轮轴位置传感器检测数据

检测项目		检测条件	标准值	测量值	结论
故障码		打开电门			
		怠速			
		急加速			
电压	供电电压	打开电门			
		怠速			
		急加速			
	信号电压	打开电门			
		怠速			
		急加速			
	接地线信号	打开电门			
		怠速			
		急加速			
信号波形图		打开电门			
		怠速			
		急加速			

五、检查与评估

考核类别	考核点	评分标准	分值	自我评价（20%）	组长评价（40%）	教师评价（40%）	得分
过程考核（30分）	操作及人身安全	出现常识性失误扣3分，手指或肢体受伤扣5分	5				
	车辆、设备是否损坏	设备损坏扣5分，车辆损坏扣5分	5				
	工具归位情况	零部件摆放凌乱扣1分，工具未归位扣1分	2				
	操作过程清洁或离场清洁情况	实训环境差扣1分，离场未清扫现场扣1分	2				
	环保意识、垃圾分类	未及时处理工作产生的废弃物扣2分	2				
	操作工具、起动车辆情况	擅自操作仪器扣2分，起动车辆时未警示他人扣2分	4				
	小组协作、沟通能力	组员闲置超时扣5分，无交流扣5分	2				
	作业过程中是否存在肢体碰撞、混乱现象	现场混乱扣5分，肢体碰撞扣5分	2				
	工作态度及规范执行能力	态度消极扣5分，不执行组长命令扣5分	4				
	良好的职业形象和精神风貌	着装怪异扣5分，嬉笑打闹扣5分	2				
工单完成效果评价（70分）	是否查阅资料，理论是否充足	没有罗列资料清单扣3分	5				
	实施计划方案书写是否认真	没有实施计划扣10分，不认真书写实施计划方案书扣3分	10				
	工单书写是否翔实，检修思路表达是否清晰、完整	工单书写不认真扣3分，检修思路不完整扣5分	10				
	工单是否有抄袭现象	工单有一处抄袭扣2分，直至扣完	15				
	工具、仪器使用是否正确	仪器使用错误扣3分	15				
	数据测量及分析是否正确	数据测量有误扣3分，分析不当扣3分	15				
合计			100				

六、拓展练习

1. 名爵 ZS 汽车凸轮轴位置传感器故障案例

凸轮轴位置传感器是一种传感装置，也叫作同步信号传感器，它是一个气缸判别定位装置，向 ECU 输入凸轮轴位置信号，是点火控制的主控信号。凸轮轴位置传感器（Camshaft Position Sensor，CPS）又称为气缸识别传感器（Cylinder Identification Sensor，CIS），为了区别于曲轴位置传感器（CPS），凸轮轴位置传感器一般都用 CIS 表示。

名爵 ZS 汽车凸轮轴位置传感器故障原因如下。

（1）凸轮轴几乎位于发动机润滑系统的末端，因此润滑状况不容乐观。机油泵因为使用时间过长等原因出现供油压力不足，或润滑油道堵塞造成润滑油无法到达凸轮轴，或轴承盖紧固螺栓拧紧力矩过大造成润滑油无法进入凸轮轴间隙，均会造成凸轮轴的异常磨损。

（2）凸轮轴的异常磨损会导致凸轮轴与轴承座之间的间隙增大，凸轮轴运动时会发生轴向位移，从而产生异响。异常磨损还会导致驱动凸轮与液压挺杆之间的间隙增大，凸轮与液压挺杆结合时会发生撞击，从而产生异响。

（3）凸轮轴有时会出现断裂等严重故障，常见原因有液压挺杆碎裂或严重磨损、润滑不良严重、凸轮轴质量差以及凸轮轴正时齿轮破裂等。

（4）在有些情况下，凸轮轴的故障是人为原因引起的，特别是维修发动机时对凸轮轴没有进行正确的拆装，例如拆卸凸轮轴轴承盖时用锤子强力敲击或用改锥撬压、安装轴承盖时将位置装错导致轴承盖与轴承座不匹配、轴承盖紧固螺栓拧紧力矩过大等。安装轴承盖时应注意轴承盖表面上的方向箭头和位置号等标记，并严格按照规定力矩使用扭力扳手拧紧轴承盖紧固螺栓。

社会主义核心价值观——平等

2. 思维拓展

凸轮轴位置传感器还会引发什么故障现象？列举一个相关的案例。

七、任务总结

1. 学到了哪些知识

2. 掌握了哪些技能

3. 提升了哪些素质

4. 自己的不足之处及同组同学身上值得自己学习的地方有哪些

任务3　发动机爆震传感器检修

知识目标

（1）掌握发动机爆震传感器的工作原理。

（2）掌握发动机爆震传感器的检测方法。

技能目标

（1）能够使用数字式万用表、汽车故障诊断仪、汽车专用示波器对爆震信号进行诊断分析。

（2）能够描述故障排除诊断思路并排除故障。

素质目标

（1）能够严格按照维修手册的标准从事检修工作。

（2）各小组成员应主动沟通、协作，小组间友善互助，服从组长的安排。

（3）诊断时要有自己的思路，理由要充分，杜绝二次返修和过度维修。

（4）任务完成后及时清理工位和复位工具，并将垃圾分类处理，所有工作在确保安全的前提下有序进行。

工作情景描述

一辆2014款帕萨特1.8TSI的VIN码为LFV3A23C493077832，发动机型号为BYJ（6万km）。该车进厂保养，保养完成后试车时，维修技师小王用VAS5051诊断仪对发动机进行检查，发动机ECU报出“P10524：爆震传感器信号断路 静态”故障码，查看故障出现频率为“159次”，确定为真故障。如果你是小王，你如何检修该故障？为什么该故障出现后发动机无异常现象？

故障机理分析

一、有故障码但无故障现象原因分析

发动机冷却液温度在60 ℃以下时，动力正常，车辆运行良好，因为发动机温度较低时，燃烧室温度低，没有爆震现象，汽车行驶正常。ECU检测到爆震传感器损坏之后，会自动推迟点火时间，防止发动机爆震，因此发动机会处在点火推迟的工作状态，动力会减弱，但没有明显的异常现象。

二、查找故障部位，确定故障点

出现故障的可能部位如下。

（1）爆震传感器控制电路断路。

（2）爆震传感器故障。

根据代码优先的原则，参考发动机出现的故障码，结合故障现象，首先要检查爆震传感器及其控制电路是否出现了问题。

知识准备

一、爆震传感器的作用及位置

【作用】检测发动机的爆震信号，送到ECU，控制点火时刻，防止爆震，有爆震则推迟点火时刻，无爆震则提前点火时刻，使点火时刻在任何工况下都保持最佳值（爆震控制）。

【位置】安装在发动机缸体中间，如图4-3-1所示。

图4-3-1　爆震传感器的位置

二、爆震传感器的结构及工作原理

【分类】

（1）按照检测方式的不同，爆震传感器可分为共振型与非共振型两种。

（2）按照结构的不同，爆震传感器可分为压电式和磁致伸缩式两种。

结合实训条件，本任务以压电式共振型爆震传感器为例进行讲解。

【结构】爆震传感器由基座、压电陶瓷、振动板、压板、连接器、螺栓、线束、爆震传感器插头等组成，如图4-3-2所示。

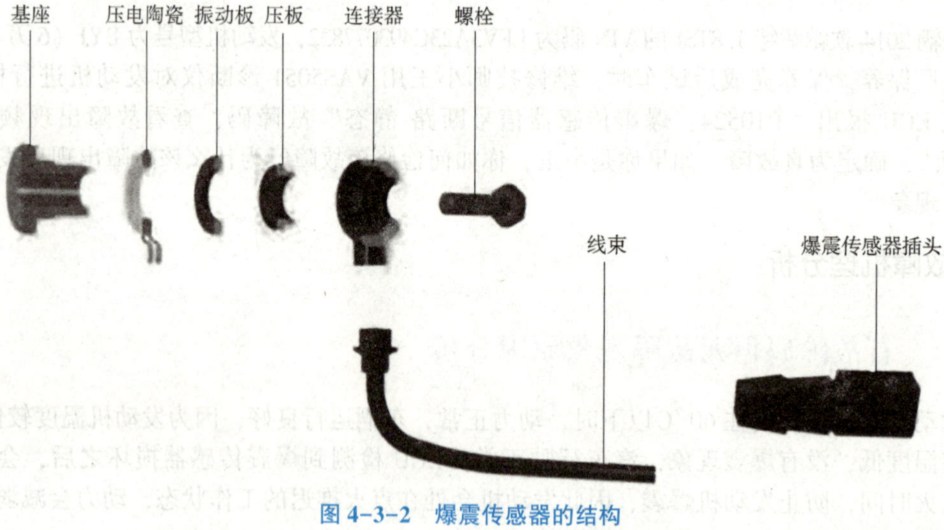

图4-3-2　爆震传感器的结构

【工作原理】

当晶体受到外力作用时，晶体两个表面产生电压，电压大小与外力大小成正比；外力撤去后，晶体不带电。

如图 4-3-3 所示，发动机工作时，振荡片随发动机的振动而振荡，波及压电元件，使其变形而产生电压信号，当发动机爆震时的振动频率与振荡片的固有频率相符时，振荡片产生共振，此时压电元件将产生最大的电压信号输送给 ECU。

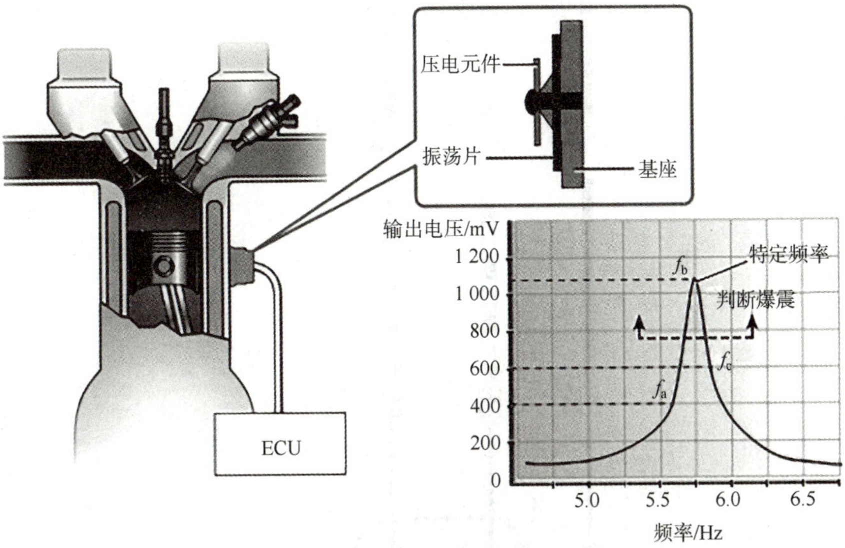

图 4-3-3　爆震传感器的工作原理

【控制策略】

在确保不爆震的前提下尽可能提前点火（图 4-3-4）。要想既保证动力性又不会产生爆震现象，那就需要对点火提前角进行动态调整，从而使发动机的运行达到和谐状态。

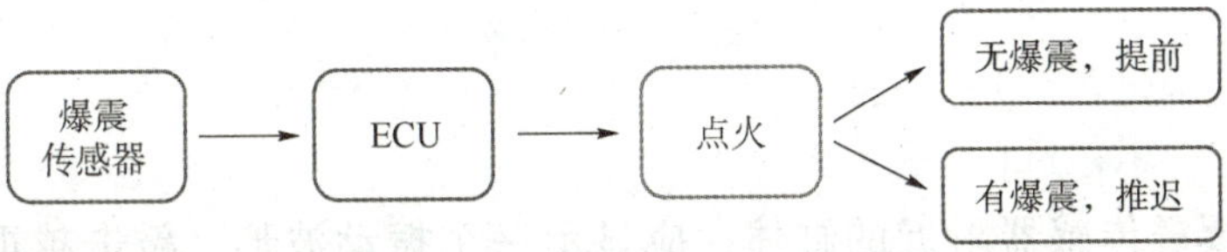

图 4-3-4　爆震传感器的控制策略

三、控制原理

1. 电路图

爆震传感器电路图如图 4-3-5 所示，各针脚含义见表 4-3-1。

表 4-3-1　爆震传感器各针脚含义

针脚号	针脚含义	标准电压范围/V
1	爆震传感器信号线	1#和 2#之间：0~5
2	爆震传感器信号线	
3	屏蔽线	0

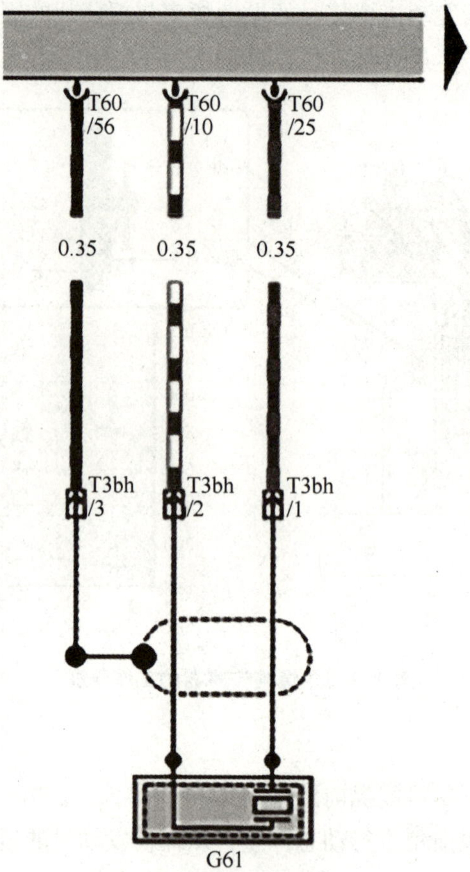

图 4-3-5　爆震传感器电路图

2. 信号特征（图 4-3-6、图 4-3-7）

用木槌敲击爆震传感器附近的缸体，应显示一个振动波形，敲击越重，振动幅度就越大。

随车检测，信号波形的峰值电压和频率随发动机负载和转速的增加而增加。

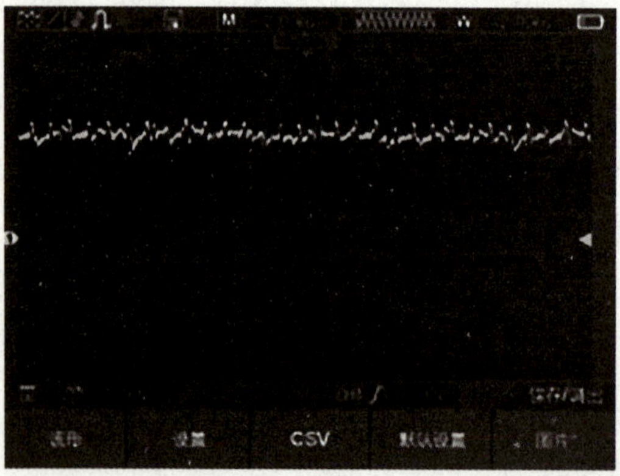

图 4-3-6　怠速波形

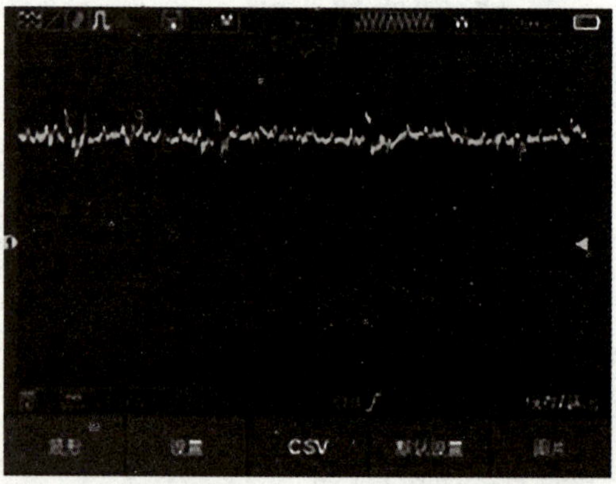

图 4-3-7　加速波形

四、故障现象

爆震传感器发生故障时，ECU 无法准确判断爆震信号，不能确定最佳点火和喷油时刻，使发动机油耗增加，动力下降。

任务实施

一、收集资讯

（1）将故障车辆及发动机相关信息填入表 4-3-2。

表 4-3-2　故障车辆信息记录

车辆型号		故障发生日期		VIN 码	
发动机型号				里程表读数	
故障现象					

（2）简述爆震传感器的控制策略以及功能失效所引发的故障现象。

（3）简述爆震传感器各线束的作用。

（4）简述爆震传感器电路控制原理。

二、岗位轮转

依据“5+1”岗位工作制（表 4-3-3）进行分组实践练习。“5”代表机电工组内 5 个不同的岗位，包括：车内辅助作业、设备和工具技术支持、综合维修、诊断报告书写、整理工具与维修防护等；“1”为小组组长，代表维修经理对接发布任务的教师，其中个人岗位由组长按照岗位轮转制进行分配，即随着每节不同子任务的进行，每位成员轮流承担不同的岗位职责。组长分配好岗位后，将分配情况填入表 4-3-4。

表 4-3-3 "5+1"岗位职责分配

岗位名称	岗位职责
维修经理	接受维修任务，与组员协商制订维修计划，进行维修任务总结及汇报
车内辅助作业	根据维修进度协助维修技师操纵故障车辆，并实时监控故障车辆状态，将故障现象准确翔实地传达给维修技师
设备和工具技术支持	调试、检查维修设备和工具，根据维修技师的要求递送工具、配合使用维修设备、读取数据以及协助维修作业
综合维修	按照诊断方案实施维修作业，分析检测数据，查找故障点，评估故障原因，排除车辆故障，并将维修过程数据实时汇报给记录员
诊断报告书写	记录过程数据，查阅维修资料，分析故障机理，指导维修作业
整理工具与维修防护	负责作业前的工具准备、车辆维修防护，作业中的工具整理、安全防护以及作业后的工具复位

表 4-3-4 岗位轮转表

轮转岗位名称	学生姓名	备注
维修经理		
车内辅助作业		
设备和工具技术支持		
综合维修		
诊断报告书写		
整理工具与维修防护		

三、计划和决策

1. 重现故障现象

起动发动机，观察车辆尤其是发动机的运行情况，发现故障现象及故障特征，分析可能的故障原因。

2. 读取故障码和数据流

连接汽车故障诊断仪，读取故障码，操纵车辆或实训台变换工况，观察并记录不同转速随不同工况变化的动态数据流，初步锁定故障范围。

3. 用汽车专用示波器检测

用木槌敲击爆震传感器附近的缸体，应显示一个振动波形，敲击越重，振动幅度就越大。

随车检测，信号波形的峰值电压和频率随发动机负载和转速的增加而增加。

爆震传感器极耐用，最常见的失效表现是不产生信号，波形显示为一条直线，这通常是因为爆震传感器被碰伤，产生物理损坏。

4. 建立故障诊断思路，制订故障检修方案

参考上述故障检修步骤，结合实际车型的特点，进行故障机理分析，根据分析结果，制订故障检修实施方案，并将其填入表 4-3-5。

表 4-3-5　小组讨论确定的实施方案和计划

<table>
<tr><td rowspan="9">实施
步骤</td><td>序号</td><td colspan="2">实施内容</td><td>工具</td></tr>
<tr><td></td><td colspan="2"></td><td></td></tr>
<tr><td></td><td colspan="2"></td><td></td></tr>
<tr><td></td><td colspan="2"></td><td></td></tr>
<tr><td></td><td colspan="2"></td><td></td></tr>
<tr><td></td><td colspan="2"></td><td></td></tr>
<tr><td></td><td colspan="2"></td><td></td></tr>
<tr><td></td><td colspan="2"></td><td></td></tr>
<tr><td></td><td colspan="2"></td><td></td></tr>
<tr><td colspan="2">实施方案其他说明</td><td></td><td>组长签字</td><td></td></tr>
</table>

四、实施

（1）实施计划前准备工作（表 4-3-6）。

表 4-3-6　准备工作检验内容

<table>
<tr><td>理论资料是否齐备</td><td>是：□；否：□</td><td colspan="2">是否穿戴工装及劳动保护措施</td><td colspan="2">是：□；否：□</td></tr>
<tr><td>工具是否齐全、整齐</td><td>是：□；否：□</td><td colspan="2">工作环境是否整洁</td><td colspan="2">是：□；否：□</td></tr>
<tr><td colspan="2">是否熟知操作安全注意事项</td><td>是：□；否：□</td><td colspan="2">组长签字</td><td></td></tr>
</table>

（2）针对故障情景，画出爆震传感器控制电路图，并列举可能的故障原因。

(3) 用专用工具和仪器对爆震传感器各端子进行检测，将检测数据填入表 4-3-7，并得出分析结论。

表 4-3-7　爆震传感器检测数据

检测项目		检测条件	标准值	测量值	结论
故障码		打开电门			
		怠速			
		急加速			
电压	供电电压	打开电门			
		怠速			
		急加速			
	信号电压	打开电门			
		怠速			
		急加速			
	接地线信号	打开电门			
		怠速			
		急加速			
信号波形图		打开电门			
		怠速			
		急加速			

五、检查与评估

考核类别	考核点	评分标准	分值	自我评价（20%）	组长评价（40%）	教师评价（40%）	得分
过程考核（30分）	操作及人身安全	出现常识性失误扣3分，手指或肢体受伤扣5分	5				
	车辆、设备是否损坏	设备损坏扣5分，车辆损坏扣5分	5				
	工具归位情况	零部件摆放凌乱扣1分，工具未归位扣1分	2				
	操作过程清洁或离场清洁情况	实训环境差扣1分，离场未清扫现场扣1分	2				
	环保意识、垃圾分类	未及时处理工作产生的废弃物扣2分	2				
	操作工具、起动车辆情况	擅自操作仪器扣2分，起动车辆时未警示他人扣2分	4				
	小组协作、沟通能力	组员闲置超时扣5分，无交流扣5分	2				
	作业过程中是否存在肢体碰撞、混乱现象	现场混乱扣5分，肢体碰撞扣5分	2				
	工作态度及规范执行能力	态度消极扣5分，不执行组长命令扣5分	4				
	良好的职业形象和精神风貌	着装怪异扣5分，嬉笑打闹扣5分	2				
工单完成效果评价（70分）	是否查阅资料，理论是否充足	没有罗列资料清单扣3分	5				
	实施计划方案书写是否认真	没有实施计划扣10分，不认真书写实施计划方案书扣3分	10				
	工单书写是否翔实，检修思路表达是否清晰、完整	工单书写不认真扣3分，检修思路不完整扣5分	10				
	工单是否有抄袭现象	工单有一处抄袭扣2分，直至扣完	15				
	工具、仪器使用是否正确	仪器使用错误扣3分	15				
	数据测量及分析是否正确	数据测量有误扣3分，分析不当扣3分	15				
合计			100				

六、拓展练习

1. 爆震传感器故障分析

（1）故障现象。排气故障指示灯报警，报爆震传感器信号过大。故障频率计数为28次。

（2）爆震传感器的工作原理。爆震传感器是交流信号发生器，但它与其他大多数汽车交流信号发生器大不相同，除了像磁电式曲轴和凸轮轴位置传感器一样探测转轴的速度和位置，它也探测振动或机械压力。与定子和磁阻器不同，它通常是压电装置。

爆震传感器能感知机械压力或振动的特殊材料构成（例如发动机产生爆震时能产生交流电压）。点火过早、排气再循环不良、低标号燃油等原因引起的发动机爆震会造成发动机损坏。爆震传感器向ECU提供爆震信号（有的通过PCM），使ECU能重新调整点火正时以阻止进一步爆震。它实际上充当了点火正时反馈控制循环的“氧传感器”角色。爆震传感器安放在发动机体或气缸的不同位置。当发生振动或敲缸时，爆震传感器产生一个小电压峰值，敲缸或振动越大，爆震传感器产生的主峰值就越大。

爆震传感器通常设计成测量5~15 kHz范围的频率。当ECU接收到这些频率时，ECU重新修正点火正时，以阻止继续爆震。爆震传感器通常十分耐用，只会因本身失效而损坏。发动机爆震时产生压力波，其频率为1~10 kHz。压力波传给缸体，使其金属质点产生振动加速度。加速度计爆震传感器就是通过测量缸体表面的震动加速度来检测爆震压力的强弱。点火时间过早是产生爆震的一个主要原因。由于要求发动机能产生最大功率，为了不损失发动机功率而又不产生爆震，安装爆震传感器，使ECU自动调节点火时间。

（3）故障诊断过程。根据查询该车的维修历史和与客户沟通，了解该车故障指示灯报警维修历史记录。车辆行驶1万km时排气故障指示灯报警，报爆震传感器信号过大，行驶无异常，清洗油路燃烧室故障码清除后，行驶一段时间排气故障指示灯又报警。该车在其他4S店更换过爆震传感器，更换完行驶几个月后，排气故障指示灯再次报警。客户到购车的4S店进行维修，4S店对发动机系统进行全面检查，读取故障码为爆震传感器1过大信号。

（4）根据故障码分析可能原因。

①爆震传感器故障。

②爆震传感器力矩值不正确（20 N·m）。

③缸内积碳。

④汽油油品问题。

⑤发动机线束及电路故障。

⑥发动机ECU故障。

⑦发动机内部机械故障。

使用ECU读取爆震传感器电压，发现信号确实存在，各个缸电压不在正确范围内，必须每缸电压相差不大。

查询电路图G61传感器1号脚到J623发动机ECU T60/10、2号脚到T60/25、T60/8抗干扰屏蔽线，检查未发现异常。

逐步排除汽油、火花塞、爆震传感器、点火线圈、喷油嘴、积碳、发动机线束及发动机ECU等外部因素，爆震数据还是存在异常。尝试拔掉爆震传感器插头清除故障码，试车30 km排除故障指示灯报警，报爆震传感器信号过小，如图4-3-8所示，这说明爆震传感器确实收到异常数据。检测每缸缸压为 9.0 bar①、9.2 bar、9.3 bar、9.1 bar，在正常范围内。建议客户拆解发动机进一步检查，客户由于需要暂时使用车辆，说过段时间再来。客户使用车辆两周后来拆解发动机，在拆解过程中发现，2 缸和 3 缸各有一个进气门导管严重松旷，节气门和缸内积碳严重。

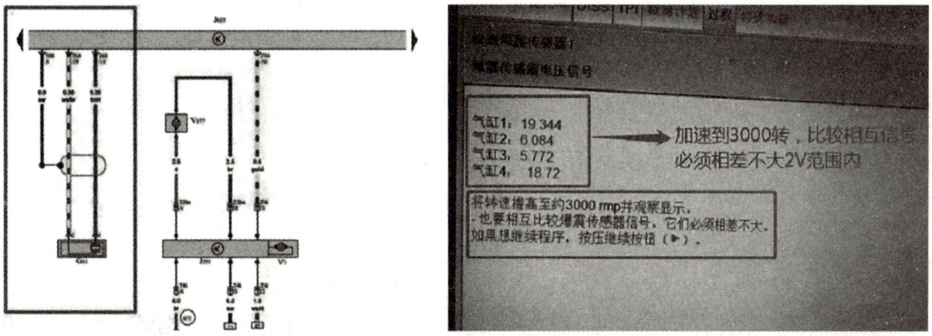

图 4-3-8 爆震传感器数据流

（5）故障原因分析。2 缸和 3 缸各有一个进气门导管严重松旷，导致进气门工作面密封不良，有时机油窜入燃烧室，使发动机工况不稳定，工作长时间会产生大量机油燃烧积碳，进气量发生变化从而导致爆震异常。更换发动机后故障排除。

（6）案例点评及建议。对于此类故障，应该了解相关传感器的工作原理，传感器只是显示监测到的实际情况，应充分使用数据流和相关专用工具来分析和排除故障，分析问题时需要将问题进一步延伸。

社会主义核心价值观——和谐

2. 思维拓展

结合案例，说明爆震与压缩比的关系。

七、任务总结

1. 学到了哪些知识

2. 掌握了哪些技能

3. 提升了哪些素质

4. 自己的不足之处及同组同学身上值得自己学习的地方有哪些

① 1 bar = 1 kPa。

任务 4　点火模块检修

知识目标

（1）掌握点火系统的结构及工作原理。

（2）掌握单缸点火模块的工作原理及电路控制原理、电压信号波形的特点。

技能目标

（1）能够使用数字式万用表、解码仪、汽车专用示波器对单缸点火模块信号进行诊断分析。

（2）能够描述故障排除诊断思路并排除故障。

素质目标

（1）能够严格按照维修手册的标准从事检修工作。

（2）各小组成员应主动沟通、协作，小组间友善互助，服从组长的安排。

（3）诊断时要有自己的思路，理由要充分，杜绝二次返修和过度维修。

（4）任务完成后，及时清理工位和复位工具，并将垃圾分类处理，所有工作在确保安全的前提下有序进行。

工作情景描述

一辆 2014 款帕萨特 1. 8TSI（2 万 km）的 VIN 码为 LFV3A23C493035672。该车加速无力且车速较低时，挂 2、3 挡行驶有明显的前后窜动现象；原地空负荷加速时发动机抖动、转速不稳。故障分析：此类现象多属于点火系统故障导致发动机工作不正常，因此对点火系统进行初步检测。首先利用汽车故障诊断仪对该车进行自诊断，读到故障代码为 16684 和 16685。如果你是维修技师，分析为什么会出现发动机加速无力并伴随发动机抖动、转速不稳现象。如何对该车点火模块进行检修？

故障机理分析

一、发动机加速无力、抖动及转速不稳原因分析

可能的故障原因如下。

（1）空燃比不当。

（2）气缸密封性能变差。

（3）点火性能变差。

二、根据故障码分析故障产生原因

代码 16684 的含义是发动机控制系统识别出燃烧中断；16685 的含义是发动机控制系统识

别出 1 缸燃烧中断。进入 08（读取测量数据块）功能，查看第 14、15、16 显示组，查看各缸点火中断数据，其中 1 缸显示点火中断 100 多次，从而说明可能是 1 缸的点火线圈发生故障。

三、查找故障部位，确定故障点

当出现燃烧中断的故障代码后，其故障原因可能是某缸喷油器故障，也可能是某缸点火系统故障，如火花塞或点火线圈。对于新车，火花塞和喷油器出现故障的可能性不大。为了进一步判断，将 1 缸点火线圈和 3 缸点火线圈互换，再用仪器进行检查，看故障码是否改变。将点火线圈互换后起动汽车，发动机依然加速无力，但在怠速状态下发动机 ECU 没有故障码存储，查看各缸点火中断数据也为 0。在低速时挂高挡加速该车，3 缸显示中断次数为 100 多次，说明最初的判断正确，即 1 缸点火线圈有问题，导致该车出现加速无力、发动机抖动现象。

根据代码优先的原则，参考发动机出现的故障码，结合故障现象，首先要检查点火模块及其控制电路是否出现了问题。

知识准备

一、点火系统的作用

【作用】将汽车电源提供的低压电转变为高压电，并按照发动机各缸的点火顺序和点火时刻的要求，适时准确地将高压电送至各缸的火花塞，使火花塞跳火，点燃气缸内的可燃混合气，如图 4-4-1 所示。

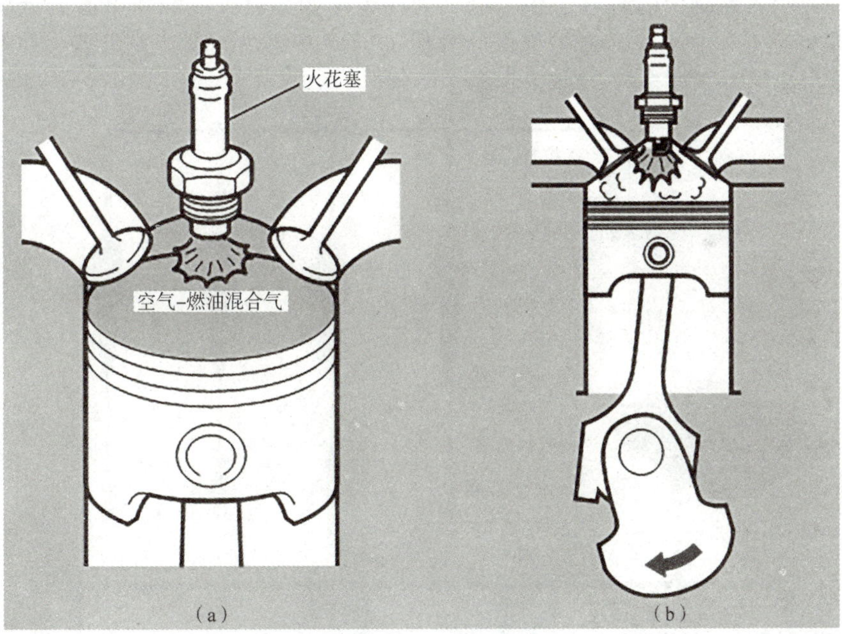

图 4-4-1　点火系统的作用

二、点火系统的结构及工作原理

【结构】由发动机 ECU、点火模块、火花塞、曲轴位置传感器、凸轮轴位置传感器、爆震传感器等组成，如图 4-4-2 所示。

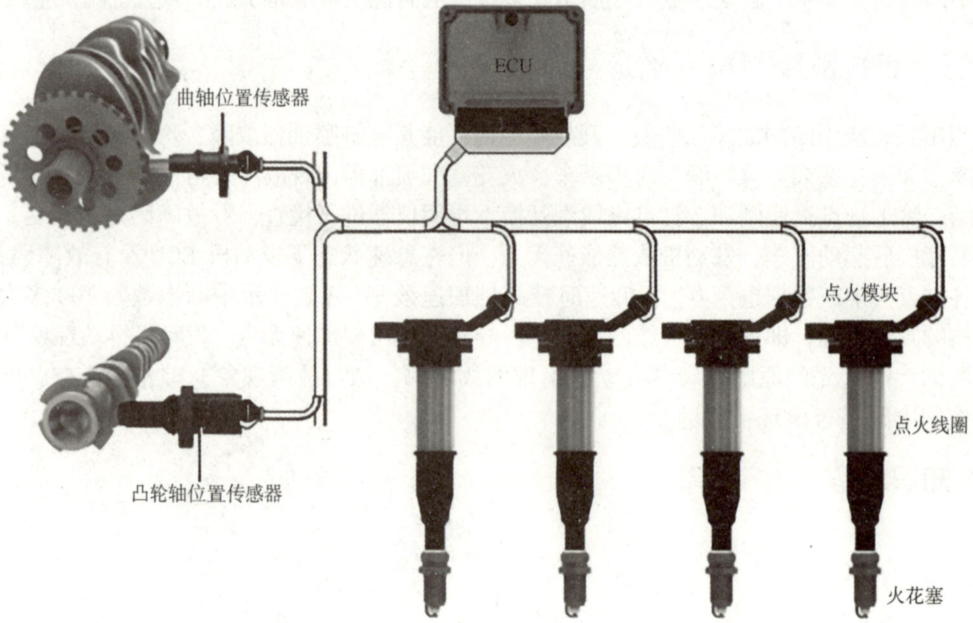

图 4-4-2　点火系统的结构

【工作原理】

ECU 控制点火系统，以蓄电池和发电机为初始电源，点火线圈将电源的低压电转变为高压电，再由 ECU 根据各个传感器提供的数据进行计算处理，ECU 发出点火控制信号，控制点火时刻，点燃可燃混合气，如图 4-4-3 所示。

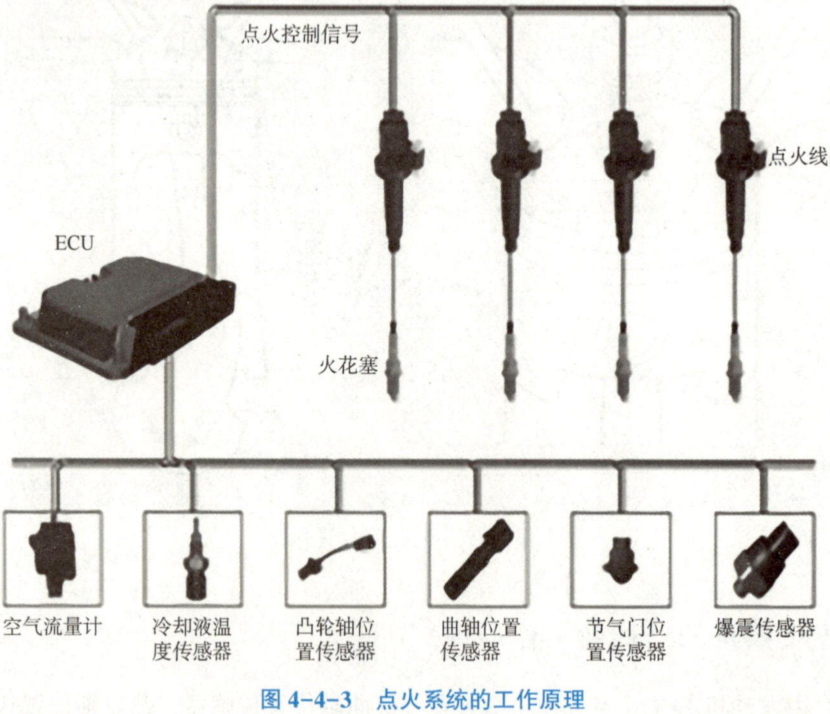

图 4-4-3　点火系统的工作原理

三、点火模块

【位置】气缸盖顶部中间，如图 4-4-4 所示。

图 4-4-4　点火模块的位置

【结构】由连接器、点火模块、密封圈、铁芯、壳体、连接弹簧、初级线圈、次级线圈等组成，如图 4-4-5 所示。

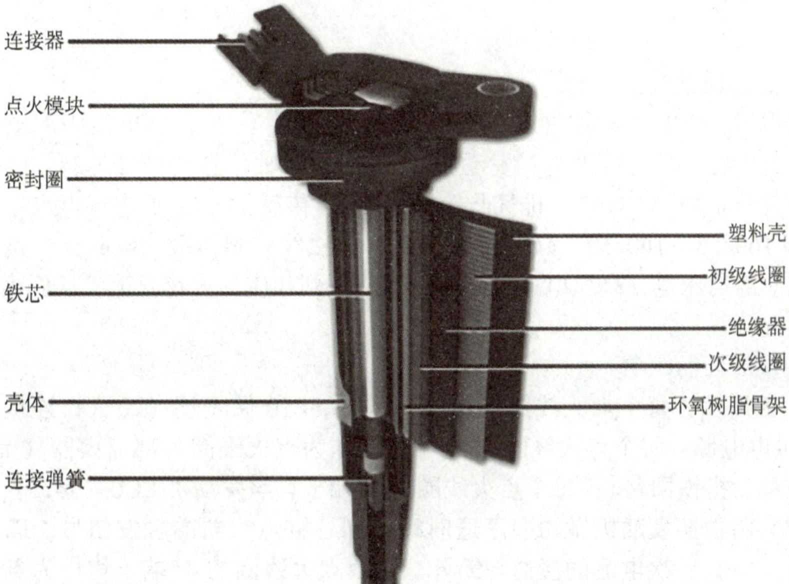

图 4-4-5　点火模块的结构

【工作原理】每个气缸独立使用一个点火模块，当点火控制器三极管导通时，初级电流流过初级线圈产生磁场。当点火控制器三极管截止时，磁场迅速消失，在次级线圈产生感应电动势，产生的高压电直接送至火花塞，击穿火花塞间隙，点燃可燃混合气，如图 4-4-6 所示。

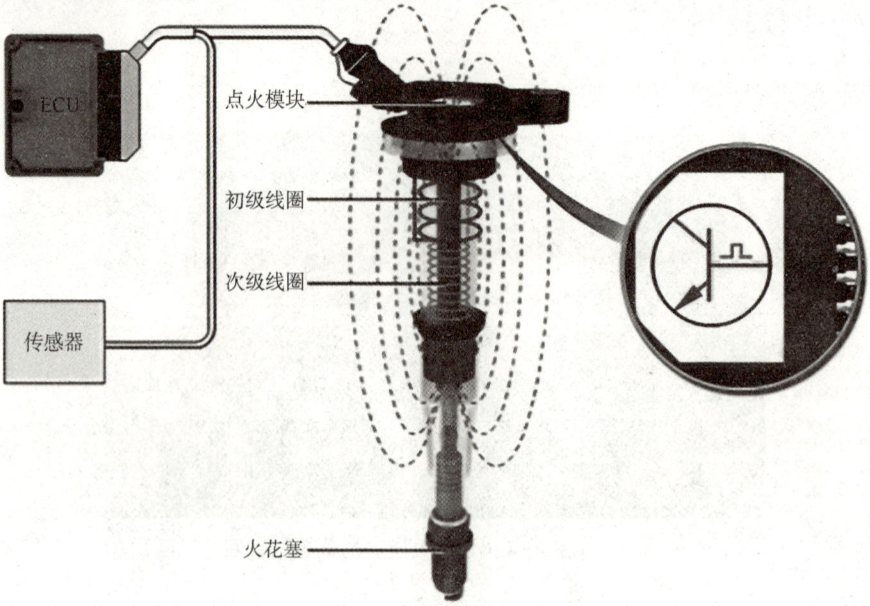

图 4-4-6　点火模块的工作原理

四、控制原理

1. 点火系统的控制逻辑

驾驶员点火后，ECU 控制主继电器 J271 吸合（图 4-4-7），蓄电池中的电流通过保险 SB9 对点火系统初级线圈进行供电，发动机 ECU 通过曲轴位置传感器 G28、凸轮轴位置传感器 G40（进气凸轮轴）、G163（排气凸轮轴）、爆震传感器 G61 等进行点火正时，发动机 ECU 通过针脚 T60/53、T60/52、T60/38、T60/37 连接线控制初级线圈断开，这样在次级线圈中感应出相应的高压电，高压电通过高压线圈输送到相应的火花塞上，从而火花塞产生电火花点燃可燃混合气。

2. 点火模块的控制逻辑

如图 4-4-8 所示，每个点火线圈的 1#端子均与 SB10 保险丝（20 A）连接，作为点火线圈的 15 V 供电电源；每个点火线圈的 2#端子均作为点火线圈内部点火器（晶体三极管）的接地线（或称为搭铁回路）；每个点火线圈的 3#端子均与发动机 ECU（J623）连接，发动机 ECU（J623）将按照发动机做功顺序适时地控制各缸点火器的触发信号，以此控制点火线圈初级线圈（L1）一次电流的接通与断开。每个点火线圈的 4#端子均作为点火线圈次级线圈（L2）的接地（即搭铁回路）。而点火线圈次级线圈与 4#端子之间串联的二极管，则是为了防止点火线圈初级线圈在通电的瞬间，次级线圈与初级线圈因形成电磁互感应而产生交流振幅波。次级线圈产生的正向上千伏高电压会造成误点火，但此时的高电压不是点火所需要的，长期误点火务必对火花塞的使用寿命有影响。因此，在次级线圈搭铁回路中串联二极管，通过二极管形成续流通过气缸盖搭铁点释放。

点火模块各针脚含义见表 4-4-1，1#端子电压 12 V 为供电电压；起动发动机时，J623 根据传感器信号控制 3#端子与其导通或断开，形成信号电压，次级线圈由于互感产生瞬时高电压，火花塞点燃可燃混合气。

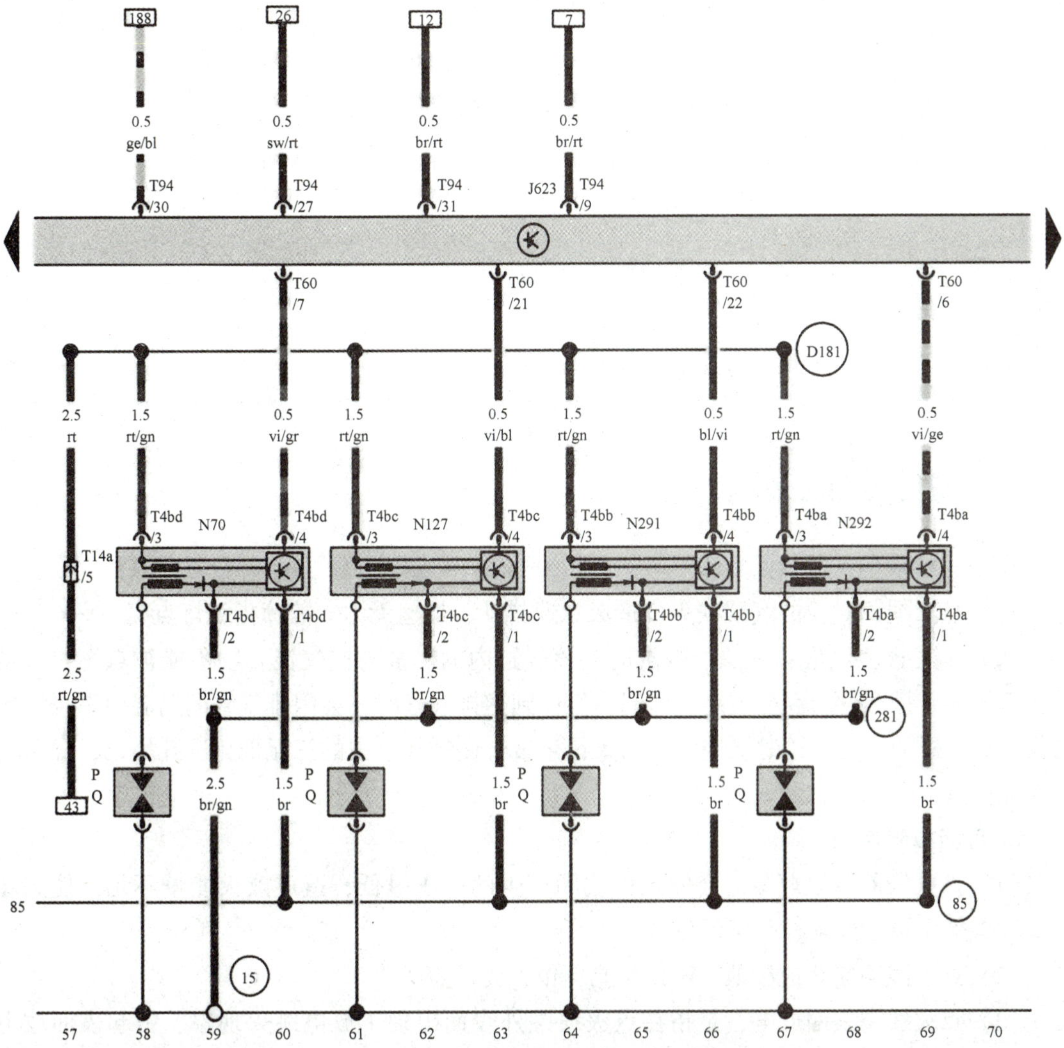

图 4-4-7　迈腾汽车点火系统电路图

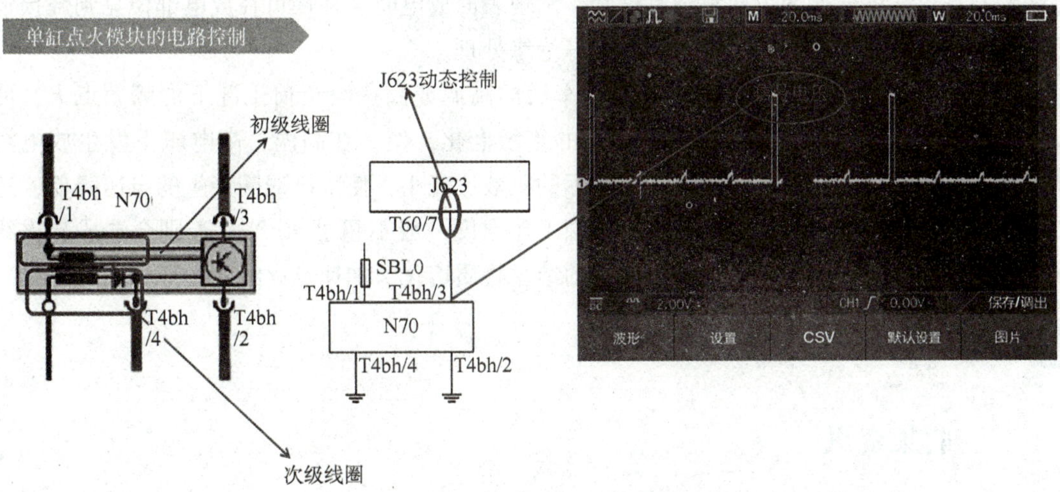

图 4-4-8　点火模块电路控制

点火信号波形为典型的方波，属于脉宽调制信号，随着发动机转速的变化，其幅值不变，频率随转速的增加而增加。

表 4-4-1　点火模块各针脚含义

针脚号	针脚含义	标准电压范围/V
1	点火线圈供电线	12
2	点火线圈搭铁线	0
3	点火输出信号线	0~5
4	次级线圈搭铁线	0

五、故障现象及原因

1. 点火模块的常见故障现象

（1）点火线圈对应的气缸缺火，造成怠速抖动、加速无力、故障指示灯点亮。

（2）排气管“放炮”现象。缺缸时，该气缸内的燃油与空气混合物不能被点燃，会从排气管排出，排气管的温度很高，当混合气体到达排气管时，会因排气管的高温而燃烧，发出像放炮一样的声音，这时燃烧产生的大量热量会使排气管中的三元催化气孔堵塞，导致三元催化失效。

2. 可能故障原因

（1）点火线圈绕组短路，会使点火线圈产生的电压过低，造成点火能量不足，使火花塞电极黑得太快（经常被积碳污染）。

（2）点火线圈断路或接地，不产生高压电，无法点火。

（3）点火线圈表面放电，是指在点火线圈外表面出现了放电跳火现象。引起表面放电的主要原因是表面有污物和严重受潮。表面放电常发生在高压引出螺钉附近，因此在高压引出螺钉与高压线的连接部位通常装有护套。出现表面放电时，往往可在放电部位见到烧损痕迹。当烧损较轻微时，可清除烧损物并做好绝缘处理。

（4）点火线圈绝缘老化。其原因是热车后的高温或高速大负荷工况下的频繁点火，使点火线圈温度迅速升高。而点火线圈自身的绝缘老化，使其在高温、高电压下发生放电短路，导致点火线圈初级线圈和次级线圈实际的匝数比变小，使次级线圈产生的电压降低，造成突然熄火、车速上不去的故障。点火线圈工作温度一般不超过 80 ℃，否则会造成点火线圈过热。点火线圈过热会使点火线圈内部的绝缘物质熔化，加速点火线圈损坏。

任务实施

一、收集资讯

（1）将故障车辆及发动机相关信息填入表 4-4-2。

表 4-4-2　故障车辆信息记录

车辆型号		故障发生日期		VIN 码	
发动机型号				里程表读数	
故障现象					

（2）简述点火模块的控制策略以及其功能失效所引发的故障现象。

（3）简述点火模块各线束的作用。

（4）简述点火电路的控制逻辑。

二、岗位轮转

依据“5+1”岗位工作制（表 4-4-3）进行分组实践练习。“5”代表机电工组内 5 个不同的岗位，包括：车内辅助作业、设备和工具技术支持、综合维修、诊断报告书写、整理工具与维修防护等；“1”为小组组长，代表维修经理对接发布任务的教师，其中个人岗位由组长按照岗位轮转制进行分配，即随着每节不同子任务的进行，每位成员轮流承担不同的岗位职责。组长分配好岗位后，将分配情况填入表 4-4-4。

表 4-4-3　“5+1”岗位职责分配

岗位名称	岗位职责
维修经理	接受维修任务，与组员协商制订维修计划，进行维修任务总结及汇报
车内辅助作业	根据维修进度协助维修技师操纵故障车辆，并实时监控故障车辆状态，将故障现象准确翔实地传达给维修技师
设备和工具技术支持	调试、检查维修设备和工具，根据维修技师的要求递送工具、配合使用维修设备、读取数据以及协助维修作业
综合维修	按照诊断方案实施维修作业，分析检测数据，查找故障点，评估故障原因，排除车辆故障，并将维修过程数据实时汇报给记录员
诊断报告书写	记录过程数据，查阅维修资料，分析故障机理，指导维修作业
整理工具与维修防护	负责作业前的工具准备、车辆维修防护，作业中的工具整理、安全防护以及作业后的工具复位

表 4-4-4 岗位轮转表

轮转岗位名称	学生姓名	备注
维修经理		
车内辅助作业		
设备和工具技术支持		
综合维修		
诊断报告书写		
整理工具与维修防护		

三、计划和决策

1. 重现故障现象

起动发动机，观察车辆尤其是发动机的运行情况，发现故障现象及故障特征，分析可能的故障原因。

2. 读取故障码和数据流

连接汽车故障诊断仪，读取故障码，操纵车辆或实训台变换工况，观察并记录进气量随不同工况变化的动态数据流，初步锁定故障范围。

3. 用数字式万用表及二极管测试灯检测

（1）用数字式万用表及二极管测试灯检测点火线圈供电电路。

在发动机熄火状态下，拔下每个点火线圈的 4 芯连接器。将点火开关转到“IG”位置，用数字式万用表可以在每个点火线圈 1#端子与 2#端子之间测得 12 V 左右的电压；在 1#端子与 4#端子之间也能够测得 12 V 左右的电压。

（2）在实际测量中，1#与 2#端子之间测得的电压约为 11. 86 V（因蓄电池电压而异）；1#与 4#端子之间测得的电压约为 11. 86 V（因蓄电池电压而异）；1#与 3#端子之间测得的电压约为 6. 58 V，但 3#端子对地电压用数字式万用表是测不到的。只有在发动机起动后，保持怠速运行，才可以测得每个点火线圈的 3#端子对地电压为 0. 2～0. 35 V（不停交变）。如将点火线圈 3#与 4#端子之间并联一个二极管测试灯，在发动机起动状态下，二极管测试灯应该不停地闪烁，否则说明发动机电控系统有故障。

4. 用仪器检测点火系统

当点火线圈及其电路存在故障时，可以通过汽车故障诊断仪或汽车专用示波器进行检测。利用汽车故障诊断仪可以进入 01 发动机系统调取到相应的故障码及数据流，而利用汽车专用示波器可以测得相应的故障波形。

5. 建立故障诊断思路，制订故障检修方案

参考上述故障检修步骤，结合实际车型的特点，进行故障机理分析，根据分析结果，制订故障检修实施方案，并将其填入表 4-4-5。

表 4-4-5 小组讨论确定的实施方案和计划

<table>
<tr><td rowspan="10">实施步骤</td><td>序号</td><td colspan="2">实施内容</td><td colspan="2">工具</td></tr>
<tr><td></td><td colspan="2"></td><td colspan="2"></td></tr>
<tr><td></td><td colspan="2"></td><td colspan="2"></td></tr>
<tr><td></td><td colspan="2"></td><td colspan="2"></td></tr>
<tr><td></td><td colspan="2"></td><td colspan="2"></td></tr>
<tr><td></td><td colspan="2"></td><td colspan="2"></td></tr>
<tr><td></td><td colspan="2"></td><td colspan="2"></td></tr>
<tr><td></td><td colspan="2"></td><td colspan="2"></td></tr>
<tr><td></td><td colspan="2"></td><td colspan="2"></td></tr>
<tr><td></td><td colspan="2"></td><td colspan="2"></td></tr>
<tr><td colspan="2">实施方案其他说明</td><td></td><td>组长签字</td><td colspan="2"></td></tr>
</table>

四、实施

（1）实施计划前准备工作（表 4-4-6）。

表 4-4-6 准备工作检验内容

<table>
<tr><td>理论资料是否齐备</td><td>是：□；否：□</td><td colspan="2">是否穿戴工装及劳动保护措施</td><td colspan="2">是：□；否：□</td></tr>
<tr><td>工具是否齐全、整齐</td><td>是：□；否：□</td><td colspan="2">工作环境是否整洁</td><td colspan="2">是：□；否：□</td></tr>
<tr><td colspan="2">是否熟知操作安全注意事项</td><td>是：□；否：□</td><td colspan="2">组长签字</td><td></td></tr>
</table>

（2）针对故障情景，画出点火模块控制电路图，并列举可能的故障原因。

（3）用专用工具和仪器对点火模块各端子进行检测，将检测数据填入表 4-4-7，并得出分析结论。

表 4-4-7　点火模块检测数据

检测项目		检测条件	标准值	测量值	结论
故障码		打开电门			
		怠速			
		急加速			
数据流	点火提前角	怠速			
		急加速			
电压	供电电压	打开电门			
		怠速			
		急加速			
	信号电压	打开电门			
		怠速			
		急加速			
	接地线信号	打开电门			
		怠速			
		急加速			
信号波形图		打开电门			
		怠速			
		急加速			

五、检查与评估

考核类别	考核点	评分标准	分值	自我评价（20%）	组长评价（40%）	教师评价（40%）	得分
过程考核（30分）	操作及人身安全	出现常识性失误扣3分，手指或肢体受伤扣5分	5				
	车辆、设备是否损坏	设备损坏扣5分，车辆损坏扣5分	5				
	工具归位情况	零部件摆放凌乱扣1分，工具未归位扣1分	2				
	操作过程清洁或离场清洁情况	实训环境差扣1分，离场未清扫现场扣1分	2				
	环保意识、垃圾分类	未及时处理工作产生的废弃物扣2分	2				
	操作工具、起动车辆情况	擅自操作仪器扣2分，起动车辆时未警示他人扣2分	4				
	小组协作、沟通能力	组员闲置超时扣5分，无交流扣5分	2				
	作业过程中是否存在肢体碰撞、混乱现象	现场混乱扣5分，肢体碰撞扣5分	2				
	工作态度及规范执行能力	态度消极扣5分，不执行组长命令扣5分	4				
	良好的职业形象和精神风貌	着装怪异扣5分，嬉笑打闹扣5分	2				
工单完成效果评价（70分）	是否查阅资料，理论是否充足	没有罗列资料清单扣3分	5				
	实施计划方案书写是否认真	没有实施计划扣10分，不认真书写实施计划方案书扣3分	10				
	工单书写是否翔实，检修思路表达是否清晰、完整	工单书写不认真扣3分，检修思路不完整扣5分	10				
	工单是否有抄袭现象	工单有一处抄袭扣2分，直至扣完	15				
	工具、仪器使用是否正确	仪器使用错误扣3分	15				
	数据测量及分析是否正确	数据测量有误扣3分，分析不当扣3分	15				
合计			100				

六、拓展练习

1. 点火模块故障检修案例

（1）故障现象。车型为宝马 E60，配置 N52 发动机，行驶里程为 9 万 km。客户反映车辆发动机抖动。维修技师接车后试车，确认车辆发动机怠速抖动。打开空调，挂挡并将转向盘打到底，车辆热车后可以感受到发动机间歇性抖动。

（2）故障诊断。使用宝马原厂诊断系统 ISTA 读取故障码，DME 存有“2A87 DME 排气 VANOS，机械机构”等故障码，如图 4-4-9 所示。

设码编号	描述
2A87	DME 排气 VANOS，机械机构
93CA	KGM 不能与前乘客侧外后视镜进行 LIN 通信
93BD	KGM 伺服转向助力系统：速度无效
9CC5	LM LIN 信息 (RLS) 缺失
A8AF	LM 右侧前雾灯损坏；RR02：右侧组合前灯切换装置损坏
A8AE	LM 左侧前雾灯损坏；RR02：左侧组合前灯切换装置损坏
9E34	PDC 右后超声波传感器导线
9E36	PDC 右后中部超声波传感器导线
9E38	PDC 右前超声波传感器导线
9E3A	PDC 右前中部超声波传感器导线
9E33	PDC 左后超声波传感器导线
9E35	PDC 左后中部超声波传感器导线
9E37	PDC 左前超声波传感器导线
9E39	PDC 左前中部超声波传感器导线
9FF3	SZM 左键盘上的 LIN 按钮卡住

图 4-4-9　故障码列表

查看怠速时凸轮轴位置，进气凸轮轴位置为 85°，排气凸轮轴位置为-115°，符合标准。删除故障码，重新读故障码，没有再次存储凸轮轴故障，但是发动机抖动还是存在，说明发动机抖动和凸轮轴故障码不相干。客户只要处理发动机抖动，所以忽略凸轮轴故障。

图 4-4-10　火花塞间隙过大

拆下火花塞检查，发现火花塞电极已经烧平，火花塞间隙很大，如图 4-4-10 所示。

查询该车的维修历史，该车已行驶 9 万 km，但从来都没有更换过火花塞。维修技师建议客户更换火花塞，经客户同意后更换一组新火花塞，但试车时故障依然存在。检查汽油低压压力为 500 kPa，正常；检查汽油品质，正常；检查曲轴箱通风阀，正常。

发动机间歇抖动的原因怀疑是发动机燃烧不良，应检查点火线圈初级线圈波形。测量点火线圈次级线圈波形需要千伏夹钳，还需要高压线转换器。

现在发动机的每个气缸都有独立点火线圈，测量点火线圈次级线圈波形困难很大。点火线圈一般由发动机 ECU 负极控制——继电器给点火线圈供电，发动机 ECU 控制点火线圈负极接地，因此测量点火波形时可以直接测量点火线圈初级线圈波形。这样可以判断发动机 ECU 控制点火线圈是否正常。通过点火线圈次级、初级线圈互感可以看出火花塞点火电压、燃烧电压、点火线圈灭弧振荡等信息。在宝马检测系统中调出发动机点火线圈电路图，如图 4-4-11 所示。

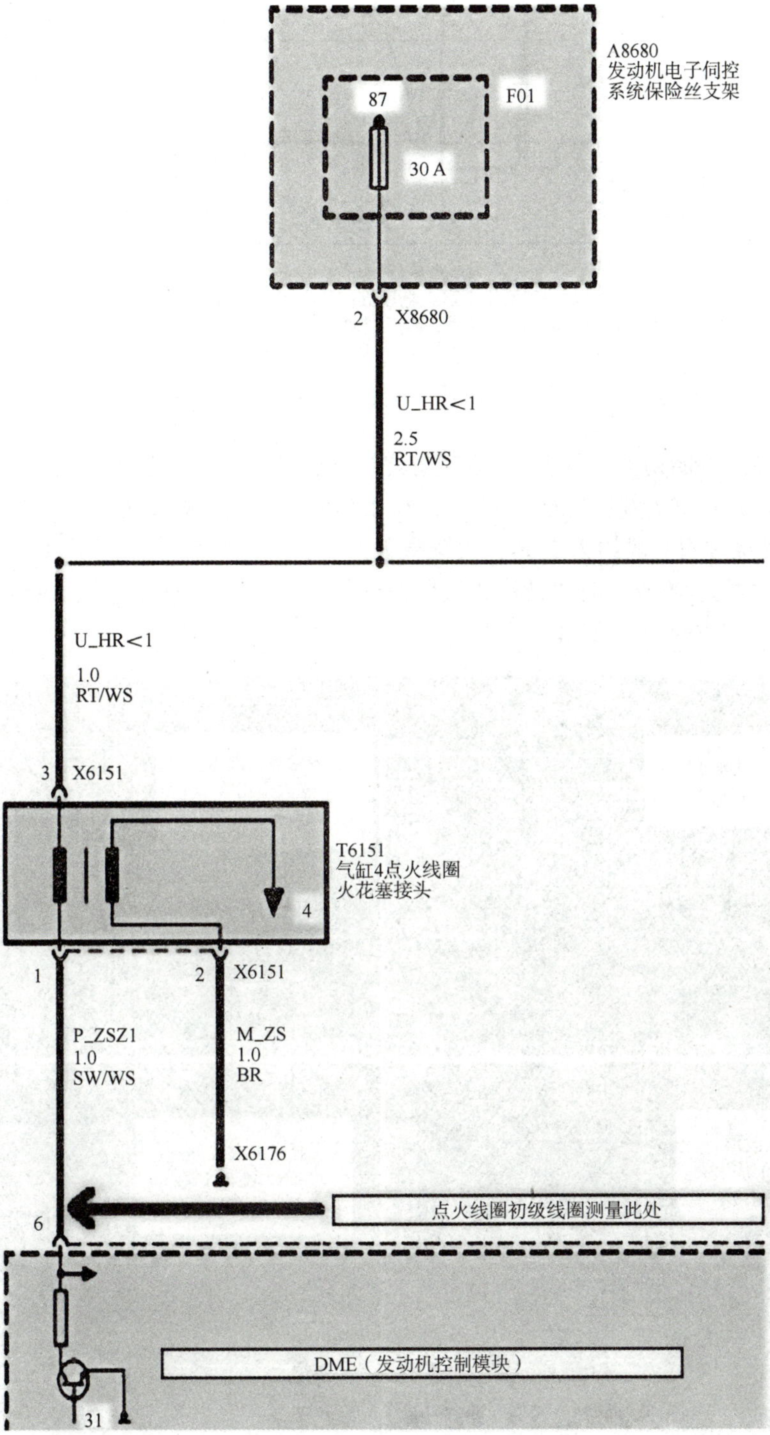

图 4-4-11 点火线圈电路图

参考宝马诊断系统 ISTA 点火线圈次级线圈测量图解，如图 4-4-12 所示。

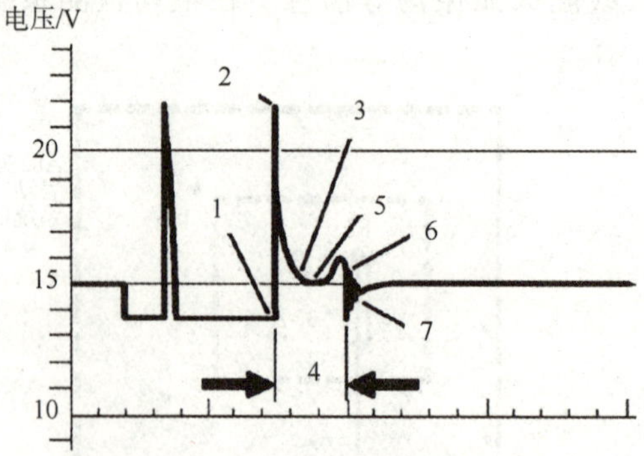

1—点火峰值开始；2—点火电压值；3—火花电压值；
4—火花持续时间；5—火花电压特性曲线；6—示波过程开始；
7—示波振荡过程

图 4-4-12 点火波形分析示意

测量各个点火线圈初级线圈波形，发现燃烧线不稳定，没有火花塞灭弧振荡，如图 4-4-13 所示。正常 DME 给点火线圈充磁时间为 2. 2~2. 5 ms，在初级线圈处测得点火起始电压一般超过 60 V，燃烧时间一般约为 2 ms，火花塞灭弧后，点火线圈振荡至少 3 次（振荡不够说明点火线圈次级能量不够，有可能次级线圈匝间短路）。更换损坏的点火线圈后，发动机抖动故障排除，点火波形恢复到正常波形。

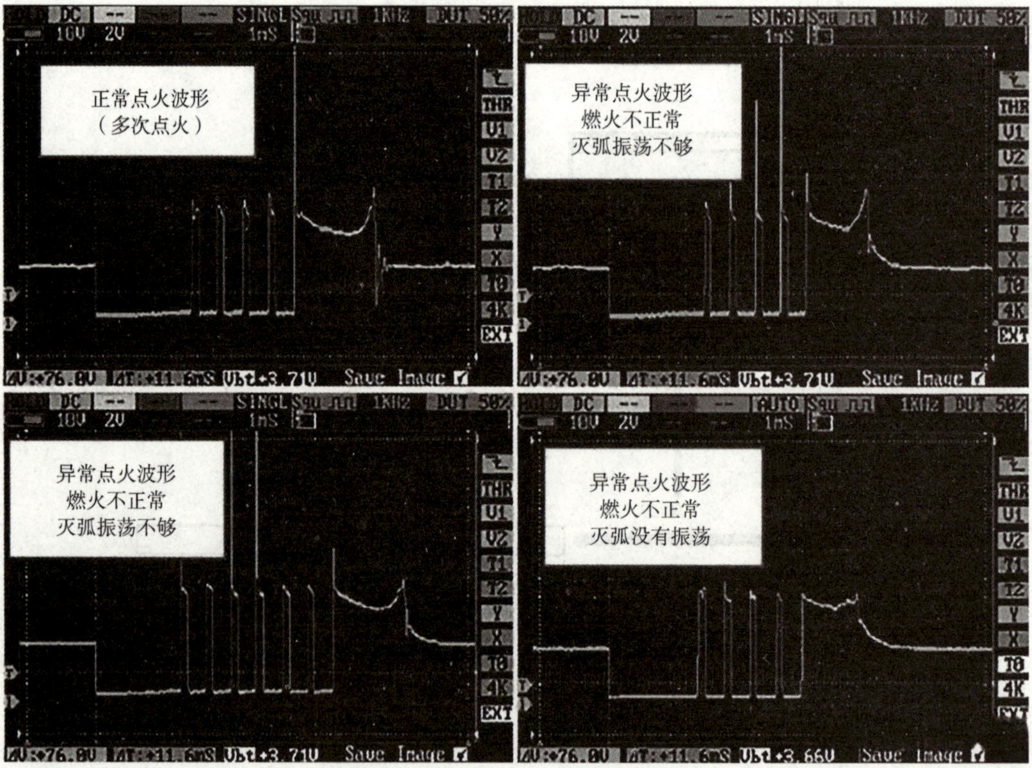

图 4-4-13 点火波形对比

对于换下来的点火线圈，用数字式万用表测量点火线圈次级线圈电阻。如图 4-4-14 所示，测量点火线圈 4 和 2 处电阻，结果有故障的点火线圈电阻约为 20 kΩ，而正常点火线圈电阻约为 80 kΩ。待故障点火线圈冷却后，其电阻变为 73 kΩ。

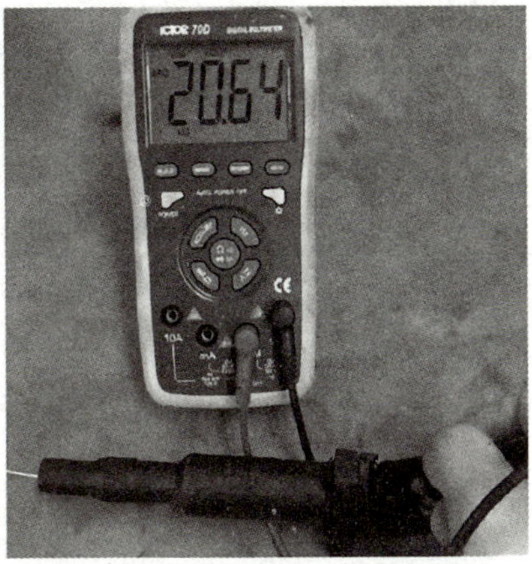

图 4-4-14　点火线圈次级线圈电阻测量方法

（3）故障维修。更换火花塞、点火线圈。交车给客户一周后回访客户，确认故障已被排除。

（4）故障总结。需要严格按照厂家要求更换火花塞。如果不及时更换火花塞，点火间隙变大，会造成火花塞点火电压过高，冲击点火线圈次级线圈。在热车高热情况下，点火线圈次级线圈匝间短路导致点火能量不足，造成发动机热车高负荷时发动机抖动。在测量杆状点火线圈时，火花塞侧端子比较难测量，使用接延长导线的方法测量。这样在没有汽车专用示波器的情况下，可以通过数字式万用表测量点火线圈次级线圈是否匝间短路。

社会主义核心价值观——自由

2. 思维拓展

汽车点火系统技术的发展经历了哪些阶段？

七、任务总结

1. 学到了哪些知识

2. 掌握了哪些技能

3. 提升了哪些素质

____

____

____

4. 自己的不足之处及同组同学身上值得自己学习的地方有哪些

____

____

____

项目五

电控发动机增压系统检修

项目描述

电控发动机增压控制系统的功能是在发动机容积不变的情况下，通过改变进气压力，提高进气效率，增加进入发动机气缸的空气质量，进而提高发动机工作效率。

本项目重点介绍废气涡轮增压系统、机械增压系统。

任务 1 电控发动机增压系统认识

知识目标

（1）掌握机械增压系统的组成、结构及工作原理。

（2）掌握废气涡轮增压系统的组成、结构及工作原理。

技能目标

（1）能够描述机械增压系统的使用和维护要点。

（2）能够独立完成废气涡轮增压器的检修。

素质目标

（1）能够严格按照维修手册的标准从事检修工作。

（2）各小组成员应主动沟通、协作，小组间友善互助，服从组长的安排。

（3）诊断时要有自己的思路，理由要充分，杜绝二次返修和过度维修。

（4）任务完成后及时清理工位和复位工具，并将垃圾分类处理，所有工作在确保安全的前提下有序进行。

工作情景描述

一辆帕萨特 1.8T 汽车，已行驶 18 万 km。客户反映，该车动力不足，排气管冒蓝烟，机油液位降低过快。维修技师小王初步观察未发现机油泄漏的情况，再结合“烧机油”的现象，怀疑是涡轮增压器漏油，导致机油进入气缸燃烧造成故障。如果你是小王，你该如何进行涡轮增压器的拆检？

知识准备

一、机械涡轮增压系统的认识

【作用】利用发动机曲轴产生的扭矩，经过增压模块，将增压后的空气供入气缸。它以提高进气密度的方式增加进气量，同时配比较大燃油供应量，以此增大发动机的功率。实践证明，在小型汽车发动机上采用增压技术后，不仅可以获得良好的动力性，燃油经济性也有所提高。

【位置】机械增压器总成安装在进气歧管下方的增压器支架上。

【结构】如图 5-1-1 所示，由机械增压器进气管、出气管，机械增压器本体，机械增压器旁通阀总成，中冷器组成。

【工作原理】

如图 5-1-2 所示，发动机曲轴通过皮带直接驱动皮带轮旋转，从动齿轮由主动齿轮带动。发动机工作时，机械增压器的两个转子同步旋转，利用容积的变化，实现对进气的增压。

图 5-1-1　机械增压系统的结构

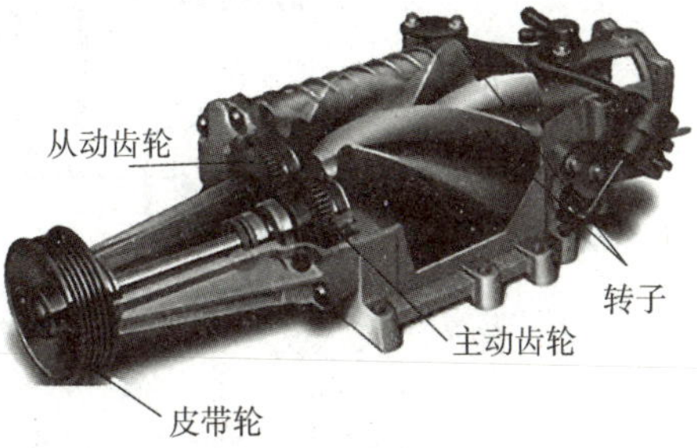

图 5-1-2　机械增压器的工作原理

为了减少机械增压器对发动机动力的消耗，配备机械增压器的发动机在进气系统中设置旁通阀总成，该旁通阀借助真空膜片式执行器，根据发动机工况完成自主调节。

(1) 旁通阀打开（图 5-1-3）。当发动机处于怠速或小负荷工况时，节气门开度小，节气门后方真空度大，膜片克服膜片弹簧的弹力向左移动，通过拉杆、连动杆的传动，使旁通阀打开，部分增压后的空气通过打开的旁通阀进入机械增压器进气管进行环流，从而降低增压压力，减少发动机功率消耗。

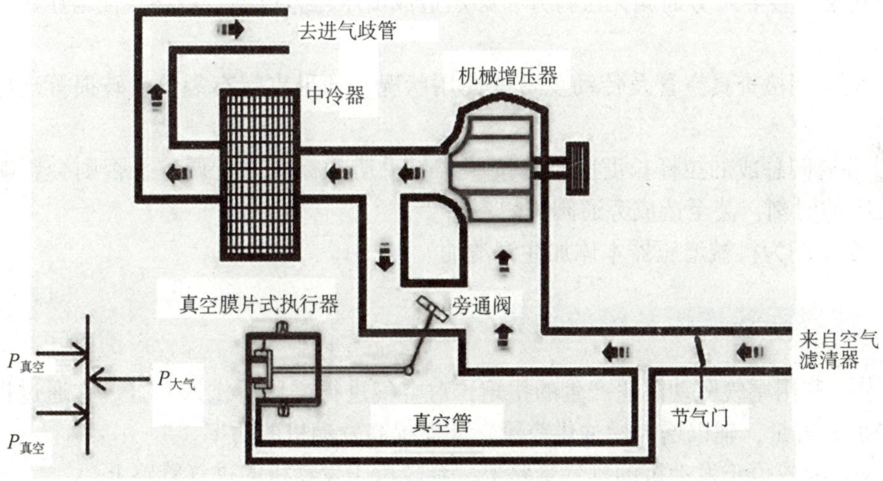

图 5-1-3　旁通阀打开

(2) 旁通阀关闭（图 5-1-4）。随着发动机负荷增加，节气门开度逐渐增大，节气门后方真空度减小，在膜片弹簧的弹力作用下膜片向右移动，通过拉杆、连动杆的传动，使旁通阀关闭，增压后的气体经过中冷器后全部进入进气歧管，实现常规增压。

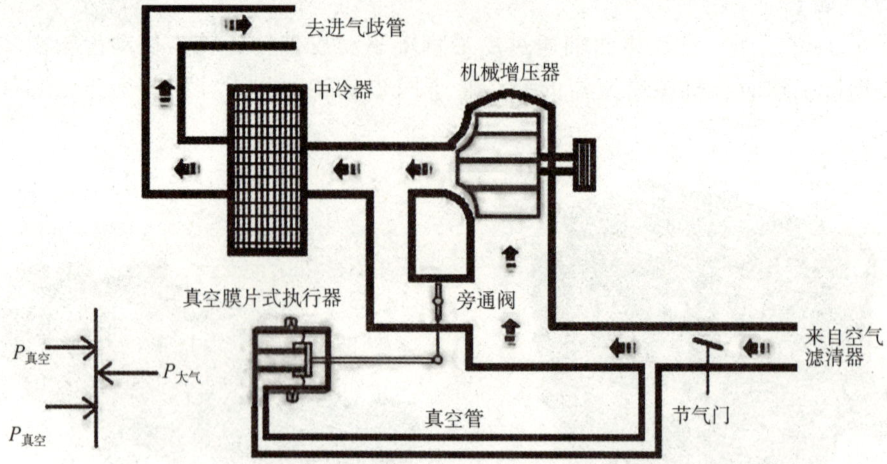

图 5-1-4　旁通阀关闭

二、机械增压系统的使用和维护

1. 机械增压系统使用和维护的特点

与废气涡轮增压系统相比，机械增压系统的工作环境相对较好，结构更简单，故障率极低，基本能达到零维护。

2. 机械增压系统使用和维护的注意事项

（1）由于机械增压器是利用节气门后方的真空度，经过旁通阀来调节增压压力的，所以要求旁通阀真空管应连接可靠，不要出现漏气或脱落现象。旁通阀真空管老化或破损漏气，甚至脱落，会导致旁通阀无法打开，必然造成增压压力过高，最终致使增压压力自调节功能失效。

（2）应定期检查真空管及传动皮带的使用状况，如果皮带有裂纹、破损等现象，必须及时更换。

（3）旁通阀总成的拉杆长度应严格按照维修手册的标准进行调整，否则会影响旁通阀开启与关闭的时刻，甚至造成旁通阀关闭不严。

（4）要定期为机械增压器本体加注润滑油。

三、废气涡轮增压系统的认识

【作用】利用尾气驱动涡轮产生的扭矩，对空气进行增压后供入气缸。它通过提高进气密度来增加进气量，辅以增大燃油供应量，从而提高发动机的功率。

【位置】涡轮位于发动机的排气管路上，泵轮位于发动机的进气管路上。

【结构】如图 5-1-5 所示，废气涡轮增压系统由发动机控制模块 J220、空气流量计 G70、发动机转速传感器 G28、增压压力传感器 G31、增压压力调节电磁阀 N75、废气涡轮增压器换气阀 N249 等组成。

【工作原理】

如图 5-1-6 所示，排气流过涡轮机的喷管时，推动涡轮机旋转，并带动增压器轴和压气机泵轮一起旋转。

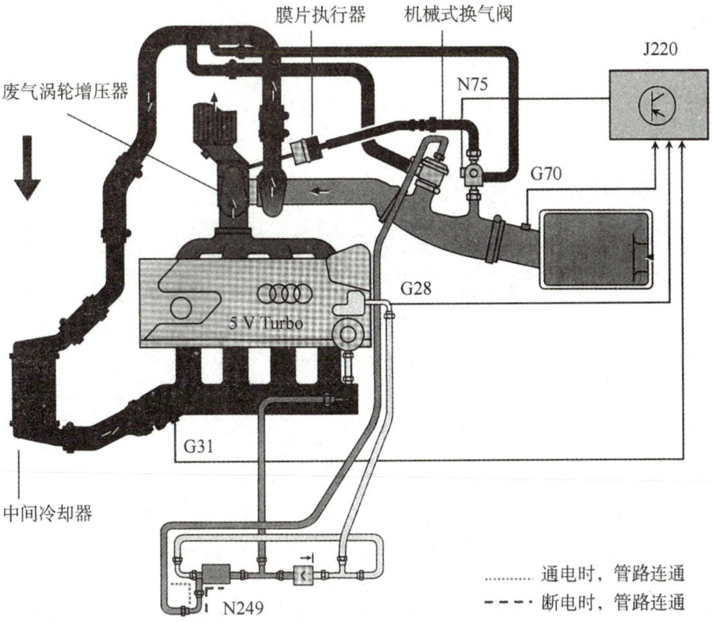

图 5-1-5　废气涡轮增压系统的结构

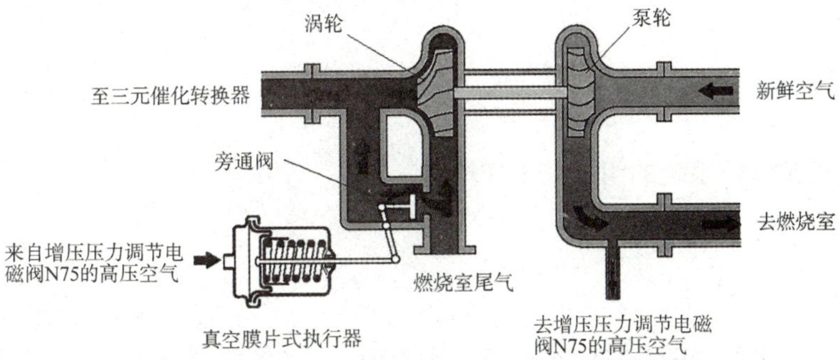

图 5-1-6　废气涡轮增压器的工作原理

离心式压气机旋转时，空气在离心力的作用下，沿着压气机叶片流向泵轮周边。其流速、压力和温度均有较大的提高，然后进入扩压管。空气流经扩压管时速度下降，压力升高，温度也有所升高。

当左室压力低时，膜片弹簧推动膜片左移，并带动连动杆将排气旁通阀关闭。当左室压力高时，膜片右移，并通过连动杆将排气旁通阀打开，使部分排气直接进入大气，从而降低涡轮机转速和增压压力。

四、废气涡轮增压器故障现象

废气涡轮增压器（图 5-1-7）是保证发动机动力性的关键部件。废气涡轮增压器故障会直接引起发动机动力下降、机油消耗量增大、排气管冒蓝烟、发动机工作不稳定以及产生噪声等。

图 5-1-7　废气涡轮增压器

任务实施

一、收集资讯

（1）将故障车辆及发动机相关信息填入表 5-1-1。

表 5-1-1　故障车辆信息记录

<table>
<tr><td>车辆型号</td><td></td><td>故障发生日期</td><td></td><td>VIN 码</td><td></td></tr>
<tr><td>发动机型号</td><td colspan="3"></td><td>里程表读数</td><td></td></tr>
<tr><td>故障现象</td><td colspan="5"></td></tr>
</table>

（2）简述增压系统的作用。

（3）简述机械增压系统的组成及工作原理。

（4）简述废气涡轮增压系统的组成及工作原理。

（5）简述机械增压系统和废气涡轮增压系统的区别。

二、岗位轮转

依据“5+1”岗位工作制（表 5-1-2）进行分组实践练习。“5”代表机电工组内 5 个不同的岗位，包括：车内辅助作业、设备和工具技术支持、综合维修、诊断报告书写、整理工具与维修防护等；“1”为小组组长，代表维修经理对接发布任务的教师，其中个人岗位由组长按照岗位轮转制进行分配，即随着每节不同子任务的进行，每位成员轮流承担不同的岗位职责。组长分配好岗位后，将分配情况填入表 5-1-3。

表 5-1-2 “5+1”岗位职责分配

岗位名称	岗位职责
维修经理	接受维修任务，与组员协商制订维修计划，进行维修任务总结及汇报
车内辅助作业	根据维修进度协助维修技师操纵故障车辆，并实时监控故障车辆状态，将故障现象准确翔实地传达给维修技师
设备和工具技术支持	调试、检查维修设备和工具，根据维修技师的要求递送工具、配合使用维修设备、读取数据以及协助维修作业
综合维修	按照诊断方案实施维修作业，分析检测数据，查找故障点，评估故障原因，排除车辆故障，并将维修过程数据实时汇报给记录员
诊断报告书写	记录过程数据，查阅维修资料，分析故障机理，指导维修作业
整理工具与维修防护	负责作业前的工具准备、车辆维修防护，作业中的工具整理、安全防护以及作业后的工具复位

表 5-1-3 岗位轮转表

轮转岗位名称	学生姓名	备注
维修经理		
车内辅助作业		
设备和工具技术支持		
综合维修		
诊断报告书写		
整理工具与维修防护		

三、计划和决策

1. 废气涡轮增压器的检修

1）在车上进行故障检查

在车上进行故障检查时，首先检查发动机的基本工作条件、压缩和泄漏情况、点火系统和燃油供给系统。如果供油量和压力都正常，再检查点火系统的穿透电压是否足以点燃由废气涡轮增压产生的高度压缩的混合气、点火时刻是否正确。

2）目测软管、垫片和管道

目测全部软管、垫片和管道，查看装配是否正确，有无损伤、磨蚀。软管、垫片和管道破损或变质将使涡轮装置不能正常工作，导致增压过高或过低。

3）拆检废气涡轮增压器

（1）如果以上各项检查合格，下一步检查废气涡轮增压器。如果必须从车上拆下废气涡轮增压器，则在检修时务必保持清洁，任何脏物或污染都会导致严重后果。在拆卸涡轮机前，应在壳体和零件的相对位置加上标志，以保证重新装配时正确无误。拆开涡轮装置，仔细观察增压涡轮和动力涡轮，检查是否存在弯曲、破裂或过度磨损现象。

（2）检查涡轮壳体内部是否存在轴的摆动范围过量、进入脏物或润滑不当所造成的磨损或冲击损伤。用手旋转涡轮，手感阻力应是均匀的，不应过大，转动应无粘滞感，即应无擦伤或任何接触。

（3）由于对轴承间隙有严格要求，所以应按生产厂家规定的程序检查轴向和径向间隙。可将百分表插到涡轮机壳的孔中，使其接触轴端，沿轴向移动涡轮机轴，测量涡轮机轴的轴向间隙不应大于 0.11 mm。将百分表从机油排出孔插过轴承隔圈的孔，使其接触涡轮机轴的中心，上下移动涡轮机轴，测量轴的径向间隙不应大于 0.15 mm。若轴向间隙或径向间隙不符合要求，则更换废气涡轮增压器。

2. 建立故障诊断思路，制订故障检修方案

参考上述故障检修步骤，结合实际车型的特点，进行故障机理分析，根据分析结果，制订故障检修实施方案，请各位同学参照实际实训条件，结合上述步骤，制订出符合实际情况的实施方案，并填入表 5-1-4。

表 5-1-4　小组讨论确定的实施方案和计划

	序号	实施内容	工具
实施步骤			
实施方案其他说明		组长签字	

四、实施

（1）实施计划前准备工作（表 5-1-5）。

表 5-1-5　准备工作检验内容

理论资料是否齐备	是：□；否：□	是否穿戴工装及劳动保护措施	是：□；否：□
工具是否齐全、整齐	是：□；否：□	工作环境是否整洁	是：□；否：□
是否熟知操作安全注意事项	是：□；否：□	组长签字	

（2）简述废气涡轮增压器的维修步骤，并独立完成维修操作。

五、检查与评估

考核类别	考核点	评分标准	分值	自我评价（20%）	组长评价（40%）	教师评价（40%）	得分
过程考核（30分）	操作及人身安全	出现常识性失误扣3分，手指或肢体受伤扣5分	5				
	车辆、设备是否损坏	设备损坏扣5分，车辆损坏扣5分	5				
	工具归位情况	零部件摆放凌乱扣1分，工具未归位扣1分	2				
	操作过程清洁或离场清洁情况	实训环境差扣1分，离场未清扫现场扣1分	2				
	环保意识、垃圾分类	未及时处理工作产生的废弃物扣2分	2				
	操作工具、起动车辆情况	擅自操作仪器扣2分，起动车辆时未警示他人扣2分	4				
	小组协作、沟通能力	组员闲置超时扣5分，无交流扣5分	2				
	作业过程中是否存在肢体碰撞、混乱现象	现场混乱扣5分，肢体碰撞扣5分	2				
	工作态度及规范执行能力	态度消极扣5分，不执行组长命令扣5分	4				
	良好的职业形象和精神风貌	着装怪异扣5分，嬉笑打闹扣5分	2				
工单完成效果评价（70分）	是否查阅资料，理论是否充足	没有罗列资料清单扣3分	5				
	实施计划方案书写是否认真	没有实施计划扣10分，不认真书写实施计划方案书扣3分	10				
	工单书写是否翔实，检修思路表达是否清晰、完整	工单书写不认真扣3分，检修思路不完整扣5分	10				
	工单是否有抄袭现象	工单有一处抄袭扣2分，直至扣完	15				
	工具、仪器使用是否正确	仪器使用错误扣3分	15				
	数据测量及分析是否正确	数据测量有误扣3分，分析不当扣3分	15				
合计			100				

六、拓展练习

1. 机械增压改装案例

进行机械增压改装之前，先做好工具准备，准备图 5-1-8 所示的机械增压套件。

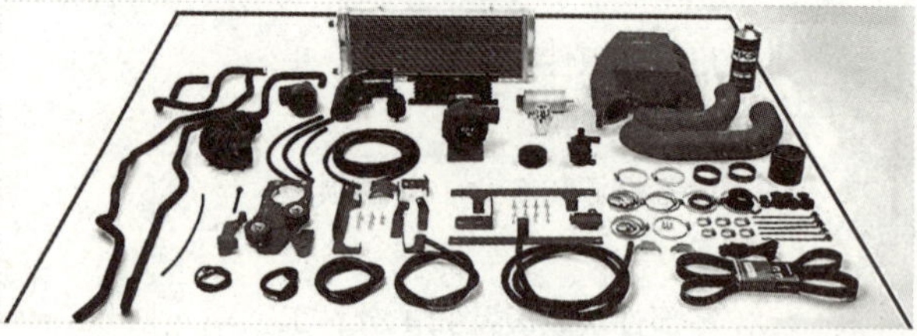

图 5-1-8　机械增压套件

机械增压套件包括：HKS 机械增压器本体、油壶、油滤、水冷油冷器、油管、润滑油、空气冷却水箱、中冷散热器、水管、水泵、进气管路、泄压阀、AEM 外挂电脑、程序、线束、CNC 增压器支架以及附件定制支架。

安装机械增压套件后，对原车不会造成任何损害。改装前发动机舱如图 5-1-9 所示。改装后发动机舱如图 5-1-10 所示。

图 5-1-9　改装前发动机舱

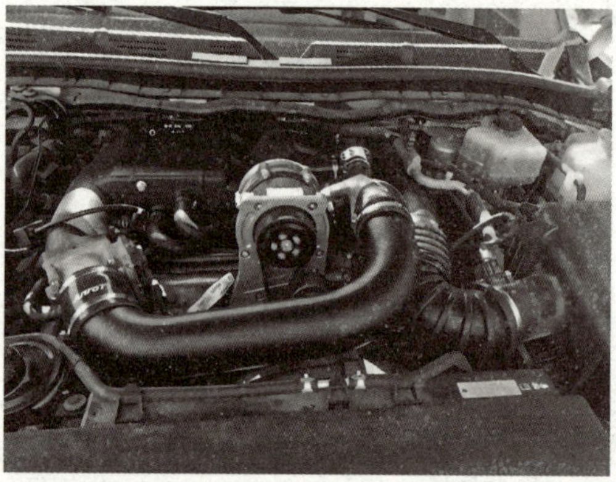

图 5-1-10　改装后发动机舱

有的读者疑惑为何安装空气冷却水箱，这是因为机械增压套件采用的是一套独立水冷式空气冷却系统，增压效率与散热效果都比风冷式好得多。其原因有二：一是进气管道缩进，进气量更充足；二是水冷式空气冷却系统使空气温度更低，含氧量更高，从而使燃烧更加充分，爆发力更强。

以途乐 4.0 汽车为例，改装前后数据对比见表 5-1-6。

表 5-1-6　途乐 4.0 汽车改装前后数据对比

类目	功率/kW	扭矩/(N·m)	百千米加速/s
原厂	205	394	12.3
改装	276	512	8.7
提升	71	118	3.6

进行机械增压改装后，途乐 4.0 汽车的动力获得了显著的增强：功率从 205 kW 提升至 276 kW，扭矩从 394 N·m 增大至 512 N·m，百千米加速从 12.3 s 缩短至 8.7 s。整车动力表现焕然一新，途乐 4.0 汽车改装后已经能够媲美途乐 5.6 汽车的动力。

增压后的最高压力值不超过 0.4 Pa，爆发力完全在发动机的承受范围之内，不会影响发动机的使用寿命，而且车辆线性加速顺畅、机械声音正常、油耗无大区别。

弘扬新时代奋斗精神

2. 发散思维

废气涡轮增压系统因为工作环境较为恶劣，所以使用寿命较短，于是有的生产厂家推出了电动废气涡轮增压系统，请简要介绍电动废气涡轮增压系统的结构及工作原理。

七、任务总结

1. 学到了哪些知识

2. 掌握了哪些技能

3. 提升了哪些素质

4. 自己的不足之处及同组同学身上值得自己学习的地方有哪些

任务2　增压压力传感器检修

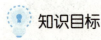

知识目标

（1）掌握增压压力传感器的结构及工作原理。

（2）掌握增压压力传感器的电压、波形及动态数据流的特点。

技能目标

（1）能够使用数字式万用表、汽车故障诊断仪、汽车专用示波器对增压压力传感器信号进行诊断分析。

（2）能够描述故障排除诊断思路并排除故障。

素质目标

（1）能够严格按照维修手册的标准从事检修工作。

（2）各小组成员应主动沟通、协作，小组间友善互助，服从组长的安排。

（3）诊断时要有自己的思路，理由要充分，杜绝二次返修和过度维修。

（4）任务完成后及时清理工位和复位工具，并将垃圾分类处理，所有工作在确保安全的前提下有序进行。

工作情景描述

一辆2007款帕萨特1.8T（B5）汽车进厂维修。客户描述该车加速动力不足，时常出现排气管冒蓝烟现象。维修技师小王试车后发现确有此现象。连接VAS5051诊断仪，发动机ECU只报出“P1556：增压压力不可靠信号 静态”故障码，查看故障频率为“229次”，确定为真故障，怀疑是废气涡轮增压系统出现问题，考虑到“烧机油”现象同时出现，确定就是废气涡轮增压系统故障。如果你是小王，你该如何进行检修？

故障机理分析

一、加速动力不足、排气管冒蓝烟原因分析

1. 加速动力不足故障的可能原因

（1）空气滤清器堵塞。

（2）点火时刻过迟。

（3）加速时混合气过稀。

2. 排气管冒蓝烟（即“烧机油”）故障的可能原因

（1）活塞组和气缸壁磨损严重。

（2）气门杆或气门密封部分损坏。

（3）进气系统部分密封不严。

二、根据故障码分析故障产生原因

（1）增压压力传感器无信号数值或者信号数值超出可能范围。

（2）增压压力控制电磁阀卡滞或异常动作。

三、查找故障部位，确定故障点

出现故障的可能部位如下。

（1）进气管或空气滤清器堵塞。

（2）废气涡轮增压器密封不严，机油泄漏。

（3）增压压力传感器及控制电路故障。

（4）增压压力控制电磁阀及控制电路故障。

根据代码优先的原则，参考发动机出现的故障码，结合故障现象，首先要检查增压压力传感器及其控制电路是否出现了问题。

知识准备

一、增压压力传感器的作用及位置

【作用】用来检测废气涡轮增压器的增压压力，以便修正喷油脉宽及控制增压压力，从而增加发动机进气量，借此提高发动机的功率和增大发动机的扭矩。

【位置】增压压力传感器一般和进气温度传感器制成一体，通过螺钉拧紧在压力管路上（图 5-2-1），位于节气门组件的前方，它检测此区域内的压力，把压力信号传递给发动机 ECU，然后对废气涡轮增压器的增压压力进行调节。

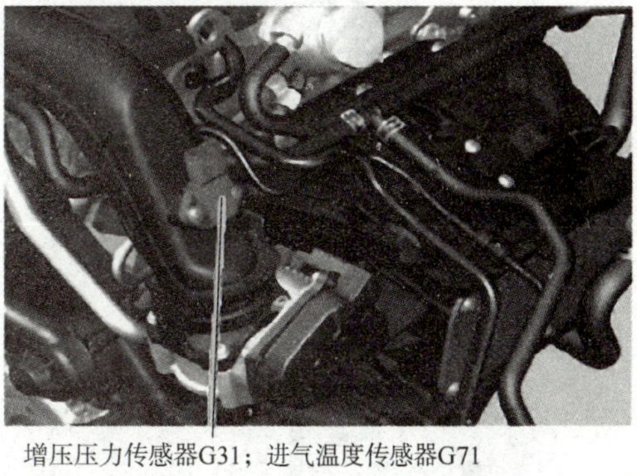

图 5-2-1　增压压力传感器的位置

二、增压压力传感器的结构及工作原理

【结构】如图 5-2-2 所示，由连接器插头、密封圈、IC 元件等组成。

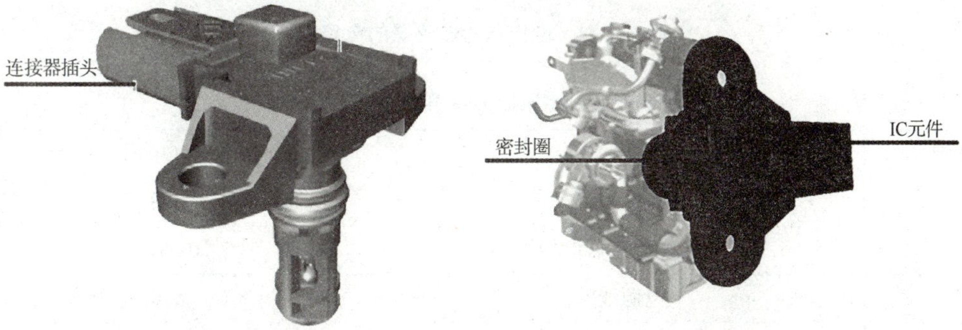

图 5-2-2　增压压力传感器的结构

【工作原理】增压压力传感器检测进气压力的变化，气体压力升高使膜片变形（压力越高变形越大），膜片引起电桥失去平衡，促使输出电压信号发生变化，如图 5-2-3 所示。

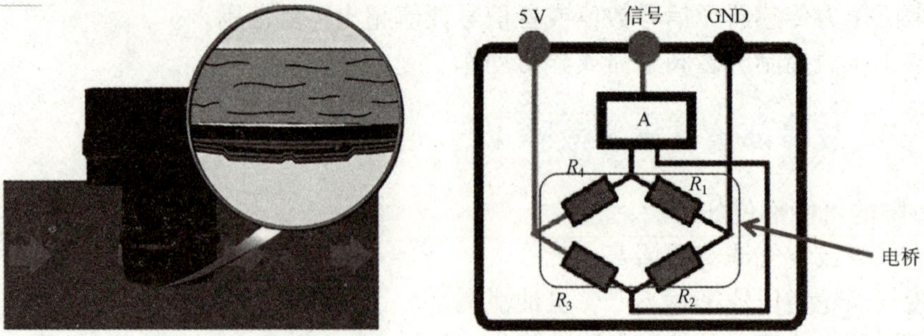

图 5-2-3　增压压力传感器的工作原理

三、控制原理

1. 电路图

增压压力传感器电路图如图 5-2-4 所示，各针脚含义见表 5-2-1。

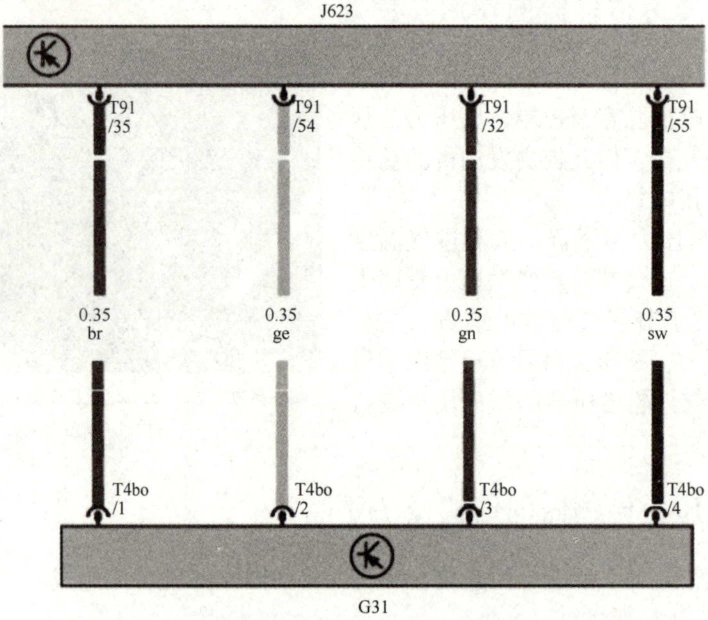

图 5-2-4　增压压力传感器的电路图

表 5-2-1　增压压力传感器各针脚含义

针脚号	针脚含义	标准电压（电阻）范围
1	搭铁线	0 Ω
2	进气温度传感器信号线	0~5 V
3	电源线	5 V
4	增压压力传感器信号线	0~5 V

2. 信号特征（图 5-2-5）

（1）怠速时：增压压力传感器信号电压为 1.5 V。

（2）踩下油门踏板，发动机转速增大，增压压力传感器信号电压随之升高。

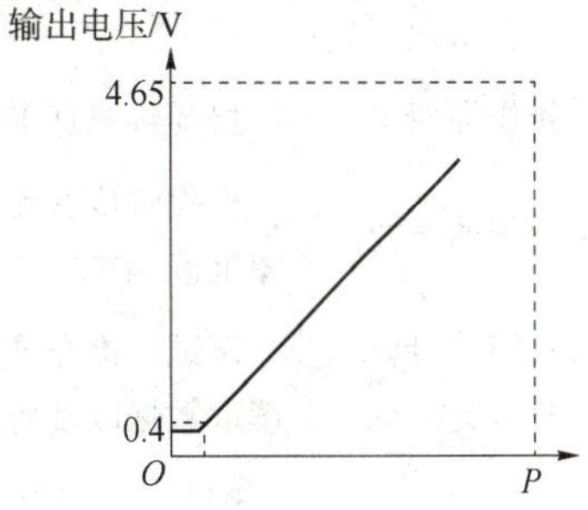

图 5-2-5 增压压力传感器的信号特征

四、故障现象

增压压力传感器出现故障，会导致发动机故障指示灯点亮、怠速不稳、加速无力、油耗增加等现象。

任务实施

一、收集资讯

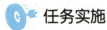

（1）将故障车辆及发动机相关信息填入表 5-2-2。

表 5-2-2 故障车辆信息记录

车辆型号		故障发生日期		VIN 码	
发动机型号				里程表读数	
故障现象					

（2）简述增压压力传感器的作用及工作原理。

（3）简述增压压力传感器失效可能导致的故障现象。

二、岗位轮转

依据“5+1”岗位工作制（表 5-2-3）进行分组实践练习。“5”代表机电工组内 5 个不同的岗位，包括：车内辅助作业、设备和工具技术支持、综合维修、诊断报告书写、整理工具与维修防护等；“1”为小组组长，代表维修经理对接发布任务的教师，其中个人岗位由组长按照岗位轮转制进行分配，即随着每节不同子任务的进行，每位成员轮流承担不同的岗位职责。组长分配好岗位后，将分配情况填入表 5-2-4。

表 5-2-3 “5+1”岗位职责分配

岗位名称	岗位职责
维修经理	接受维修任务，与组员协商制订维修计划，进行维修任务总结及汇报
车内辅助作业	根据维修进度协助维修技师操纵故障车辆，并实时监控故障车辆状态，将故障现象准确翔实地传达给维修技师
设备和工具技术支持	调试、检查维修设备和工具，根据维修技师的要求递送工具、配合使用维修设备、读取数据以及协助维修作业
综合维修	按照诊断方案实施维修作业，分析检测数据，查找故障点，评估故障原因，排除车辆故障，并将维修过程数据实时汇报给记录员
诊断报告书写	记录过程数据，查阅维修资料，分析故障机理，指导维修作业
整理工具与维修防护	负责作业前的工具准备、车辆维修防护，作业中的工具整理、安全防护以及作业后的工具复位

表 5-2-4 岗位轮转表

轮转岗位名称	学生姓名	备注
维修经理		
车内辅助作业		
设备和工具技术支持		
综合维修		
诊断报告书写		
整理工具与维修防护		

三、计划和决策

1. 重现故障现象

起动发动机，观察车辆尤其是发动机的运行情况，发现故障现象及故障特征，分析可能的故障原因。

2. 读取故障码和数据流

连接汽车故障诊断仪，读取故障码，操纵车辆或实训台变换工况，观察并记录增压压力随不同工况变化的动态数据流，初步锁定故障范围。

3. 用数字式万用表检测

1）检测电源电压

打开点火开关，将数字式万用表设置在直流电压挡，将红色表针连接增压压力传感器 ECU 供电线，将黑色表针置于电瓶负极，应显示 5 V。

2）测量信号电压

拆下增压压力传感器，将数字式万用表设置在直流电压挡，用真空泵对着传感器元件抽真空，测量增压压力部分的信号电压，数值应随着真空度的增大而增大。

4. 建立故障诊断思路，制定故障检修方案

参考上述故障检修步骤，结合实际车型的特点，进行故障机理分析，根据分析结果，制定故障检修实施方案，并将其填入表 5-2-5。

表 5-2-5　小组讨论确定的实施方案和计划

	序号	实施内容		工具
实施步骤				
实施方案其他说明			组长签字	

四、实施

（1）实施计划前准备工作（表 5-2-6）。

表 5-2-6　准备工作检验内容

理论资料是否齐备	是：□；否：□	是否穿戴工装及劳动保护措施	是：□；否：□
工具是否齐全、整齐	是：□；否：□	工作环境是否整洁	是：□；否：□
是否熟知操作安全注意事项	是：□；否：□	组长签字	

（2）针对故障情景，画出增压压力传感器的控制电路图，并列举可能的故障原因。

（3）用专用工具和仪器对增压压力传感器进行检测，将检测数据填入表 5-2-7，并得出分析结论。

表 5-2-7　增压压力传感器检测数据

检测项目	检测条件	标准值	测量值	结论
故障码	打开电门			
	怠速			
	急加速			

续表

检测项目		检测条件	标准值	测量值	结论
数据流	增压压力	打开电门			
		怠速			
		急加速			
电压	供电电压	打开电门			
		怠速			
		急加速			
	信号电压	打开电门			
		怠速			
		急加速			

五、检查与评估

考核类别	考核点	评分标准	分值	自我评价（20%）	组长评价（40%）	教师评价（40%）	得分
过程考核（30分）	操作及人身安全	出现常识性失误扣3分，手指或肢体受伤扣5分	5				
	车辆、设备是否损坏	设备损坏扣5分，车辆损坏扣5分	5				
	工具归位情况	零部件摆放凌乱扣1分，工具未归位扣1分	2				
	操作过程清洁或离场清洁情况	实训环境差扣1分，离场未清扫现场扣1分	2				
	环保意识、垃圾分类	未及时处理工作产生的废弃物扣2分	2				
	操作工具、起动车辆情况	擅自操作仪器扣2分，起动车辆时未警示他人扣2分	4				
	小组协作、沟通能力	组员闲置超时扣5分，无交流扣5分	2				
	作业过程中是否存在肢体碰撞、混乱现象	现场混乱扣5分，肢体碰撞扣5分	2				
	工作态度及规范执行能力	态度消极扣5分，不执行组长命令扣5分	4				
	良好的职业形象和精神风貌	着装怪异扣5分，嬉笑打闹扣5分	2				

续表

考核类别	考核点	评分标准	分值	自我评价（20%）	组长评价（40%）	教师评价（40%）	得分
工单完成效果评价（70分）	是否查阅资料，理论是否充足	没有罗列资料清单扣3分	5				
	实施计划方案书写是否认真	没有实施计划扣10分，不认真书写实施计划方案书扣3分	10				
	工单书写是否翔实，检修思路表达是否清晰、完整	工单书写不认真扣3分，检修思路不完整扣5分	10				
	工单是否有抄袭现象	工单有一处抄袭扣2分，直至扣完	15				
	工具、仪器使用是否正确	仪器使用错误扣3分	15				
	数据测量及分析是否正确	数据测量有误扣3分，分析不当扣3分	15				
合计			100				

六、拓展练习

1. 宝马 F07 增压压力过高故障

（1）故障现象。车辆行驶中 90 码①左右出现发动机故障功率下降提示，熄火重新起动车辆故障消除。

（2）故障确认。试车 90 码后出现报警提示，无报警时车辆动力良好。采用激烈的驾驶方式，将油门踏板踩到底保持 1~2 s 马上就出现报警提示。怠速时原地加油不会出现报警提示。

（3）读取故障码，分析增压压力高的原因。

①增压压力传感器故障，给出过高的压力信号。

②废气旁通阀打开不灵活，无法泄压。

③真空控制问题，如真空管压扁。

④DME 控制问题。

（4）排除几个可能的原因。

①增压压力传感器：通过数据流的分析，发现增压压力传感器的数据是比较可信的。

②真空管路：目检真空管路（特别是容易被吸扁的蓄压器到 EDPW 阀管路），未见异常。

③增压压力的调节：废气旁通阀怠速时关闭建立压力，压力高时打开废气旁通阀，降低泵轮动力。

④循环空气减压阀：突然关闭节气门时泄压，防止气流产生噪声，损坏涡轮增压器。

---

① 1 码=0.914 4 m。

（5）结合故障现象分析。并非在突然松开油门踏板时出现报警提示，故障范围缩小到废气旁通阀及其控制上。

（6）进行车辆测试。

①发动机起动时废气旁通阀关闭迅速，说明废气旁通阀并未卡滞。

②发动机关闭时废气旁通阀打开缓慢。

③急加油时废气旁通阀几乎未打开，没有降低泵轮动力，导致增压压力高，这也符合路试车辆时的故障现象。

（7）分析废气旁通阀不能迅速打开的原因。

①EPDW 阀工作不良，解决方案：更换 EPDW 阀。

②废气旁通阀回位力矩不够，解决方案：更换涡轮增压器。

（8）由简到难的原则。先更换 EPDW 阀再试车，故障排除。

（9）总结。EPDW 阀故障的原因：通往大气的滤网堵塞，导致真空度不能马上消除，导致废气旁通阀打开缓慢，增压压力过高。

社会主义核心价值观——公正

2. 发散思维

增压压力传感器还会出现哪些故障现象？请列举一个案例。

____

____

____

七、任务总结

1. 学到了哪些知识

____

____

2. 掌握了哪些技能

____

____

3. 提升了哪些素质

____

____

4. 自己的不足之处及同组同学身上值得自己学习的地方有哪些

____

____

任务3 增压压力控制电磁阀器检修

知识目标

(1) 掌握增压压力控制电磁阀的结构及工作原理。

(2) 掌握增压压力控制电磁阀的电压、波形及动态数据流的特点。

技能目标

(1) 能够使用数字式万用表、汽车故障诊断仪、汽车专用示波器对增压压力控制电磁阀信号进行诊断分析。

(2) 能够描述故障排除诊断思路并排除故障。

素质目标

(1) 能够严格按照维修手册的标准从事检修工作。

(2) 各小组成员应主动沟通、协作，小组间友善互助，服从组长的安排。

(3) 诊断时要有自己的思路，理由要充分，杜绝二次返修和过度维修。

(4) 任务完成后及时清理工位和复位工具，并将垃圾分类处理，所有工作在确保安全的前提下有序进行。

工作情景描述

一辆2007款帕萨特1.8T（B5）汽车进厂维修。客户描述该车加速动力不足，时常出现排气管冒蓝烟现象。维修技师小王试车后发现确有此现象。连接VAS5051诊断仪，发动机ECU只报出“P1556：增压压力不可靠信号 静态”故障码，查看故障频率为“229次”，确定为真故障，怀疑是废气涡轮增压系统出现问题，考虑到“烧机油”现象同时出现，确定就是废气涡轮增压系统故障。如果你是小王，你该如何进行检修？

故障机理分析

一、加速动力不足、排气管冒蓝烟原因分析

1. 加速动力不足故障的可能原因

(1) 空气滤清器堵塞。

(2) 点火时刻过迟。

(3) 加速时混合气过稀。

2. 排气管冒蓝烟（即“烧机油”）故障的可能原因

（1）活塞组和气缸壁磨损严重。

（2）气门杆或气门密封部分损坏。

（3）进气系统部分密封不严。

二、根据故障码分析故障产生原因

（1）增压压力传感器无信号数值或者信号数值超出可能范围。

（2）增压压力控制电磁阀卡滞或异常动作。

三、查找故障部位，确定故障点

出现故障的可能部位如下。

（1）进气管或空气滤清器堵塞。

（2）废气涡轮增压器密封不严，机油泄漏。

（3）增压压力传感器及控制电路故障。

（4）增压压力控制电磁阀及控制电路故障。

之前已经排查了增压压力传感器故障，下面需要检查增压压力控制电磁阀及其控制电路是否出现了问题。

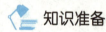

知识准备

一、增压压力控制电磁阀的作用及位置

【作用】增压压力电磁阀 N75（图 5-3-1）通过真空膜片式执行器，控制废气旁通阀的关闭或打开，从而增大或减小涡轮转速，进而提高或降低进气压力，以此提高发动机功率或增大发动机扭矩，如图 5-3-2 所示。

图 5-3-1　增压压力电磁阀

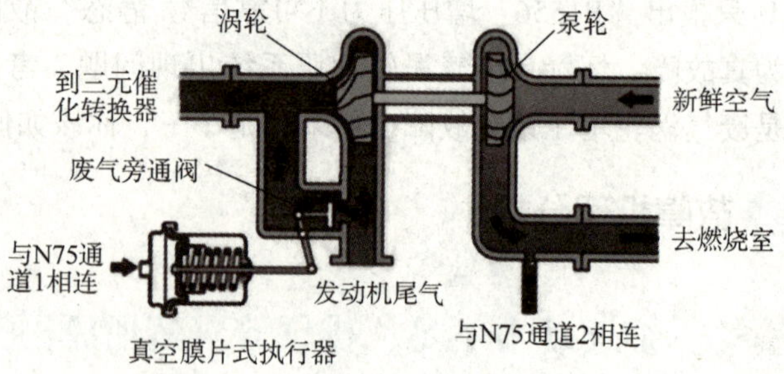

图 5-3-2　增压压力电磁阀的作用

【位置】进气总管下方，分别连接进气管低压部分和高压部分。

二、增压压力控制电磁阀的结构及工作原理

【结构】由插头、空气高压端通道、真空膜片式执行器通道、空气低压端通道等组成，如图 5-3-3 所示。

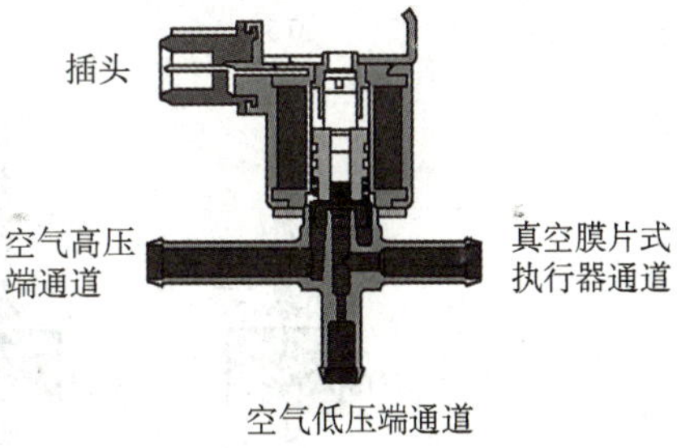

图 5-3-3　增压压力控制电磁阀的结构

【工作原理】

如图 5-3-4 所示，发动机 ECU 根据需要以占空比的方式给增压压力控制电磁阀通电，改变真空膜片式执行器上的气压，以调节增压压力。

断电时，真空膜片式执行器通道和空气低压端通道连通，真空膜片式执行器左室压力低，膜片弹簧推动膜片左移，带动膜片连动杆将废气旁通阀关闭。通电时，3 个通道连通，左室压力高，膜片右移，连动杆将废气旁通阀打开，使部分尾气直接排入大气，从而降低涡轮机转速和增压压力。

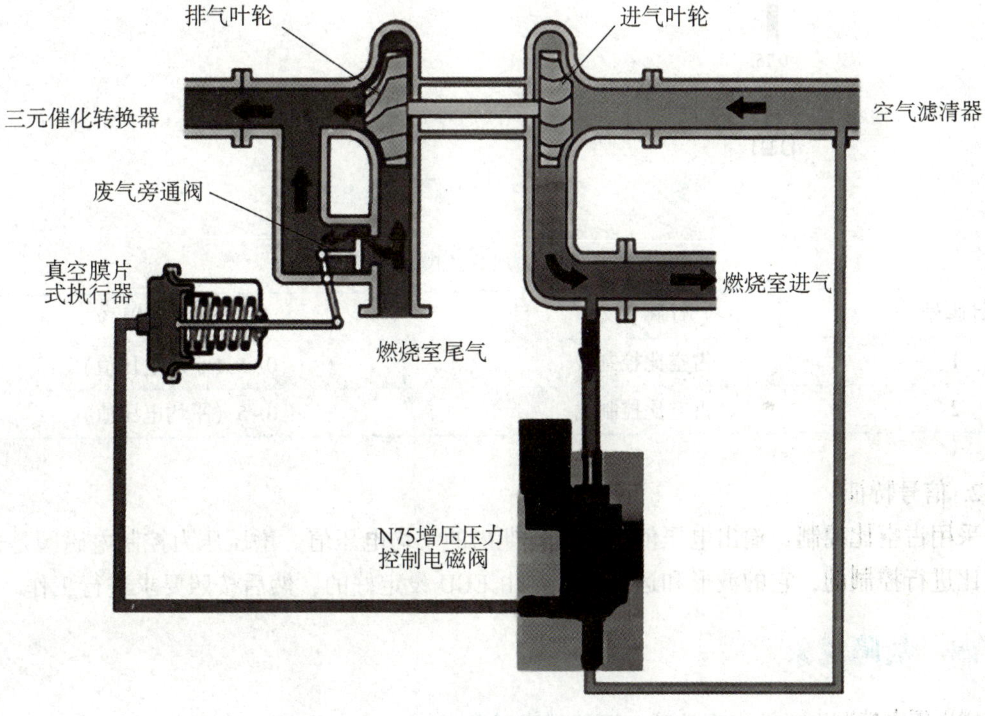

图 5-3-4　增压压力控制电磁阀的工作原理

三、控制原理

1. 电路图

增压压力控制电磁阀电路图如图 5-3-5 所示，各针脚含义见表 5-3-1。

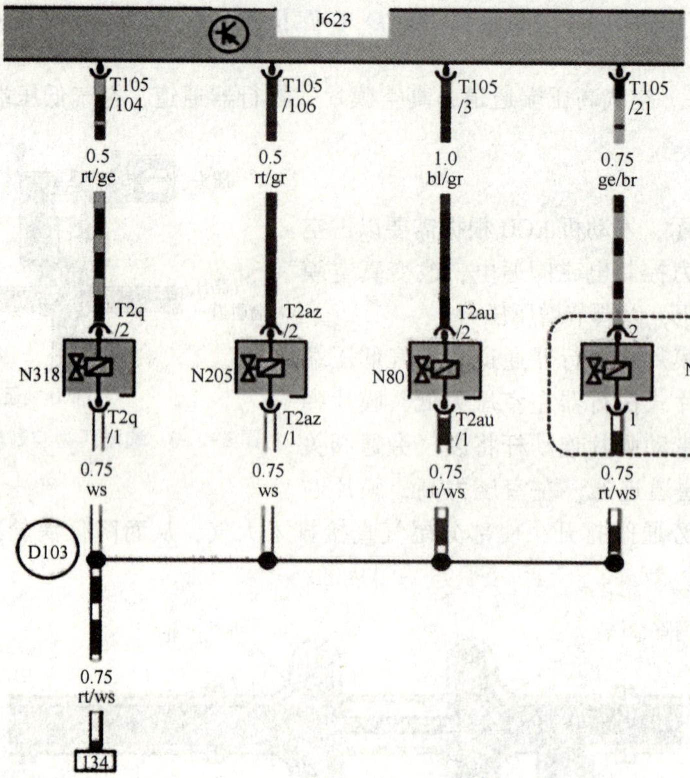

图 5-3-5 增压压力控制电磁阀电路图

表 5-3-1 增压压力控制电磁阀各针脚含义

针脚号	针脚含义	标准电压范围/V
1	占空比控制线	0~5（平均电压值）
2	占空比控制线	0~5（平均电压值）

2. 信号特征

采用占空比控制，输出电压值为一个周期内的平均电压值。增压压力控制电磁阀是通过占空比进行控制的，它的波形和运行模式是由 ECU 设定好的，然后按照要求进行工作。

四、故障现象

增压压力控制电磁阀出现故障，可能导致的故障现象有：发动机故障指示灯常亮；加速无力；增压压力控制电磁阀敞开，进入应急运行状态，涡轮不介入，发动机变成自然吸气发动机。

任务实施

一、收集资讯

（1）将故障车辆及发动机相关信息填入表 5-3-2。

表 5-3-2 故障车辆信息记录

车辆型号		故障发生日期		VIN 码	
发动机型号				里程表读数	
故障现象					

（2）简述增压压力控制电磁阀的工作原理及作用。

（3）简述增压压力控制电磁阀失效可能导致的故障现象。

（4）简述增压压力控制电磁阀的控制过程。

（5）简述检查增压压力控制电磁阀的步骤。

二、岗位轮转

依据“5+1”岗位工作制（表 5-3-3）进行分组实践练习。“5”代表机电工组内 5 个不同的岗位，包括：车内辅助作业、设备和工具技术支持、综合维修、诊断报告书写、整理工具与维修防护等；“1”为小组组长，代表维修经理对接发布任务的教师，其中个人岗位由组长按照岗位轮转制进行分配，即随着每节不同子任务的进行，每位成员轮流承担不同的岗位职责。组长分配好岗位后，将分配情况填入表 5-3-4。

表 5-3-3 “5+1”岗位职责分配

岗位名称	岗位职责
维修经理	接受维修任务，与组员协商制订维修计划，进行维修任务总结及汇报
车内辅助作业	根据维修进度协助维修技师操纵故障车辆，并实时监控故障车辆状态，将故障现象准确翔实地传达给维修技师

续表

岗位名称	岗位职责
设备和工具技术支持	调试、检查维修设备和工具，根据维修技师的要求递送工具、配合使用维修设备、读取数据以及协助维修作业
综合维修	按照诊断方案实施维修作业，分析检测数据，查找故障点，评估故障原因，排除车辆故障，并将维修过程数据实时汇报给记录员
诊断报告书写	记录过程数据，查阅维修资料，分析故障机理，指导维修作业
整理工具与维修防护	负责作业前的工具准备、车辆维修防护，作业中的工具整理、安全防护以及作业后的工具复位

表 5-3-4　岗位轮转表

轮转岗位名称	学生姓名	备注
维修经理		
车内辅助作业		
设备和工具技术支持		
综合维修		
诊断报告书写		
整理工具与维修防护		

三、计划和决策

1. 重现故障现象

起动发动机，观察车辆尤其是发动机的运行情况，发现故障现象及故障特征，分析可能的故障原因。

2. 用数字式万用表检测

1）测量电阻

从增压压力控制电磁阀 N75 上拔下电插头，用数字式万用表测量增压压力控制电磁阀线圈两端电阻值，正常电阻值应为 25~35 Ω。

2）检测电源电压

打开点火开关，将数字式万用表设置在直流电压挡，将红色表针连接增压压力控制电磁阀供电线，将黑色表针置于电瓶负极，应显示 5 V。

3）测量元件

直接给增压压力控制电磁阀供 12 V 电（注意极性要与实车相同）并同时用软管吹气检查，在正常情况下不通电时真空膜片式执行器通道与空气低压端通道应互通，通电时 3 个通道应互通。若检查中有异响，应再对外观检查。

3. 建立故障诊断思路，制定故障检修方案

参考上述故障检修步骤，结合实际车型的特点，进行故障机理分析，根据分析结果，制定故障检修实施方案，并将其填入表 5-3-5。

表 5-3-5 小组讨论确定的实施方案和计划

	序号	实施内容		工具
实施步骤				
实施方案其他说明			组长签字	

四、实施

（1）实施计划前准备工作（表 5-3-6）。

表 5-3-6 准备工作检验内容

理论资料是否齐备	是：□；否：□	是否穿戴工装及劳动保护措施		是：□；否：□
工具是否齐全、整齐	是：□；否：□	工作环境是否整洁		是：□；否：□
是否熟知操作安全注意事项		是：□；否：□	组长签字	

（2）针对故障情景，画出增压压力控制电磁阀的控制电路图，并列举可能的故障原因。

（3）用专用工具和仪器对增压压力控制电磁阀进行检测，将检测数据填入表 5-3-7，并得出分析结论。

表 5-3-7 增压压力控制电磁阀检测数据

检测项目	检测条件	标准值	测量值	结论
故障码	打开电门			
	怠速			
	急加速			
增压压力控制电磁阀开启状态	打开电门			
	怠速			
	急加速			

续表

检测项目		检测条件	标准值	测量值	结论
电压	供电电压	打开电门			
		怠速			
		急加速			
	信号电压	打开电门			
		怠速			
		急加速			
电阻		熄火			

五、检查与评估

考核类别	考核点	评分标准	分值	自我评价（20%）	组长评价（40%）	教师评价（40%）	得分
过程考核（30分）	操作及人身安全	出现常识性失误扣3分，手指或肢体受伤扣5分	5				
	车辆、设备是否损坏	设备损坏扣5分，车辆损坏扣5分	5				
	工具归位情况	零部件摆放凌乱扣1分，工具未归位扣1分	2				
	操作过程清洁或离场清洁情况	实训环境差扣1分，离场未清扫现场扣1分	2				
	环保意识、垃圾分类	未及时处理工作产生的废弃物扣2分	2				
	操作工具、起动车辆情况	擅自操作仪器扣2分，起动车辆时未警示他人扣2分	4				
	小组协作、沟通能力	组员闲置超时扣5分，无交流扣5分	2				
	作业过程中是否存在肢体碰撞、混乱现象	现场混乱扣5分，肢体碰撞扣5分	2				
	工作态度及规范执行能力	态度消极扣5分，不执行组长命令扣5分	4				
	良好的职业形象和精神风貌	着装怪异扣5分，嬉笑打闹扣5分	2				

续表

考核类别	考核点	评分标准	分值	自我评价（20%）	组长评价（40%）	教师评价（40%）	得分
工单完成效果评价（70分）	是否查阅资料，理论是否充足	没有罗列资料清单扣3分	5				
	实施计划方案书写是否认真	没有实施计划扣10分，不认真书写实施计划方案书扣3分	10				
	工单书写是否翔实，检修思路表达是否清晰、完整	工单书写不认真扣3分，检修思路不完整扣5分	10				
	工单是否有抄袭现象	工单有一处抄袭扣2分，直至扣完	15				
	工具、仪器使用是否正确	仪器使用错误扣3分	15				
	数据测量及分析是否正确	数据测量有误扣3分，分析不当扣3分	15				
合计			100				

六、拓展练习

1. 增压压力控制电磁阀故障的原因及解析

（1）故障状态。加速无力，发动机故障指示灯常亮，涡轮不介入。

（2）故障码。P0170A。

（3）故障原因。增压压力控制电磁阀内部膜片卡涩，空气压力大于设定值（出现在急加速时）或空气压力小于设定值（出现在急减速时）。

（4）故障危害。涡轮不介入，等于车辆发动机变为自然吸气发动机，无其他安全隐患。

（5）解决方案。更换新材质真空管，更换增压压力控制电磁阀。

（6）增压压力控制电磁阀故障的具体原因和工作原理解析。

从管路来说，备件号为1922V8的增压压力控制电磁阀与大众汽车的N75是不一样的，它没有接节气门后的高压空气，而是完全通过大气压和真空储罐的压差来驱动涡轮泄压阀的真空执行机构。

大众汽车的N75是靠大气压和增压压力的压差来驱动涡轮泄压阀的真空执行机构，由于节气门后增压空气有可能带有曲轴通风管带来的机油蒸汽，因此存在机油蒸汽进入N75导致卡涩的问题。

帕萨特汽车的增压压力控制电磁阀没有这个问题，它一路接空气滤清器上端的过滤后空气，另外一路接真空储罐，还有一路接真空膜片式执行器。其原理是ECU根据发动机负荷调节增压压力控制电磁阀的占空比，来控制大气压力和真空储罐之间的压力差。在低负荷状况下，增压压力控制电磁阀的真空膜片式执行器端和空气滤清器端连通，大气压力作用在泄压阀真空执行机构上，使涡轮排气阀打开，大多数废气都走排气管。在低负荷状况下，增压压力控制电磁阀的真空膜片式执行器端与真空储罐端连通，泄压阀真空执行机构使排气阀关闭，大多数废气走废气涡轮做功，推动叶轮旋转。增压压力控制电磁阀占空比的大小是通过查表法来确定的。也就是说，在多少负荷下，应该有多大的增压压力，对应多大的占空比，这是设计好的表格，ECU 是根据这个表格发出指令的。

1922V8 增压压力控制电磁阀出现三个常见故障码。

一个是增压压力调节，空气压力低于设定值。这往往发生在急加速的情况下。如果此时增压压力控制电磁阀反应迟缓，没有达到指定的开度，那么涡轮后的增压压力就没有达到表格中的设定值，出现故障码。

一个是增压压力调节，空气压力高于设定值。这往往发生在急减速的情况下。如果增压压力控制电磁阀反应迟缓，没有及时闭合，那么涡轮后的增压压力就超过了表格中的设定值，出现故障码。

一个是增压压力控制电磁阀开路，也就是增压压力控制电磁阀本身损坏。增压压力控制电磁阀完全没有反应，出现故障码。

在理解了为什么会出现这样的故障码后，就可以推测导致故障码的原因。最简单的就是增压压力控制电磁阀内部阀芯由于杂质卡涩而调节不良。但从管路系统来看，增压压力控制电磁阀的接口，无论是过滤后的空气，还是真空储罐，都不是杂质的源头。如果一定说有杂质进入，要么是管路存在漏气，导致外部污染的空气进入阀体，要么是空气滤清器过滤后空气依然存在杂质。管路漏气或者折叠还会导致失压，导致增压压力调节失败。

如果这种推断成立，在排除了管路漏气、管路折叠这类导致失压的问题后，那么保证空气滤清器的过滤效果很重要。一方面在污染大的地区要勤换空气滤清器，另一方面在更换空气滤清器的过程中，要避免灰尘沾染空气滤清器上盖，以免空气滤清器更换完成后，空气滤清器上盖中的灰尘进入通气管。此外，不要在发动机怠速工作时，把通气管从空气滤清器上盖中拔下来，因为此时空气端与真空膜片式执行器之间是通的，要尽量避免未经过滤的空气进入增压压力控制电磁阀控制通道。

另外一个可能的原因就是 ECU 内部的压力调节表格太过精确，而增压压力控制电磁阀的调整幅度跟不上表格的精确度。这个问题会导致大批量故障出现，而且更换增压压力控制电磁阀后还会重复出现。从现状来看，还是第一种原因（增压压力控制电磁阀阀体被污染或者管路存在缺陷）更为合理。

（7）故障总结。

如果出现上述故障码，请及时更换真空管和增压压力控制电磁阀，更换后故障复发概率小，如复发则极大可能是增压压力控制电磁阀本身损坏。应常换空气滤清器，最好和机油同周期更换，尽量不要拆装涡轮增压压力调节器的吸气管（空气滤清器左侧的管子）。如吸气管损坏，可以用棍子敲打一下增压压力控制电磁阀，或许会有改善；也可用节气门清洗剂从空气滤清器左侧的管子喷入，清洗增压压力控制电磁阀内部杂质。

社会主义核心价值观——法治

2. 发散思维

增压压力控制电磁阀损坏还会导致哪些故障现象？请列举一个具体的案例。

七、任务总结

1. 学到了哪些知识

2. 掌握了哪些技能

3. 提升了哪些素质

4. 自己的不足之处及同组同学身上值得自己学习的地方有哪些

项目六

缸内直喷发动机燃油喷射系统检修

项目描述

缸内直喷就是直接将燃油喷入气缸内与进气混合的技术。其优点是油耗量低，升功率大，喷射压力进一步提高，燃油雾化更加细致，真正实现了燃油的精准控制。同时，喷油嘴位置、喷雾形状、进气气流控制以及活塞顶形状等特别的设计，使油气能够在整个气缸内充分、均匀地混合，从而使燃油充分燃烧，能量转化效率更高。本项目的任务主要是通过故障现象结合解码仪诊断结果，围绕缸内直喷系统常见故障分析故障机理，利用专用的检测仪器完成故障检修工作。

任务1 缸内直喷发动机燃油喷射系统认识

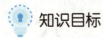

知识目标

（1）能够描述缸内直喷发动机燃油喷射系统的组成、结构。

（2）能够描述缸内直喷发动机燃油喷射系统的工作原理。

技能目标

（1）能够描述缸内直喷发动机燃油喷射系统的组成、结构。

（2）能够描述缸内直喷发动机燃油喷射系统的工作原理。

素质目标

（1）能够严格按照维修手册的标准从事检修工作。

（2）各小组成员应主动沟通、协作，小组间友善互助，服从组长的安排。

（3）诊断时要有自己的思路，理由要充分，杜绝二次返修和过度维修。

（4）任务完成后及时清理工位和复位工具，并将垃圾分类处理，所有工作在确保安全的前提下有序进行。

工作情景描述

长治大众4S店招聘了一批新员工，公司售后部门对新员工进行汽车维修知识技能培训，本期的培训内容为缸内直喷技术技能培训。你作为公司委派的内训师，应如何向新员工讲解缸内直喷技术的基本知识及原理？

知识准备

一、缸内直喷技术简介

传统汽油发动机是通过计算机采集凸轮轴的位置以及发动机各相关工况从而控制喷油嘴将燃油喷入进气歧管。由于喷油嘴离燃烧室有一定的距离，汽油与空气的混合情况受进气气流和节气门开关的影响较大，并且微小的油颗粒会吸附在管道壁上，所以人们希望喷油嘴能够直接将燃油喷入气缸。

缸内直喷就是将喷油嘴安装于气缸内，直接将燃油喷入气缸内与进气混合。它使喷射压力进一步提高，燃油雾化更加细致，真正实现了精准地按比例控制喷油并与进气混合，并且消除了缸外喷射的缺点。同时，喷油嘴位置、喷雾形状、进气气流控制，以及活塞顶形状等特别的设计，使油气能够在整个气缸内充分、均匀地混合，从而使燃油充分燃烧，能量转化效率更高。这套由柴油发动机衍生而来的科技目前已经大量使用在包含大众（含奥迪）、宝马、梅赛德斯-奔驰、通用以及丰田车系上。

各厂商缸内直喷技术的英文缩写如下。大众：TSI；奥迪：TFSI；梅赛德斯-奔驰：CGI；宝马：GDI；通用：SIDI；福特：GDI；比亚迪：TI。

二、缸内直喷发动机的类型

1. 汽油直接喷射（Gasoline Direct Injection，GDI）缸内直喷发动机

如图 6-1-1 所示，GDI 系统主要由低压输油泵、燃油压力传感器、喷油压力控制阀、高压油泵、蓄压燃油轨、喷油器等组成。

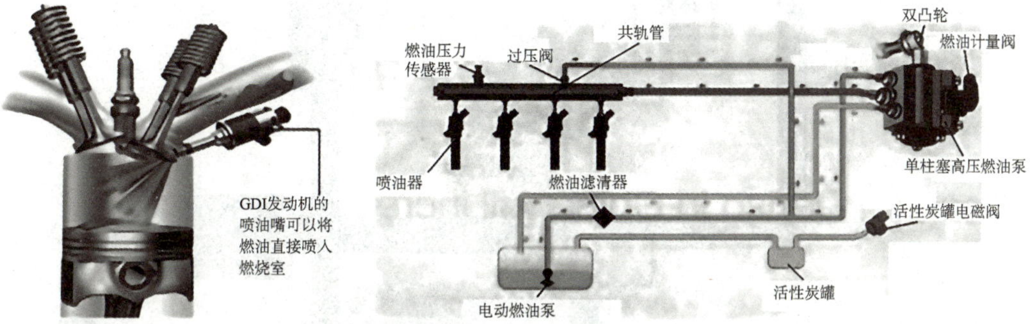

图 6-1-1 GDI 系统

2. 涡轮机械增压燃油分层喷射（Twincharged Stratified Injection，TSI）发动机

TSI 发动机实际上是把一个涡轮增压器（Turbocharger）和机械增压器（Supercharger）一起装到一台发动机里面，如图 6-1-2 所示。TSI 中的“T”不是指 Turbocharger，而是指 Twincharger（双增压）。一般涡轮增压发动机在较低和较高转速时都有一个动力的空挡，为了进一步提高涡轮增压发动机的效率，增加一个机械增压装置，并让它在低转速时提高进气压力。涡轮增压器的尺寸可以大一些，以弥补高转速时的动力空挡，从而达到一个从低转速到高转速的全段优异动力表现。

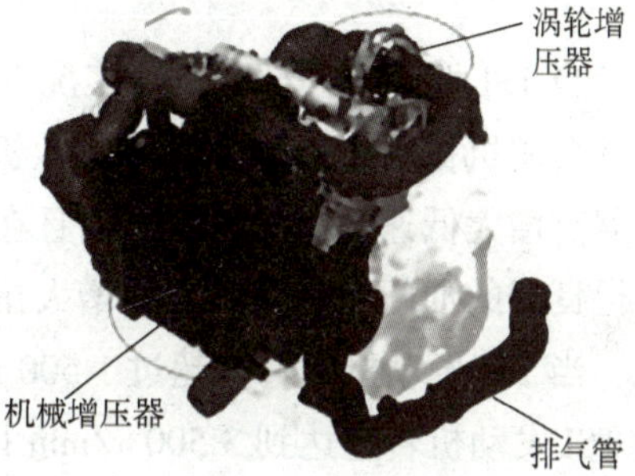

图 6-1-2 TSI 系统

（1）结构特点。机械增压器和涡轮增压器在进气道中是串联在一起的。空气从空气滤清器进入进气管以后，首先要经过机械增压器，然后通过进气管的引导经过涡轮增压器，最后进入进气歧管。虽然机械增压器和涡轮增压器是串联在一起的，但两者并不都是同时工作。ECU 能够控制进、排气旁通阀的开闭，也能控制机械增压器与发动机相连的电磁离合器的开闭。

（2）工作过程。如图 6-1-3 所示，当 TSI 发动机处于怠速工况时，机械增压器的电磁离合器是分离的，此时发动机与机械增压器之间的动力是断开的，而且机械增压器附近的进气旁通阀打开，空气并没有流经机械增压器，而是从旁通阀直接吸入；到了涡轮增压器的位置，涡轮增压的进气旁通阀也是打开的，这就相当于进气绕过了涡轮，直接被吸入气缸。也就是说，在怠速工况下，涡轮增压器和机械增压器都是不工作的，TSI 发动机相当于一台自然吸气发动机。

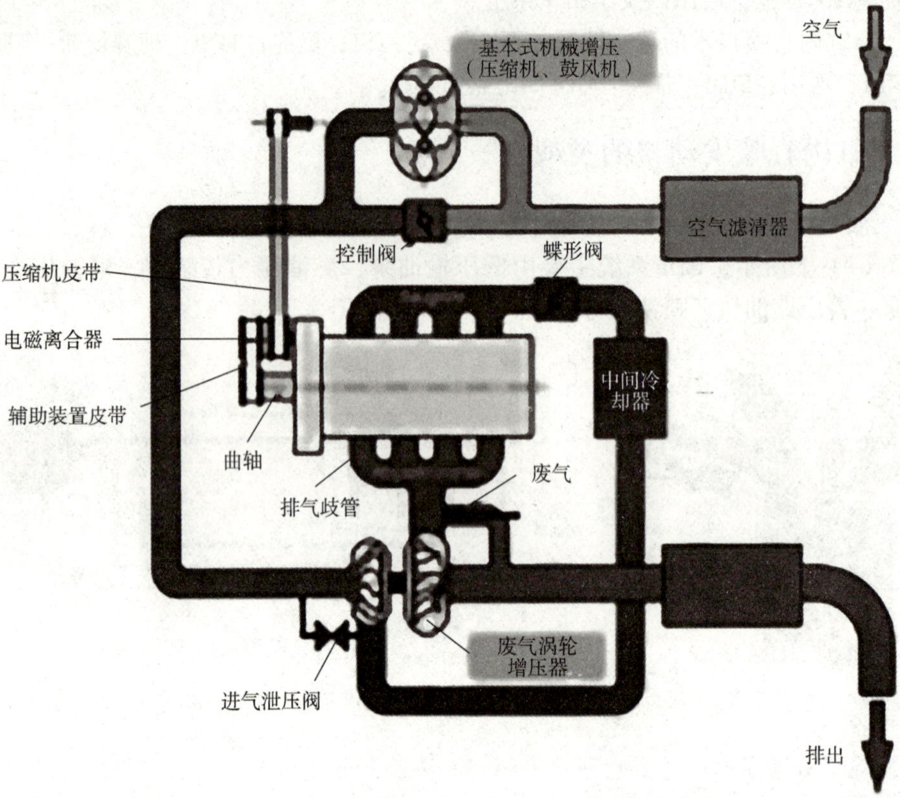

图 6-1-3　TSI 发动机的工作过程

当 TSI 发动机在部分负荷工况下低转速运转时，ECU 会接通机械增压器的电磁离合器，并且关闭机械增压器的旁通阀，让机械增压器开始工作，此时的增压值为 1.2 bar。机械增压器有增大低速扭矩的特点，而且在低转速时对 TSI 发动机功率的消耗并不大，因此既能够获得良好的油门响应，又能够增大扭矩输出。

当 TSI 发动机的转速超过 1 500 r/min 时，涡轮开始介入，此时的增压值提高到 2.5 bar。当 TSI 发动机转速达到 3 500 r/min 以上的高转速时，机械增压器开始停止增压，此时完全依靠涡轮增压器进行增压，增压值从 2.5 bar 降到 1.3 bar。

3. 燃油分层喷射（Fuel Stratified Injection，FSI）发动机

燃油分层喷射技术可以把燃油直接喷射到气缸中，以获得更好的点火和燃烧条件。通过对燃烧室内部形状的设计，让混合气能产生较强的涡流，使空气和燃油充分混合，然后使火花塞周围区域能有较浓的混合气，周边其他区域有较稀的混合气，保证在顺利点火的情况下尽可能实现稀薄燃烧。

FSI 发动机有 3 种工况模式：分层充气模式、均质稀混合气模式和均质混合气模式。

1）分层充气模式（图 6-1-4）

（1）在低速或中速运转时节气门为半开状态，进气歧管翻板封住下进气道，使空气运动加速，吸入的空气呈旋转状进入气缸并撞击活塞顶部，由于活塞顶部的特殊形状从而在火花塞附近形成期望中的涡流。

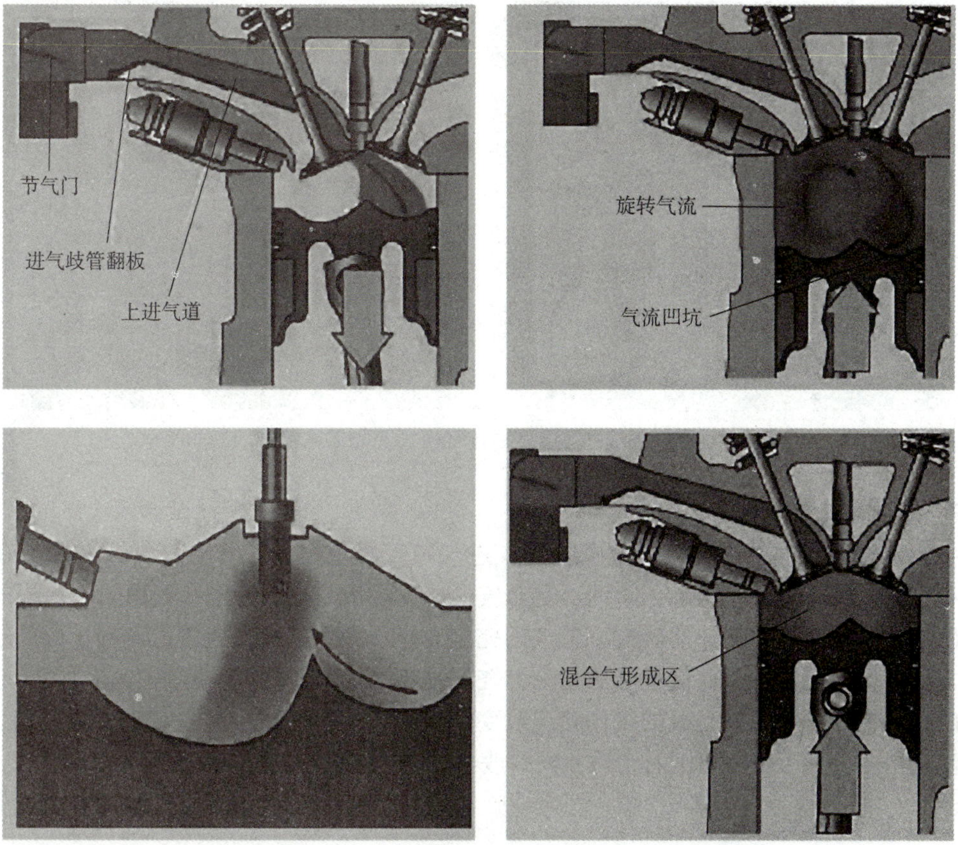

图 6-1-4　分层充气模式下的工作状态

（2）当压缩过程接近尾声时，少量的燃油由喷油器喷出，形成可燃气体。通常喷油开始于上止点前约 60°，结束于上止点前约 45°，燃油被喷射到气流凹坑内的时刻对混合气的形成影响较大。混合气形成只发生在 40°~50°曲轴角之间，如果小于这个范围将无法点燃混合气，而大于这个范围将变为均质混合气模式。空燃比 $\lambda=1.6\sim3$。

（3）这种方式可充分提高发动机的经济性，因为在转速较低，负荷较小时除了火花塞周围需要形成浓度较高的油气混合物外，燃烧室的其他地方只需要空气含量较高的混合气。在燃烧时只有混合好的气雾被点火燃烧，混合好的气雾周围的气体起隔离作用，缸壁热损耗小，使热效率提高。

（4）节气门不能完全打开，因为总是得保持一定的真空（用于活性炭罐装置和废气再循环装置）。FSI 发动机所产生的扭矩大小只取决于喷油量，在这里吸入的空气量和点火角并没有多大意义。

2）均质稀混合气模式（图 6-1-5）

（1）进气与分层充气相同，节气门打开，进气歧管翻板关闭。

（2）燃油约在点火上止点前 300°时喷入（吸气行程），混合气形成后可用时间较长。空燃比约 $\lambda=1.55$。

（3）燃烧发生在整个燃烧室内，点火时刻可自由选择。

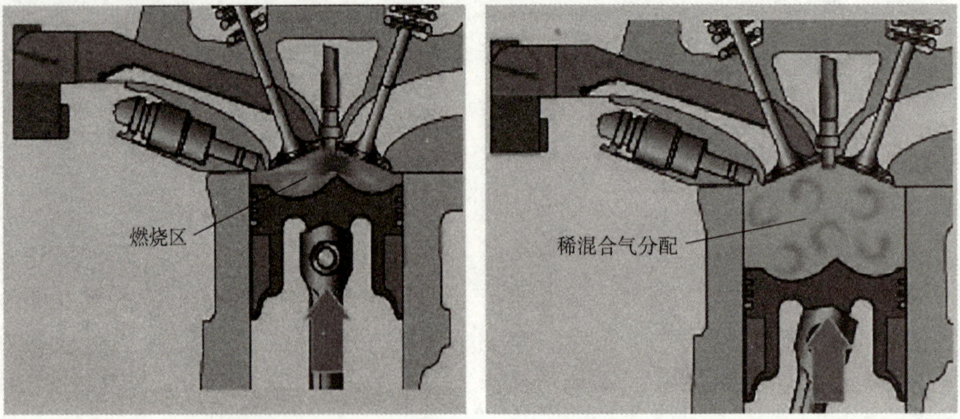

图 6-1-5　均质稀混合气模式下的工作状态

3）均质混合气模式

（1）节气门按照油门踏板的位置打开，进气歧管翻板根据工作点打开或关闭，在中等负荷和转速范围时为关闭状态。喷油、混合气形成和燃烧与均质稀混合气模式是一样的。

（2）当 FSI 发动机高速运转时，节气门完全开启，大量空气高速进入气缸，形成较强涡流并与燃油均匀混合，从而促进燃油充分燃烧，提高 FSI 发动机的动力输出。

ECU 不断根据 FSI 发动机的工作状况改变注油模式，始终保持最适宜的供油方式，提高了燃油利用效率和 FSI 发动机的动力，同时改善了排放。

三、缸内直喷模式

缸内直喷分为两步喷射过程：第一步在进气冲程中喷射燃油以降低气体温度，适应高压缩比；第二步在压缩冲程后期喷射燃油，形成上面阐述的分层状混合气形态。

任务实施

一、收集资讯

（1）简述 TSI、FSI 的含义。

（2）简述缸内直喷发动机的组成。

（3）简述分层稀薄燃烧技术的含义。

（4）简述缸内直喷技术的优点。

二、计划和决策

（1）进行小组分工，组员依次描述和讲解缸内直喷发动机的功能、组成、类型。

（2）进行角色扮演，实景问答，模拟内训师和新员工的培训场景。

不同的车型缸内直喷发动机的结构及组成有所不同，请各位同学参照实际实训条件，结合上述步骤，制定出符合实际情况的实施方案，并填入表 6-1-1。

表 6-1-1　小组讨论确定的实施方案和计划

	序号	实施内容		工具
实施步骤				
实施方案其他说明			组长签字	

三、实施

（1）技术要求与标准。

①能够结合实训车或实训台架，流畅地描述缸内直喷发动机的特点、组成及工作原理。

②习惯性地使用“三件套”、发动机舱防护罩等汽车防护物品，养成良好的职业习惯。

③养成“采取安全防护措施”的习惯。

④养成工具、零部件、油液“三不落地”的职业习惯，应将工具及拆下的零部件等整齐地放置在工具车及零件盘中。

（2）场地设施。具备消防设施的综合实训场地。

（3）设备设施。具有缸内直喷发动机的实训车一辆或电控发动机实训台架一部、举升机一台。

（4）耗材：干净抹布。

（5）实操演练。

在实车或电控发动机实训台架上指出缸内直喷发动机的组成、特点及工作原理，并准确复述缸内直喷发动机的不同工作模式。

四、检查与评估

考核类别	考核点	评分标准	分值	自我评价（20%）	组长评价（40%）	教师评价（40%）	得分
过程考核（30分）	操作及人身安全	出现常识性失误扣3分，手指或肢体受伤扣5分	5				
	车辆、设备是否损坏	设备损坏扣5分，车辆损坏扣5分	5				
	工具归位情况	零部件摆放凌乱扣1分，工具未归位扣1分	2				
	操作过程清洁或离场清洁情况	实训环境差扣1分，离场未清扫现场扣1分	2				
	环保意识、垃圾分类	未及时处理工作产生的废弃物扣2分	2				
	操作工具、起动车辆情况	擅自操作仪器扣2分，起动车辆时未警示他人扣2分	4				
	小组协作、沟通能力	组员闲置超时扣5分，无交流扣5分	2				
	作业过程中是否存在肢体碰撞、混乱现象	现场混乱扣5分，肢体碰撞扣5分	2				
	工作态度及规范执行能力	态度消极扣5分，不执行组长命令扣5分	4				
	良好的职业形象和精神风貌	着装怪异扣5分，嬉笑打闹扣5分	2				
工单完成效果评价（70分）	是否查阅资料，理论是否充足	没有罗列资料清单扣3分	5				
	实施计划方案书写是否认真	没有实施计划扣10分，不认真书写实施计划方案书扣3分	10				
	工单书写是否翔实，检修思路表达是否清晰、完整	工单书写不认真扣3分，检修思路不完整扣5分	10				
	工单是否有抄袭现象	工单有一处抄袭扣2分，直至扣完	15				
	工具、仪器使用是否正确	仪器使用错误扣3分	15				
	数据测量及分析是否正确	数据测量有误扣3分，分析不当扣3分	15				
合计			100				

五、拓展练习

1. 缸内直喷技术的发展历史

1955 年，世界首款搭载具有缸内直喷技术四冲程汽油机的量产车型——奔驰 300SL（图 6-1-6）诞生。该车的代号为 M198 的 3.0 L 直列六缸发动机首次运用了德国博世公司提供的机械式汽油缸内直喷系统，约 160 kW 的最大输出功率与当时普遍采用化油器的同排量汽油发动机相比，动力水平几乎整整高出 1 倍，并且油耗也降低了约 10%。

可惜在之后的几十年内，车用缸内直喷技术并没有得到进一步推广，但其间依然有一些厂商曾致力于此项技术的研究，其中包括美国汽车公司（American Motors Corporation，AMC）和福特公司。

福特公司在 1958 年就提出 PROCO（Programmed Combustion，直译为“编程燃烧”）计划（图 6-1-7），特别是 20 世纪 70 年代石油危机爆发，福特公司又进一步加快该计划的研究。当时采用的方案是将浓混合气和稀混合气分别喷入气缸以实现顺序燃烧。根据采用此技术的 Crown Victoria 验证，PROCO 发动机大约可以实现 20%的节油效果，只是这项技术最终由于电控技术尚不成熟、成本过高、氮氧化物排放不达标等一些原因被搁置。

图 6-1-6 奔驰 300SL

图 6-1-7 福特 PROCO 发动机

得益于电子技术的发展日新月异，缸内直喷技术中关键的电控环节有望得以突破。1996 年，三菱公司在当时现有型号为 4G93 的 1.8 L 发动机的基础上首次加入电控缸内直喷汽油发动机（图 6-1-8），率先发布了世界首款具有现代技术的缸内直喷汽油发动机，并将“GDI”申报为注册商标，而这款 GDI 发动机被用于日本销售的戈蓝轿车及欧版 Carisma 汽车。

由于早期出现的 GDI 发动机并不完全成熟，其节油优势并未得到明显体现，并且在排放方面也存在不足，所以并未收到良好的市场反应。随后，三菱公司继续改良其 GDI 技术，陆续推出了融入此项技术的 6G74 和 4G15 等一系列机型。三菱公司的各款 GDI 发动机发布 5 年后产量已达百万台。

1997—1998 年间，日产汽车公司及丰田汽车公司陆续发布了自家“NEO-Di”和“D4”缸直喷技术（图 6-1-9），直到 1999 年，雷诺汽车公司才发布欧洲首款具有缸内直喷技术的汽油发动机。相比之下，同期的一些其他欧洲汽车企业则走了捷径：PSA 集团向三菱公司购买了 GDI 技术用于自家 EW10 汽油发动机，并取名为“HPi”；与三菱 Carisma 共享平台的第一代沃尔沃 S40/V40 则直接搭载了具有 GDI 技术的 4G93 发动机；当前广为人知的大众 FSI 技术，据称当时在研发过程中也向丰田汽车公司寻求了技术合作。由此可见，在现代缸内直喷技术的发展过程中，日本汽车企业无疑充当了先行者的角色。

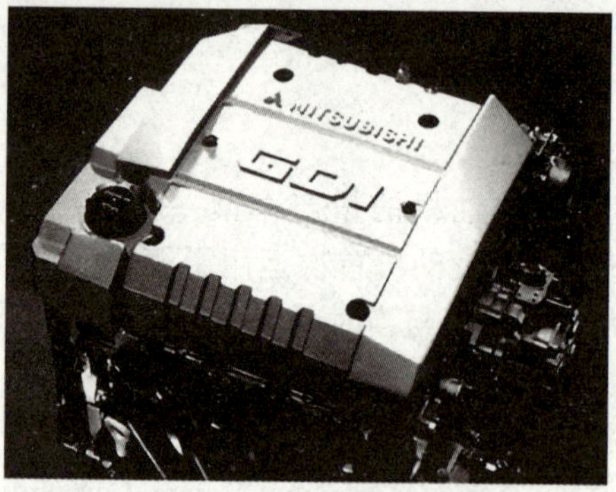

图 6-1-8　三菱缸内直喷发动机

图 6-1-9　日产/丰田缸内直喷技术

2000 年，世界首台结合废气涡轮增压和缸内直喷技术的发动机诞生于三菱公司（图 6-1-10）。该机型依然基于 4G93 发动机研发而来，仅搭载于帕杰罗 iO 五门车型，最大功率为 118 kW 5 200 r/min，最大扭矩为 220 N · m（3 500 r/min）。相比 2005 年推出的大众第二代 EA888 系列 1. 8TSI 发动机，这部面世时间早了 5 年的首款缸内直喷增压发动机在账面数据上并不弱势。

图 6-1-10　首台结合涡轮增压和缸内直喷技术的发动机源自三菱公司

女排精神

2. 发散思维

试分析缸内直喷技术的优势和劣势。

____

____

____

六、任务总结

1. 学到了哪些知识

____

____

____

2. 掌握了哪些技能

____

____

____

3. 提升了哪些素质

____

____

____

4. 自己的不足之处及同组同学身上值得自己学习的地方有哪些

____

____

____

任务2　发动机高压油泵、喷油嘴检修

知识目标

（1）掌握高压油泵、喷油嘴的组成、结构及工作原理。

（2）掌握高压油泵机械部件的检修步骤、方法。

（3）掌握缸内直喷发动机喷油嘴的工作原理及电路控制原理、电压波形信号的特点。

（4）掌握缸内直喷发动机喷油嘴电压波形的测量，故障码的读取、清除，动态数据流的读取方法。

技能目标

（1）能够描述高压油泵的结构、组成及工作原理。

（2）能够使用解码仪、维修工具对高压油泵、喷油嘴进行诊断分析及机械故障检修。

（3）能够描述故障排除诊断思路并排除故障。

素质目标

（1）能够严格按照维修手册的标准从事检修工作。

（2）各小组成员应主动沟通、协作，小组间友善互助，服从组长的安排。

（3）诊断时要有自己的思路，理由要充分，杜绝二次返修和过度维修。

（4）任务完成后及时清理工位和复位工具，并将垃圾分类处理，所有工作在确保安全的前提下有序进行。

工作情景描述

一辆2015款帕萨特1.8TSI汽车在行驶中突然熄火，再次起动时无法着车。维修技师小王试车后发现该车确有此现象，读取数据流为“（01-08-140-3区）：高压燃油压力值7 bar”；低压燃油压力正常，无故障码存在，初步分析可能是高压油泵出现故障。如果你是小王，你应如何用检测仪器完成检修工作？

故障机理分析

一、汽车在行驶中突然熄火，再次起动时无法着车原因分析

1. 油路系统

1）喷油嘴堵塞或燃油泵故障

喷油嘴堵塞或燃油泵故障会导致无法高压喷油，进而导致燃烧效率下降，动力也就无法达到预期的目标。

2）燃油滤清器阻塞

如果汽车在车身倾斜的时候突然变得格外无力，就有可能是燃油喷射系统中的燃油滤清

器出了问题。

2. 进气系统

发动机能运转，除了要有燃油，还要有空气。最容易发生的进气问题可能是空气滤清器或节气门系统堵塞，这些问题都会造成进气量不足。

3. 电路系统

电路系统产生的高压电是经由导线供给火花塞的，火花塞跳火点燃燃烧室中的混合气。火花塞是易损件，很容易出现问题，因此，在行驶里程达到一定数值时就要更换火花塞。

二、查找故障部位，确定故障点

出现故障的可能部位如下。

(1) 低压油路故障。

(2) 高压燃油压力传感器故障。

(3) 喷油嘴故障。

(4) 高压油泵自身故障。

查看数据流，显示“高压燃油压力值为 21 bar”，再读取数据流，显示“(01-08-140-3 区)：怠速油压为 7 bar”，低压燃油压力正常，无故障码存在。结合故障现象，应为燃油喷射系统出现故障，因此优先检查高压油泵和喷油嘴是否出现了问题。

知识准备

一、高压油泵的作用及位置

【位置】安装在凸轮轴的末端，由凸轮轴驱动，实现燃油二次加压。

【作用】经燃油压力调节阀建立压力，再经燃油分配管输送到 4 个高压喷油阀上。高压燃油喷射系统的燃油压力范围可以达到 30~110 bar。

二、高压油泵的结构与工作原理

【结构】如图 6-2-1 所示，高压油泵由凸轮轴以机械方式驱动。电动燃油泵给高压油泵预供油，预供油压力约为 6 bar，高压油泵产生燃油轨内所需要的压力。压力缓冲器会吸收高压燃油喷射系统内的压力波动。

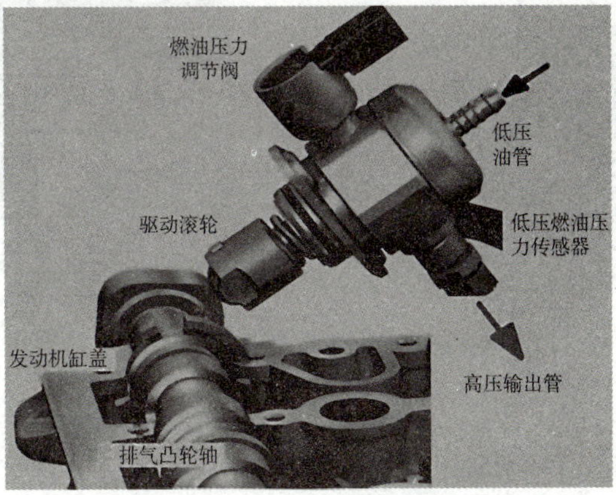

图 6-2-1 高压油泵驱动示意

【组成】如图 6-2-2 所示，高压燃油喷射系统由高压燃油泵、燃油压力调节阀 N276、油轨、燃油压力限制阀（开启压力大约为 120 bar）、高压燃油压力传感器 G247、低压燃油压力传感器、高压喷射阀 N30~N33 等组成。

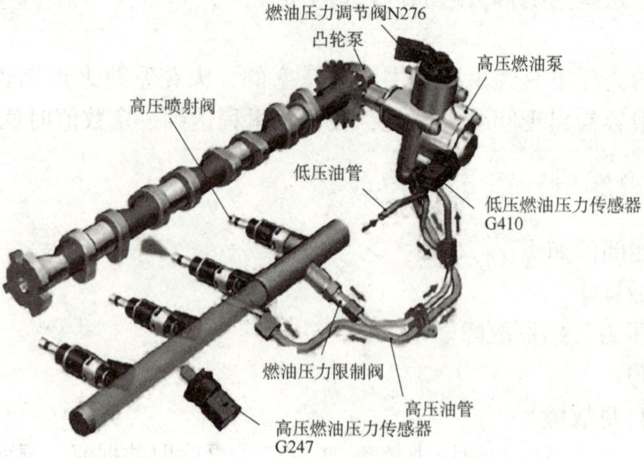

图 6-2-2　高压燃油喷射系统的组成

【原理】

（1）供油过程。根据特性曲线，如图 6-2-3 所示，当系统需要喷油时，高压油泵将燃油泵入油轨内。泵油时，燃油压力调节阀将吸合以切断供油，此时高压油泵将泵腔内的燃油泵入油轨。

（2）进油过程。如图 6-2-4 所示，在进油过程中，进油阀在针阀弹簧的作用下打开。在高压油泵活塞向下移动的过程中，泵腔的容积不断增大，燃油流入泵腔。

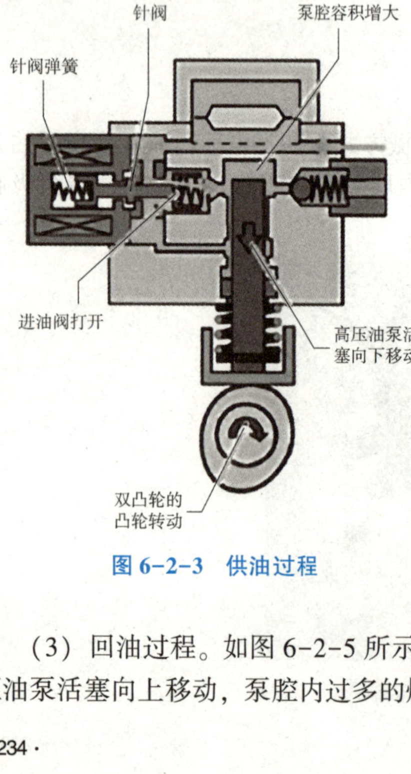

图 6-2-3　供油过程

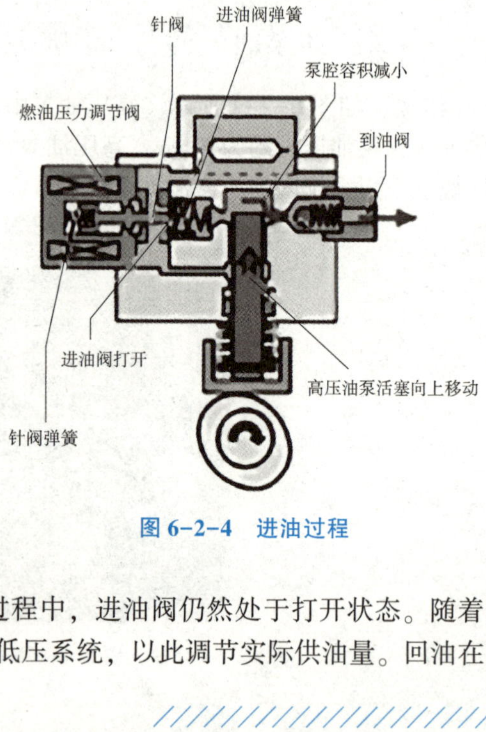

图 6-2-4　进油过程

（3）回油过程。如图 6-2-5 所示，在回油过程中，进油阀仍然处于打开状态。随着高压油泵活塞向上移动，泵腔内过多的燃油被压回低压系统，以此调节实际供油量。回油在系统中产生的液体脉动被系统中的油压脉冲缓冲器和燃油压力限制阀所衰减。

（4）出油过程。如图 6-2-6 所示，ECU 计算供油始点，给燃油压力调节阀 N276 发送指令，使其吸合。针阀将克服针阀弹簧的作用力向左移动；同时进油阀在针阀弹簧的作用下被关闭。高压油泵活塞向上移动，泵腔内建立起油压。当泵腔内的油压高于油轨内的油压时，出油阀开启，燃油被泵入油轨。

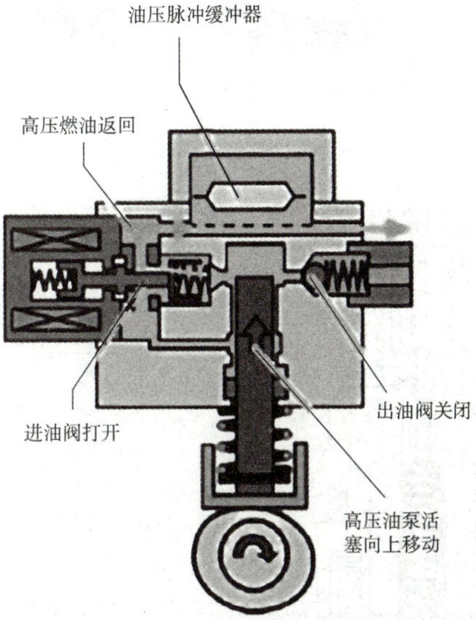

图 6-2-5　回油过程

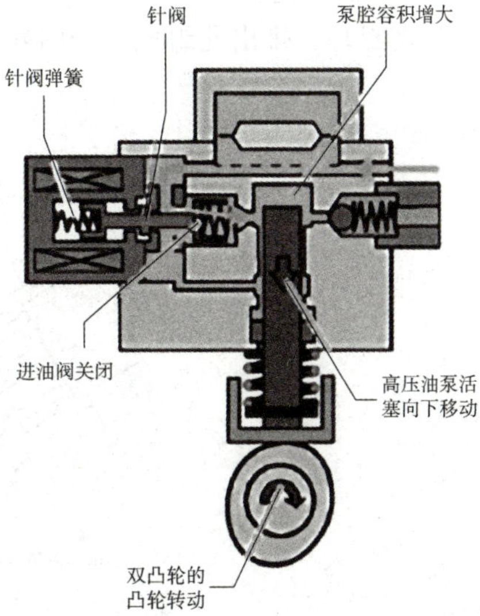

图 6-2-6　出油过程

三、高压喷油嘴的作用及位置

【作用】根据发动机 ECU 指令，计量出所需燃油量，在正确的时刻，将燃油雾化并直接喷入燃烧室。

【安装位置】在高压油轨下方，伸到气缸内部，如图 6-2-7 所示。

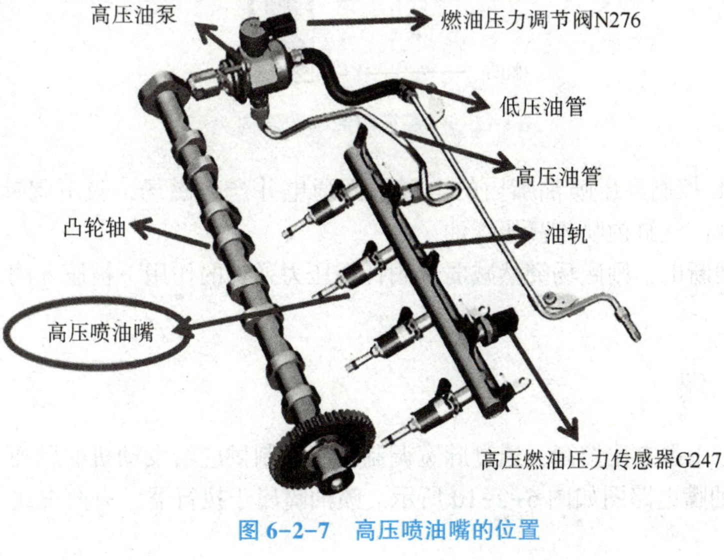

图 6-2-7　高压喷油嘴的位置

四、高压喷油嘴的结构与工作原理

【分类】轴针式、单孔式、多孔式。常用的高压喷油嘴为多孔式（图 6-2-8），其他两种应用较少。

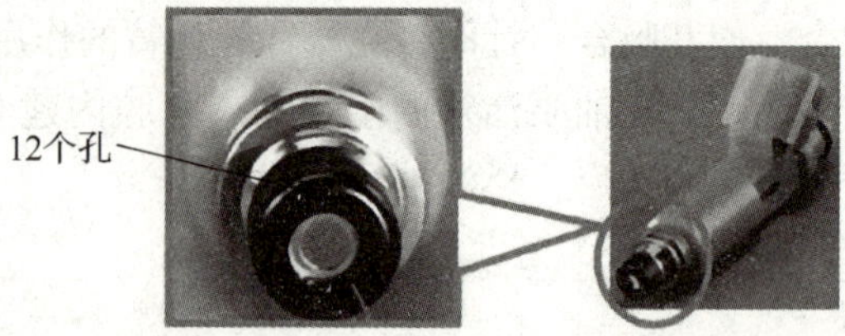

图 6-2-8　多孔式高压喷油嘴

【结构】由细滤网、电磁线圈、带电枢的阀针、密封环、排出孔组成，如图 6-2-9 所示。

【工作原理】

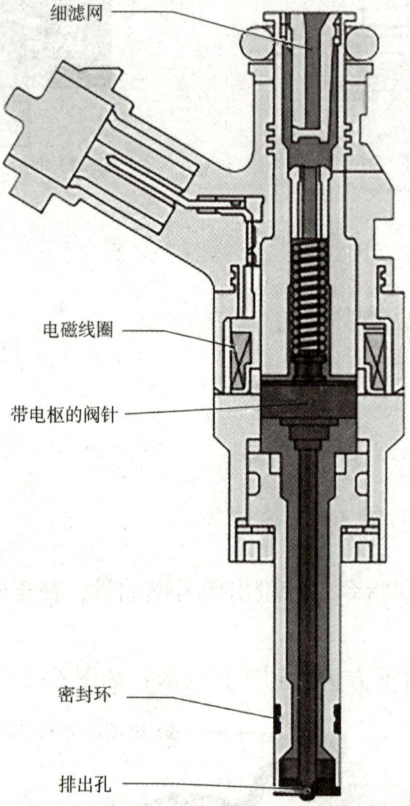

图 6-2-9　高压喷油嘴的结构

喷射期间 ECU 控制高压喷油嘴内的电磁线圈通电并产生磁场，吸引阀针的电枢上移，从而使阀门开启并向气缸内喷入高压燃油。

如果电磁线圈断电，则磁场突然减弱，阀针在压力弹簧的作用下被压入阀座，燃油喷射停止。

五、控制原理

高压喷油嘴采用占空比控制，通过脉宽调制精确控制供应给发动机的燃油。

（1）高压喷油嘴电路图如图 6-2-10 所示。喷油嘴属于执行器，有两根线，通常是一根电源线，一根搭铁线，而高压喷油嘴也有两根线，但是这两根线由占空比信号控制，它们之间有什么不同呢？

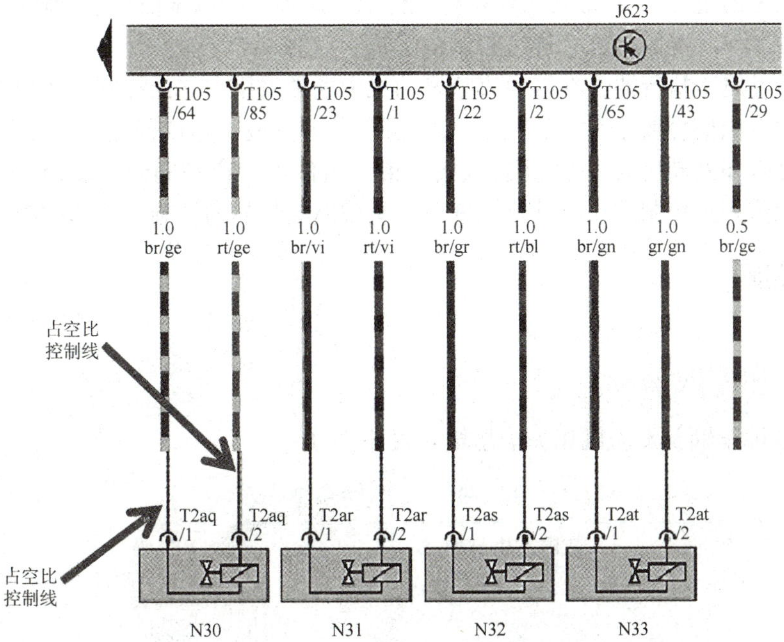

图 6-2-10　高压喷油嘴电路图

（2）低压喷油嘴与高压喷油嘴电压特征对比。

普通低压喷油嘴的两根线中，电源线的电压值恒等于电源电压，为 12 V 左右，搭铁线的电压值为 0 V 左右。

高压喷油嘴由占空比控制，两根线的实测电压值都是 0~1 V，没有电源线，也没有搭铁线。此时输出的电压值为平均电压值。

注意：由于数字式万用表的局限性，最好利用汽车专用示波器进行测量，可直观地观察高压喷油嘴的工作性能状态。用汽车专用示波器检测低压喷油嘴和高压喷油嘴，其波形分别如图 6-2-11、图 6-2-12 所示。

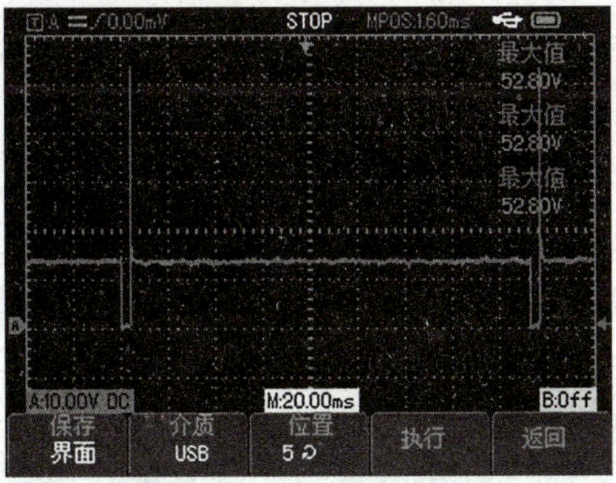

图 6-2-11　低压喷油嘴波形

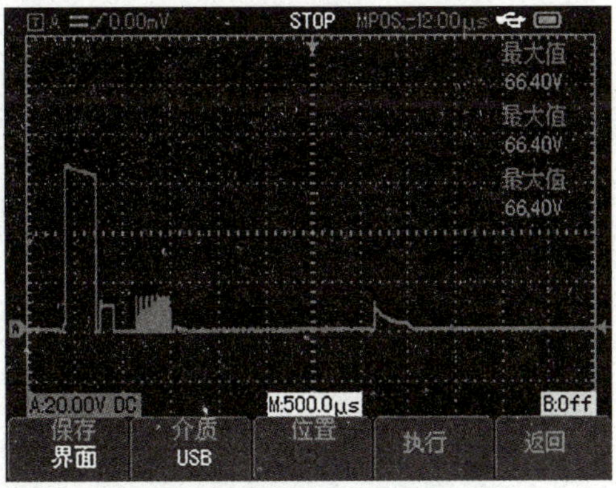

图 6-2-12　高压喷油嘴波形

(3) 占空比。

高压喷油嘴采用占空比控制，占空比是指在一个脉冲循环内，通电时间相对于总时间所占的比例。它是通过 ECU 对加在工作执行元件上一定频率的电压信号进行脉冲宽度的调制，以实现对元件工作状况的精准、连续控制。

高压喷油嘴属于执行器，在缸内直喷发动机中通常采用占空比控制来实现发动机燃油的精准供给。占空比信号属于数字信号，其控制信号为方波，建议使用汽车专用示波器来测量。高压喷油嘴和发动机 ECU 之间有两条线束，叫作占空比控制线。发动机工作时，ECU 会通过占空比信号来控制高压喷油嘴的开启，实现燃油喷射的精确、连续控制。

任务实施

一、收集资讯

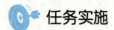

(1) 将故障车辆及发动机相关信息填入表 6-2-1。

表 6-2-1　故障车辆信息记录

<table>
<tr><td>车辆型号</td><td></td><td>故障发生日期</td><td></td><td>VIN 码</td><td></td></tr>
<tr><td>发动机
型号</td><td colspan="3"></td><td>里程表
读数</td><td></td></tr>
<tr><td>故障现象</td><td colspan="5"></td></tr>
</table>

(2) 简述高压燃油喷射系统的作用及组成。

(3) 简述高压油泵的工作原理。

①进油过程。

②回油过程。

③出油过程。

(4) 简述高压喷油嘴的位置、作用、结构及工作原理。

二、岗位轮转

依据“5+1”岗位工作制（表 6-2-2）进行分组实践练习。“5”代表机电工组内 5 个不同的岗位，包括：车内辅助作业、设备和工具技术支持、综合维修、诊断报告书写、整理工具与维修防护等；“1”为小组组长，代表维修经理对接发布任务的教师，其中个人岗位由组长按照岗位轮转制进行分配，即随着每节不同子任务的进行，每位成员轮流承担不同的岗位职责。组长分配好岗位后，将分配情况填入表 6-2-3。

表 6-2-2 “5+1”岗位职责分配

岗位名称	岗位职责
维修经理	接受维修任务，与组员协商制订维修计划，进行维修任务总结及汇报
车内辅助作业	根据维修进度协助维修技师操纵故障车辆，并实时监控故障车辆状态，将故障现象准确翔实地传达给维修技师
设备和工具技术支持	调试、检查维修设备和工具，根据维修技师的要求递送工具、配合使用维修设备、读取数据以及协助维修作业
综合维修	按照诊断方案实施维修作业，分析检测数据，查找故障点，评估故障原因，排除车辆故障，并将维修过程数据实时汇报给记录员
诊断报告书写	记录过程数据，查阅维修资料，分析故障机理，指导维修作业
整理工具与维修防护	负责作业前的工具准备、车辆维修防护，作业中的工具整理、安全防护以及作业后的工具复位

表 6-2-3 岗位轮转表

轮转岗位名称	学生姓名	备注
维修经理		
车内辅助作业		
设备和工具技术支持		
综合维修		
诊断报告书写		
整理工具与维修防护		

三、计划和决策

1. 高压油泵的检修

1）高压油泵检修注意事项

防火、通风，穿戴工装，注意职场环境。

2）高压油泵的检修步骤

(1) 正确打开高压燃油喷射系统。

①拔下活性炭罐插头。

②拔下高压油泵保险丝 SD10。

③起动发动机。

④注意 01/08/106 的显示区 1 下的燃油压力（怠速 50 bar）。

⑤当燃油压力为 6~8 bar 时关闭发动机（否则会损害三元催化转换器）并打开高压燃油喷射系统。

⑥完成修理后要清除故障存储器。

（2）高压油泵的维修和保养。

①高压油泵每次使用后，应用清水冲洗胶管和喷油嘴中的残液，做好机器外壳的清洁工作，将电源线理齐后，存放在固定场所。若发现破损或压力不够，应标以“待修”标识，并及时通知修复后才能使用。

②维修技师负责对高压油泵的维修保养工作，每天检查一次高压油泵的运行情况，并做好记录。如发现皮碗破损、老化导致漏气，压力不够，应及时调换。

③每半月检查一次高压油泵的电气性能、机械性能、主机和主接触器开关，加注必需的润滑油，保证设备使用正常，并做好记录。

④高压油泵内应保持一定的油位，一般应保持油浸面的$\frac{6}{10}$~$\frac{7}{10}$的位置，若发现机油不足，应及时加注，以保证设备正常运行。

（3）维修技师所做检查。

①查看数据流，显示“高压燃油压力值为 21 bar”，再读取数据流，显示“（01-08-140-3 区）：怠速油压为 7 bar”。

②低压燃油压力正常，无故障码存在。

（4）拆卸高压油泵，观察凸轮轴与高压油泵接触点，查看是否有磨损。高压油泵由凸轮轴驱动，凸轮轴和驱动挺柱之间磨损严重，如图 6-2-13 所示，造成高压油泵活塞行程变小，泵油能力下降，进而引起发动机无法着车。

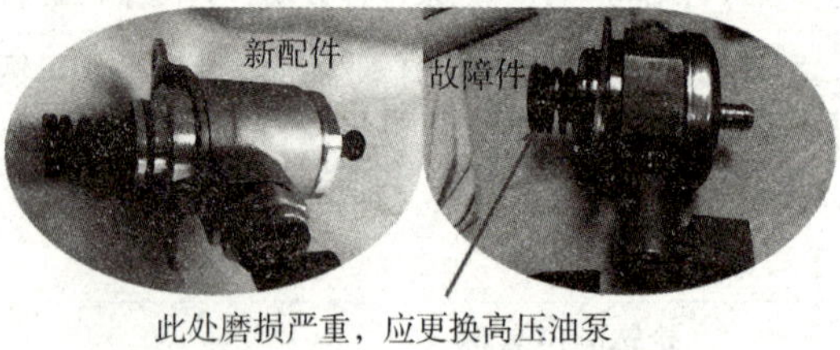

图 6-2-13　高压油泵故障点

2. 喷油嘴检修

1）喷油嘴检修注意事项

防火、通风，穿戴工装，注意职场环境。

2）检测喷油嘴是否动作

使发动机怠速，用手触摸喷油嘴，应有振动感；用起子接触喷油嘴，应有“嗒嗒”声。可用诊断仪执行器检查。

3）用数字式万用表检测

关闭点火开关，拔出控制插头，用数字式万用表测量喷油嘴的电阻，标准值为 2.5 Ω，若电阻值过大，则说明喷油嘴损坏。

电压驱动方式既可用于低电压喷油嘴，又可用于高电压喷油嘴。低电压喷油嘴的控制串入附加电阻，驱动电压一般为 5~6 V。高电压喷油嘴的控制无须串入附加电阻，驱动电压一般为 12 V。

4）用汽车专用示波器检测

连接解码仪，读取故障码为“p88954：发动机汽缸 1 失火 静态，P58795：发动机汽缸 1 喷油嘴断路 静态”；读取数据流，发现该车发动机 1 缸燃油喷射时间为 0 ms（正常值为 2.3～4.3 ms）。

按图 6-2-14 所示连接汽车专用示波器，检测喷油嘴波形，将检测波形与正常波形进行对比（图 6-2-15）。

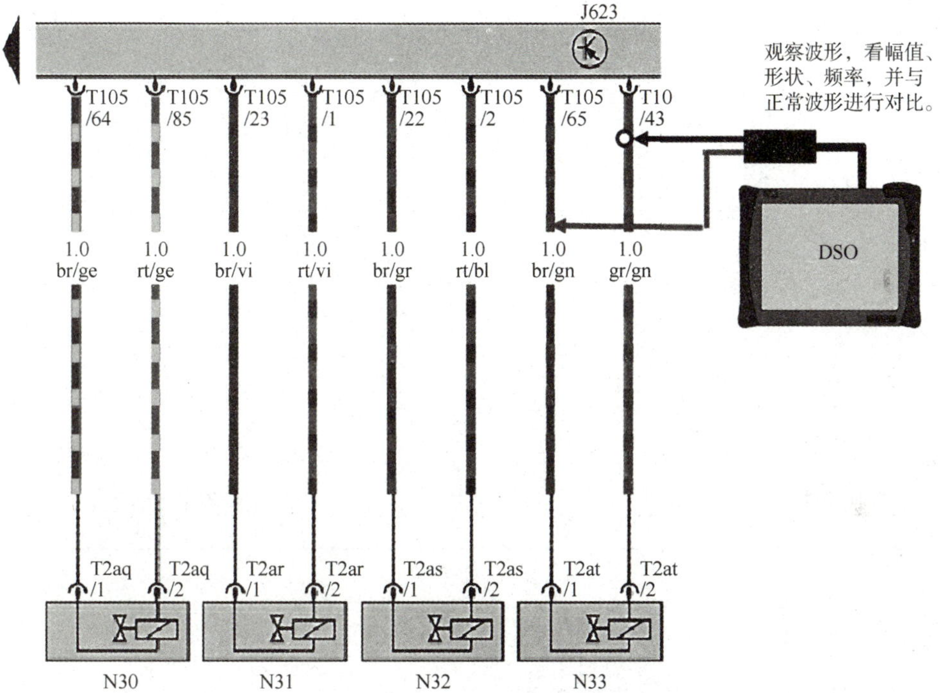

图 6-2-14　用汽车专用示波器检测

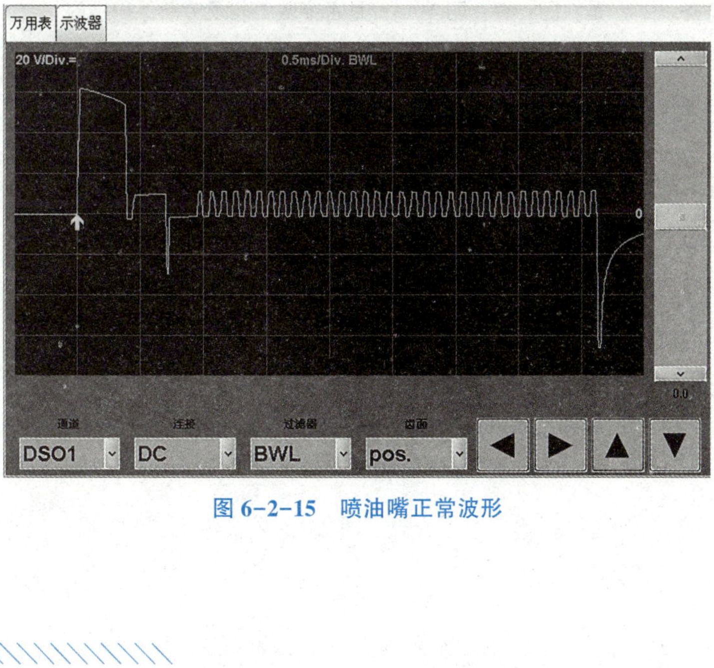

图 6-2-15　喷油嘴正常波形

3. 建立故障诊断思路，制定故障检修方案

参考上述故障检修步骤，结合实际车型的特点，进行故障机理分析，根据分析结果，制定故障检修实施方案，并将其填入表6-2-4。

表6-2-4　小组讨论确定的实施方案和计划

<table>
<tr><td rowspan="9">实施
步骤</td><td>序号</td><td colspan="2">实施内容</td><td>工具</td></tr>
<tr><td></td><td colspan="2"></td><td></td></tr>
<tr><td></td><td colspan="2"></td><td></td></tr>
<tr><td></td><td colspan="2"></td><td></td></tr>
<tr><td></td><td colspan="2"></td><td></td></tr>
<tr><td></td><td colspan="2"></td><td></td></tr>
<tr><td></td><td colspan="2"></td><td></td></tr>
<tr><td></td><td colspan="2"></td><td></td></tr>
<tr><td></td><td colspan="2"></td><td></td></tr>
<tr><td colspan="2">实施方案其他说明</td><td></td><td>组长签字</td><td></td></tr>
</table>

四、实施

（1）实施计划前准备工作（表6-2-5）。

表6-2-5　准备工作检验内容

<table>
<tr><td>理论资料是否齐备</td><td>是：□；否：□</td><td colspan="2">是否穿戴工装及劳动保护措施</td><td>是：□；否：□</td></tr>
<tr><td>工具是否齐全、整齐</td><td>是：□；否：□</td><td colspan="2">工作环境是否整洁</td><td>是：□；否：□</td></tr>
<tr><td colspan="2">是否熟知操作安全注意事项</td><td>是：□；否：□</td><td>组长签字</td><td></td></tr>
</table>

（2）简述高压油泵的维修和保养内容以及正确打开高压燃油喷射系统的步骤。

（3）针对任务情景，画出高压喷油嘴的控制电路图。

（4）用专用工具和仪器对高压喷油嘴进行检测，将检测数据填入表6-2-6，并得出分析结论。

表6-2-6　高压喷油嘴检测数据

检测项目		检测条件	标准值	测量值	结论
故障码		打开电门			
		怠速			
		急加速			
数据流	燃油压力	打开电门			
		怠速			
		急加速			
高压喷油嘴电压	1#脚电压	打开电门			
		怠速			
		急加速			
	2#脚电压	打开电门			
		怠速			
		急加速			
电阻		熄火			
波形图		打开电门			
		怠速			
		急加速			

五、检查与评估

考核类别	考核点	评分标准	分值	自我评价（20%）	组长评价（40%）	教师评价（40%）	得分
过程考核（30分）	操作及人身安全	出现常识性失误扣3分，手指或肢体受伤扣5分	5				
	车辆、设备是否损坏	设备损坏扣5分，车辆损坏扣5分	5				
	工具归位情况	零部件摆放凌乱扣1分，工具未归位扣1分	2				
	操作过程清洁或离场清洁情况	实训环境差扣1分，离场未清扫现场扣1分	2				
	环保意识、垃圾分类	未及时处理工作产生的废弃物扣2分	2				
	操作工具、起动车辆情况	擅自操作仪器扣2分，起动车辆时未警示他人扣2分	4				
	小组协作、沟通能力	组员闲置超时扣5分，无交流扣5分	2				
	作业过程中是否存在肢体碰撞、混乱现象	现场混乱扣5分，肢体碰撞扣5分	2				
	工作态度及规范执行能力	态度消极扣5分，不执行组长命令扣5分	4				
	良好的职业形象和精神风貌	着装怪异扣5分，嬉笑打闹扣5分	2				
工单完成效果评价（70分）	是否查阅资料，理论是否充足	没有罗列资料清单扣3分	5				
	实施计划方案书写是否认真	没有实施计划扣10分，不认真书写实施计划方案书扣3分	10				
	工单书写是否翔实，检修思路表达是否清晰、完整	工单书写不认真扣3分，检修思路不完整扣5分	10				
	工单是否有抄袭现象	工单有一处抄袭扣2分，直至扣完	15				
	工具、仪器使用是否正确	仪器使用错误扣3分	15				
	数据测量及分析是否正确	数据测量有误扣3分，分析不当扣3分	15				
合计			100				

六、拓展练习

1. 汽车更换喷油嘴后无法起动

1）故障现象

2010 年上海通用别克新君越汽车，配置 2.0 L LDK 涡轮增压发动机、AF40（TF-80SC）自动变速器。做完相关维修后无法起动。

2）故障诊断

最初车辆报修的故障是出现行车异响，尤其是在行车过程中收油门的时候会听到发动机舱靠右侧发出“嚓嚓”的响声。经举升车辆检查，发现是右侧中间轴过桥轴承发出异响。

更换完右侧中间轴总成（中间轴和轴承一体）后试车，异响消失。就在要回厂的时候发动机突然加速无力，然后就抖动起来，同时发动机故障指示灯点亮。

回厂后发现排气管冒白烟，读取发动机故障码为“P0301，1 缸失火”。拆下 1 缸火花塞检查，发现 1 缸缸筒里有很多汽油（图 6-2-16），还能听到 1 缸喷油器“嗞嗞”漏油的声音。决定更换 1 缸高压喷油嘴。订件到货后拆卸进气歧管、高压油泵等附件后更换 1 缸高压喷油嘴。操作装车完毕后汽车仍无法起动。

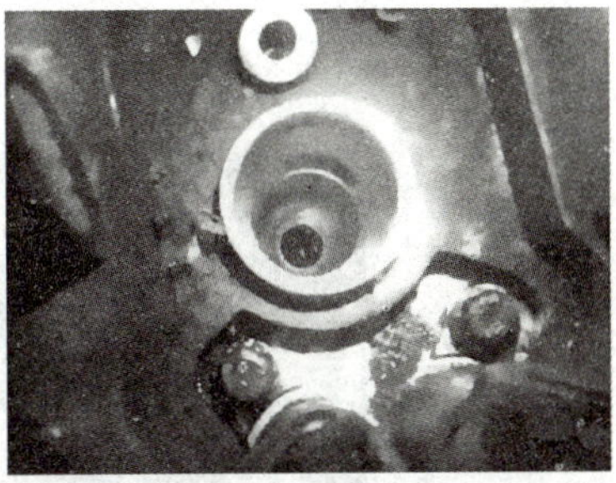
图 6-2-16　1 缸拆卸后的状态

检查燃油供给系统的低压部分，无泄漏，测量了低压部分的燃油压力在起动时为 380 kPa，在正常范围内。

用汽车故障诊断仪读取发动机数据流中的油轨燃油压力数据，数值为 0。检查高压燃油喷射系统，发现不存在泄漏。

难道是高压油轨上的燃油压力传感器出现了故障？仔细考虑可知，即便燃油压力传感器处于故障状态，只要高压燃油喷射系统正常，汽车还是能够起动的，况且发动机系统当下也没有燃油压力传感器的故障码。假设高压油泵不增压，仅靠低压部分的燃油压力也能完成起动。又考虑到可能是凸轮轴驱动高压油泵的凸轮部分断裂或高压油泵和凸轮之间的托子损坏，但经检查都没有问题。

这时问题集中在高压油泵上，维修技师更换了一个全新的高压油泵，装车后故障依旧存在。高压燃油喷射系统的高压部分配件（高压油泵、燃油导轨、燃油压力传感器、高压喷油嘴）目前可确定都没有问题，那么只有人为安装问题这一种可能性了。

查看维修手册高压油泵的安装部分（图 6-2-17），与实车安装的高压油泵对比（图 6-2-18），发现高压油泵装反了。

正确的安装方法应该是高压油泵的燃油压力调节阀朝上安装（图 6-2-19）。将高压油泵按正确的安装方法重新安装，车辆终于起动。

3）故障总结

这款 2.0 L LDK 涡轮增压发动机的高压油泵不同于 2.4 L LAF 发动机和 3.0 L LF1 发动机的高压油泵，它的高、低压油管螺纹是相同的，并且是对称的，即使安装错误也不易察觉。

幸福都是奋斗出来的

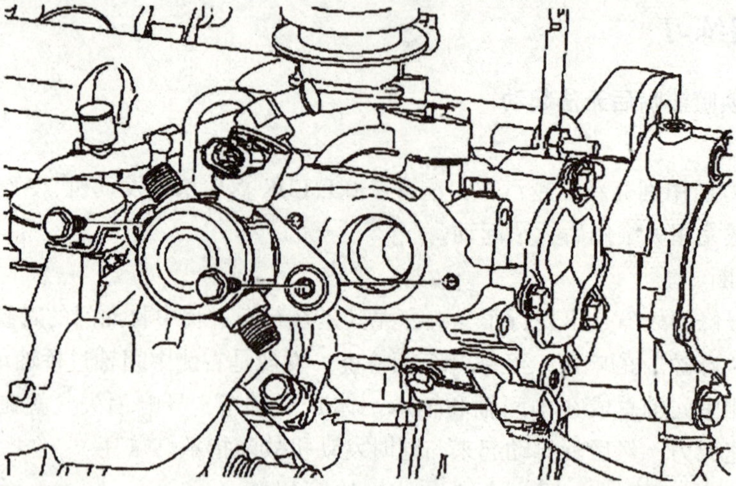
图 6-2-17　高压油泵的安装要求

图 6-2-18　高压油泵的实际安装

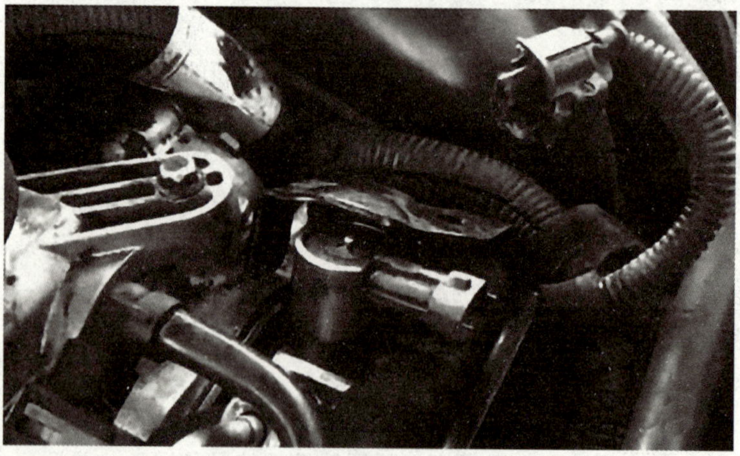
图 6-2-19　高压油泵的正确安装

2. 发散思维

高压油泵和喷油嘴还会引发什么故障现象？列举一个相关的案例。

____

____

____

七、任务总结

1. 学到了哪些知识

____

____

____

2. 掌握了哪些技能

____

____

____

3. 提升了哪些素质

____

____

____

4. 自己的不足之处及同组同学身上值得自己学习的地方有哪些

____

____

____

任务3 发动机高压燃油压力控制信号检修

知识目标

（1）掌握高压燃油压力传感器、燃油压力调节阀的工作原理及电路控制原理图、电压波形信号的特点。

（2）掌握高压燃油压力传感器、燃油压力调节阀电压波形的测量，故障码的读取、清除及动态数据流的读取方法。

技能目标

（1）能够使用数字式万用表、汽车专用示波器、解码仪对高压燃油压力传感器、燃油压力调节阀进行诊断分析。

（2）能够描述故障排除诊断思路并排除故障。

素质目标

（1）能够严格按照维修手册的标准从事检修工作。

（2）各小组成员应主动沟通、协作，小组间友善互助，服从组长的安排。

（3）诊断时要有自己的思路，理由要充分，杜绝二次返修和过度维修。

（4）任务完成后及时清理工位和复位工具，并将垃圾分类处理，所有工作在确保安全的前提下有序进行。

工作情景描述

一辆2015款帕萨特1.8TSI的VIN码为LFV3A23C493056632，发动机型号为BYJ（7.3万km）。该车进厂维修，客户描述该车在加速时转速达不到3 000 r/min，发动机排放故障指示灯点亮。维修技师小王试车后发现该车确有此现象，连接VAS5051诊断仪，发动机ECU报出故障码“P08851：燃油压力调节阀N276故障　静态”，查看故障出现频率为“229次”，确定为真故障，再读取数据流为“（01-08-140-3区）：怠速油压为7 bar”。小王初步分析可能是高压油泵、燃油压力传感器或燃油压力调节阀出现故障。如果你是小王，你如何判断该故障点？故障点为何会引起发动机排放故障指示灯点亮？请用检测仪器完成对高压燃油喷射系统的检修工作，并完成项目工单。

故障机理分析

一、发动机排气故障指示灯点亮原因分析

可能的故障原因如下。

（1）燃烧状态不好。

（2）进气系统故障。

（3）发动机气缸内部有积碳。

二、发动机转速无法提升原因分析

1. 燃油供给系统故障

汽车加速的最大动力来源就是发动机，而发动机是靠燃油推动工作的。因此，如果燃油供给系统出现了问题，自然在急加速时转速无法根据要求正常提升。

2. 没有按照要求控制燃油压力、喷油量或者点火时刻

在汽车进行急加速时，燃油压力、喷油量和点火时刻都是非常关键的因素，如果它们不符合规范，那么就很有可能导致发动机转速无法提升。

3. 火花塞和高压线出现问题

火花塞和高压线都是汽车的重要配件。火花塞的作用主要是产生火花来引燃气缸中的混合气，使汽车车速提升。因此，当火花塞和高压线出现问题时，发动机转速就有可能无法提升。

三、查找故障部位，确定故障点

出现故障的可能部位如下。

（1）燃油供给系统故障。

（2）点火系统故障。

（3）燃油压力传感器故障。

（4）燃油压力调节阀故障。

根据故障码和数据流，结合故障现象，分析是燃油供给系统出现故障，需要进行高压燃油压力控制信号检修。

知识准备

一、高压燃油压力传感器的作用及位置

【组成】高压燃油压力控制系统如图 6-3-1 所示，由高压油泵、凸轮轴、高压喷油嘴、高压燃油压力传感器、油轨、高压油管、低压油管、燃油压力调节阀等组成。

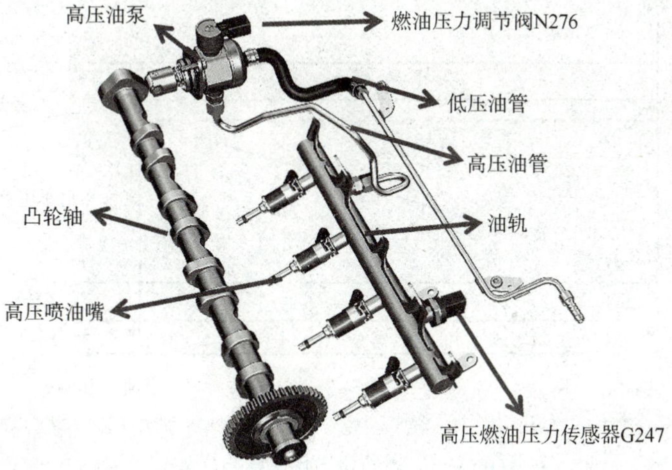

图 6-3-1　高压燃油压力控制系统的组成

【作用】油轨内的压力保持恒定对减少排放、降低噪声和提高功率有重要影响。燃油压力在一个调节回路中进行调节，传感器的测量误差小于 2%。

【位置】安装在油轨上，能测量高达 200 bar 的压力。

二、高压燃油压力传感器的结构与工作原理

【结构】如图 6-3-2 所示，由壳体、间隔块、传感器元件、印刷电路板、接触桥片、插头等组成。

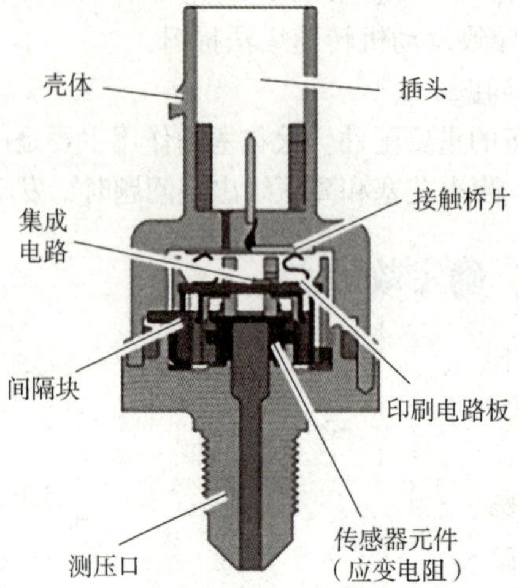

图 6-3-2　高压燃油压力传感器的结构

【工作原理】

高压燃油压力传感器的核心是一个钢膜，在钢膜上镀有应变电阻，要测量的燃油压力经测压口作用到钢膜的一侧时，钢膜弯曲引起应变电阻的电阻值发生变化。高压燃油压力传感器内有一套电子分析机构，它将燃油压力信号转变为电压信号输送给 ECU，燃油压力升高时电阻值减小，信号电压升高，如图 6-3-3 所示。

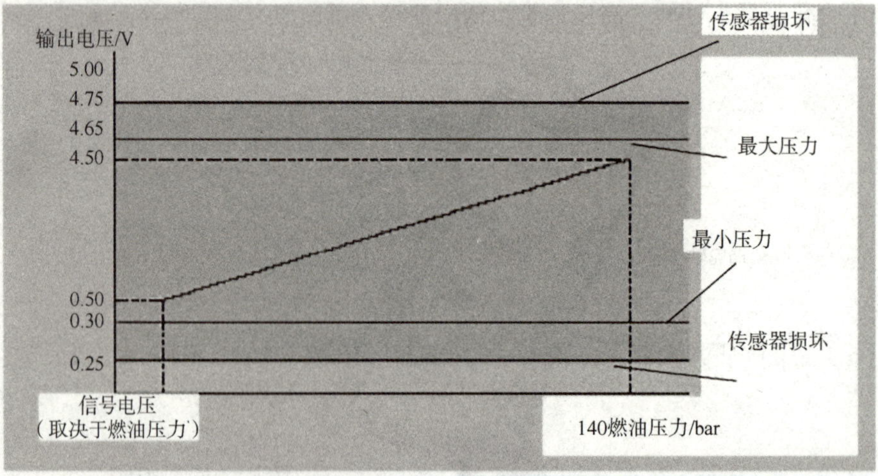

图 6-3-3　燃油压力传感器电压变化

三、燃油压力调节阀的作用及工作原理

【作用】属于渐开型电磁阀，通过接受 ECU 的占空比信号调节开度实现调压，使燃油压力始终与发动机 ECU 的要求一致，满足发动机工作的各种工况。

【位置】高压油泵旁边。

【工作原理】

起动时，燃油压力调节阀 N276（图 6-3-4）被短暂激活，进油阀关闭，燃油压力上升，燃油传递立即开始。入口关闭后，电磁阀电源切断，泵内的压力保持进油阀关闭，直到喷油结束，如图 6-3-5 所示。

图 6-3-4　高压燃油压力调节阀

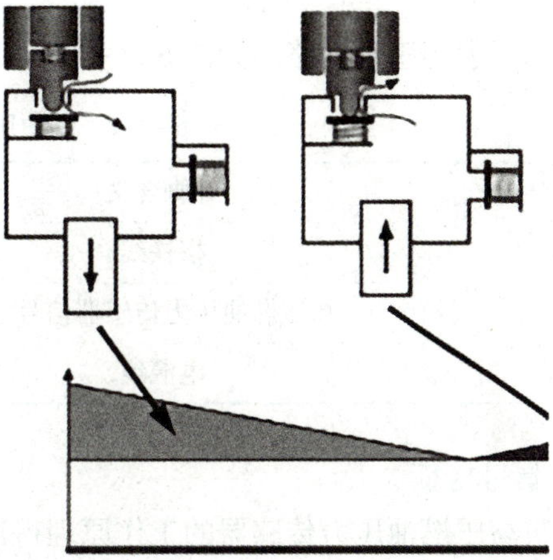

图 6-3-5　起动时燃油压力调节阀的工作状态

燃油压力调节阀在充油位置使燃油流入，进油阀打开，出油阀关闭。因弹簧力小于高压油泵 G6 的压力，此时高压油泵活塞向下运动，燃油从泵腔吸入。在出油阀的作用下，高压油泵活塞处于吸入行程，燃油流入泵腔，如图 6-3-6 所示。

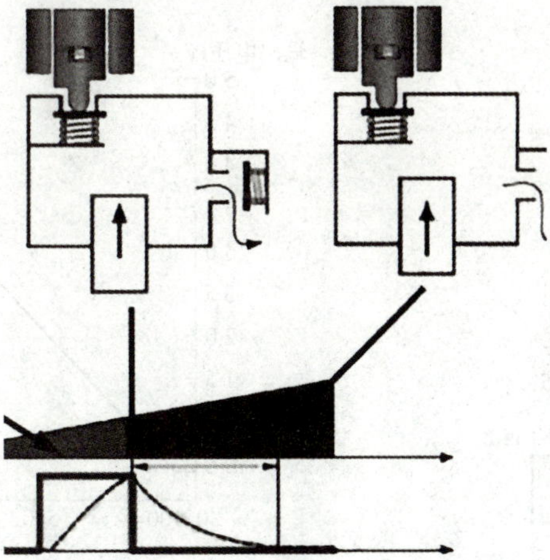

图 6-3-6　燃油压力升高时燃油压力调节阀的工作状态

燃油压力调节阀收到 ECU 脉冲，进油阀关闭。由于高压油泵活塞向上运动，实现供油，高压油泵活塞处于充油行程，燃油压力调节阀的操作状态改变，被发动机 ECU 激活，激活时间保持一致，燃油压力调节阀被激活得越早，供油行程对应的供油量越大。

四、控制原理

发动机 ECU 对高压燃油压力传感器信号进行分析，并通过燃油压力调节阀调节燃油分配器管路内的压力。

只有高压油泵的不停工作还不够，还需要 ECU 通过对高压燃油压力传感器的信号进行收集、分析和处理，才能控制喷油嘴进行精密喷油。

1. 电路图

燃油压力传感器电路图如图 6-3-7 所示，各针脚含义见表 6-3-1。

表 6-3-1 燃油压力传感器各针脚含义

针脚号	针脚含义	标准电压范围/V
1	搭铁线	0
2	高压燃油压力传感器信号线	0~5
3	电源线	5

2. 信号特征

分析高压燃油压力传感器的工作原理得出，随着燃油压力的升高，输出的电压信号成比例上升，如图 6-3-8 所示。

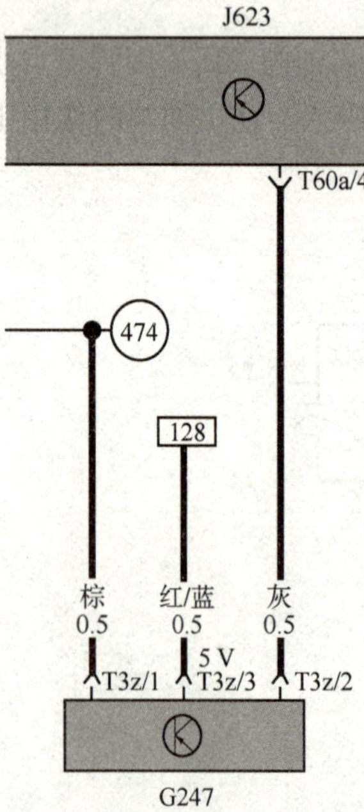

图 6-3-7 高压燃油压力传感器电路图

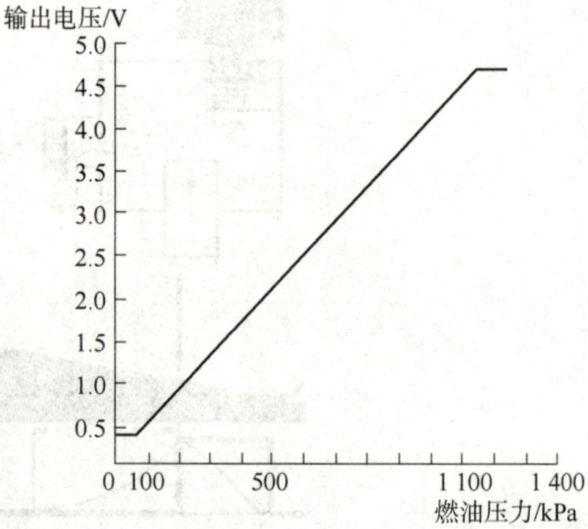

图 6-3-8 高压燃油压力传感器的信号特征

任务实施

一、收集资讯

（1）将故障车辆及发动机相关信息填入表 6-3-2。

表 6-3-2 故障车辆信息记录

<table>
<tr><td>车辆型号</td><td></td><td>故障发生日期</td><td></td><td>VIN 码</td><td></td></tr>
<tr><td>发动机型号</td><td colspan="3"></td><td>里程表读数</td><td></td></tr>
<tr><td>故障现象</td><td colspan="5"></td></tr>
</table>

（2）简述高压燃油压力传感器的作用及原理。

（3）简述燃油压力调节阀的作用及原理。

（4）分别列举高压燃油压力传感器和燃油压力调节阀可能引发的故障现象。

二、岗位轮转

依据“5+1”岗位工作制（表 6-3-3）进行分组实践练习。“5”代表机电工组内 5 个不同的岗位，包括：车内辅助作业、设备和工具技术支持、综合维修、诊断报告书写、整理工具与维修防护等；“1”为小组组长，代表维修经理对接发布任务的教师，其中个人岗位由组长按照岗位轮转制进行分配，即随着每节不同子任务的进行，每位成员轮流承担不同的岗位职责。组长分配好岗位后，将分配情况填入表 6-3-4。

表 6-3-3 “5+1” 岗位职责分配

岗位名称	岗位职责
维修经理	接受维修任务，与组员协商制订维修计划，进行维修任务总结及汇报
车内辅助作业	根据维修进度协助维修技师操纵故障车辆，并实时监控故障车辆状态，将故障现象准确翔实地传达给维修技师
设备和工具技术支持	调试、检查维修设备和工具，根据维修技师的要求递送工具、配合使用维修设备、读取数据以及协助维修作业
综合维修	按照诊断方案实施维修作业，分析检测数据，查找故障点，评估故障原因，排除车辆故障，并将维修过程数据实时汇报给记录员
诊断报告书写	记录过程数据，查阅维修资料，分析故障机理，指导维修作业
整理工具与维修防护	负责作业前的工具准备、车辆维修防护，作业中的工具整理、安全防护以及作业后的工具复位

表 6-3-4 岗位轮转表

轮转岗位名称	学生姓名	备注
维修经理		
车内辅助作业		
设备和工具技术支持		
综合维修		
诊断报告书写		
整理工具与维修防护		

三、计划和决策

1. 高压燃油压力传感器检修

1）高压燃油压力传感器检修的注意事项

防火、通风，穿戴工装，注意职场环境。

2）高压燃油压力传感器各针脚的含义和标准值

如图 6-3-7 所示，1 号针脚：搭铁线，接地电阻为 0 Ω；3 号针脚：参考电压 5 V；4 号针脚：高压燃油压力传感器信号线，电压随燃油压力的变化在 0~5 V 范围内变化。

3）检测步骤

高压燃油压力传感器属于压力型传感器，和其他压力型传感器的工作原理相同，用来检测高压燃油压力，并输送给 ECU。

对于高压燃油压力传感器自身故障、搭铁断路、信号断路、虚接等异常情况，ECU 都会存储故障码，也可通过数据流读取高压燃油压力信号。

2. 燃油压力调节阀故障检修

1）燃油压力调节阀故障检修的注意事项

防火、通风，穿戴工装，注意职场环境。

2）燃油压力调节阀电路控制原理

如图 6-3-9 所示，燃油压力调节阀 N276 属于执行元件，共有两根线，1 号针脚为 12 V 供电线，2 号针脚为搭铁线。注意：由于控制信号的特殊性，要使用汽车专用示波器测量。

3）燃油压力调节阀的动作检测

从燃油压力调节阀上拆下软管，接上辅助软管，起动执行元件诊断，并触发燃油压力调节阀，燃油压力调节阀将发出“咔嚓”响声，并打开和关闭（通过向辅助软管吹气检查）。如果燃油压力调节阀无“咔嚓”声响，则应对燃油压力调节阀进行电气检测。

4）燃油压力调节阀的电气检测

从燃油压力调节阀上拔下电插头，用数字式万用表测量线圈电阻值，电阻值应符合维修手册要求。

连接汽车专用示波器，检测燃油压力调节阀的波形，并与正常波形（图 6-3-10）进行对比。

注意：在检查燃油压力调节阀是否工作时，禁止给其持续通正电，否则会将其烧坏，只能利用诊断仪器的执行元件自诊断功能对其进行检查。

3. 建立故障诊断思路，制定故障检修方案

参考上述故障检修步骤，结合实际车型的特点，进行故障机理分析，根据分析结果，制定故障检修实施方案，并将其填入表 6-3-5。

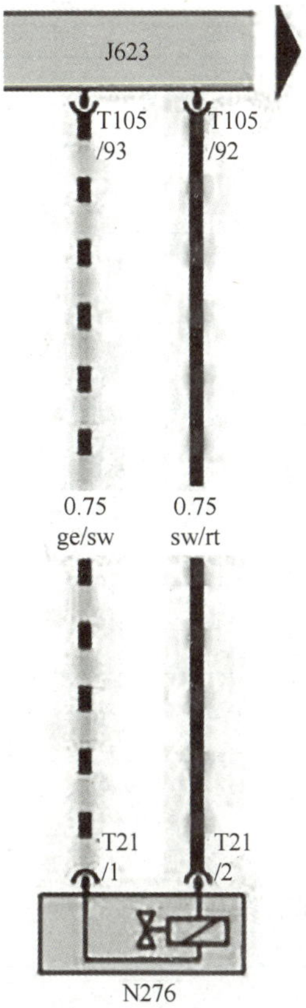

图 6-3-9 燃油压力调节阀电路图

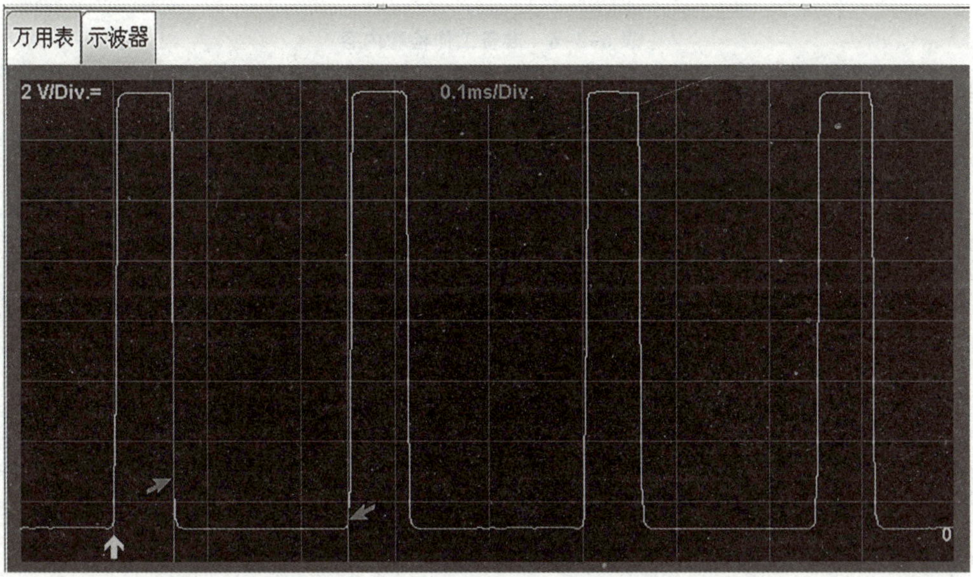

图 6-3-10 燃油压力调节阀的正常波形

表 6-3-5　小组讨论确定的实施方案和计划

	序号	实施内容	工具
实施步骤			
实施方案其他说明		组长签字	

四、实施

（1）实施计划前准备工作（表 6-3-6）。

表 6-3-6　准备工作检验内容

理论资料是否齐备	是：□；否：□	是否穿戴工装及劳动保护措施	是：□；否：□
工具是否齐全、整齐	是：□；否：□	工作环境是否整洁	是：□；否：□
是否熟知操作安全注意事项	是：□；否：□	组长签字	

（2）简述检查高压燃油压力传感器的步骤。

（3）用专用工具和仪器对高压燃油压力传感器和燃油压力调节阀进行检测，将检测数据填入表 6-3-7，并得出分析结论。

表 6-3-7 高压燃油压力传感器和燃油压力调节阀检测数据

检测项目		检测条件	标准值	测量值	结论
故障码		打开电门			
		怠速			
		急加速			
数据流	燃油压力	打开电门			
		怠速			
		急加速			
高压燃油压力传感器电压	供电电压	打开电门			
		怠速			
		急加速			
	信号电压	打开电门			
		怠速			
		急加速			
燃油压力调节阀电压	供电电压	打开电门			
		怠速			
		急加速			
	搭铁电压	打开电门			
		怠速			
		急加速			
电阻		熄火			
波形图		打开电门			
		怠速			
		急加速			

五、检查与评估

考核类别	考核点	评分标准	分值	自我评价（20%）	组长评价（40%）	教师评价（40%）	得分
过程考核（30分）	操作及人身安全	出现常识性失误扣3分，手指或肢体受伤扣5分	5				
	车辆、设备是否损坏	设备损坏扣5分，车辆损坏扣5分	5				
	工具归位情况	零部件摆放凌乱扣1分，工具未归位扣1分	2				
	操作过程清洁或离场清洁情况	实训环境差扣1分，离场未清扫现场扣1分	2				
	环保意识、垃圾分类	未及时处理工作产生的废弃物扣2分	2				
	操作工具、起动车辆情况	擅自操作仪器扣2分，起动车辆时未警示他人扣2分	4				
	小组协作、沟通能力	组员闲置超时扣5分，无交流扣5分	2				
	作业过程中是否存在肢体碰撞、混乱现象	现场混乱扣5分，肢体碰撞扣5分	2				
	工作态度及规范执行能力	态度消极扣5分，不执行组长命令扣5分	4				
	良好的职业形象和精神风貌	着装怪异扣5分，嬉笑打闹扣5分	2				
工单完成效果评价（70分）	是否查阅资料，理论是否充足	没有罗列资料清单扣3分	5				
	实施计划方案书写是否认真	没有实施计划扣10分，不认真书写实施计划方案书扣3分	10				
	工单书写是否翔实，检修思路表达是否清晰、完整	工单书写不认真扣3分，检修思路不完整扣5分	10				
	工单是否有抄袭现象	工单有一处抄袭扣2分，直至扣完	15				
	工具、仪器使用是否正确	仪器使用错误扣3分	15				
	数据测量及分析是否正确	数据测量有误扣3分，分析不当扣3分	15				
合计			100				

六、拓展练习

1. 大众 V8 汽车高压燃油传感器故障检修案例

1）故障车型

大众 V8 4.0T 涡轮增压汽油发动机。

2）故障现象

发动机故障指示灯点亮，而且 ECU 报故障码为“U066500：气缸组 2 的燃油分配管压力传感器通信中断”。

3）故障诊断

汽车故障诊断仪上监控的气缸组 2 燃油分配管压力未显示合理值，故障码 U066500 是静态的并且无法消除。首先，最简单的方法是检查气缸组 2 燃油分配管压力传感器上的电线和插座，因为在卸下发动机塑料盖后可以非常容易地找到该传感器。找到该传感器之后（使用的是 PICO 示波器），测量传感器的 3 根线或使用 PICO 示波器分支引线进行测量（在电压范围内，也可以用数字式万用表进行检查）。

经过检测，发现传感器 G624 的 3 根电线上均存在 5 V 电压（使用的是 PICO 示波器分支引线，其电气原理类似于将连接器直接插入传感器，并且将 3 根电线中的每根电线都通过针式探针固定）。

正常情况下，3 根电线不应该全是 5 V 电压，这时应查看接线图（图 6-3-11）。

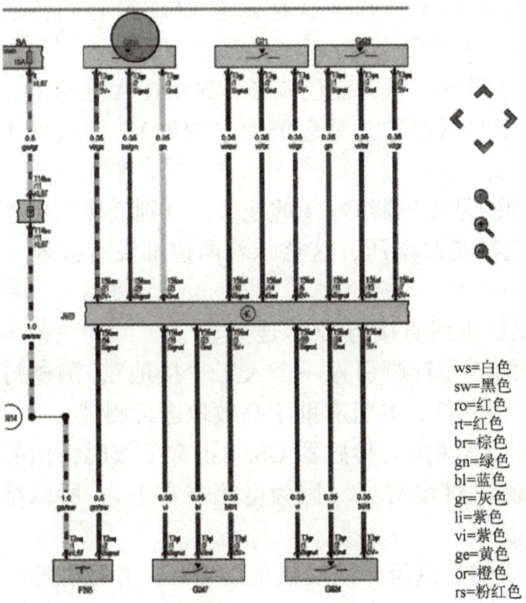

图中控制的有发动机冷却系统恒温器，进气歧管压力传感器，燃油压力传感器，低压燃油压力传感器，进气歧管压力传感器2，燃油压力传感器2

F265 –图中控制的发动机冷却系统恒温器，位于发动机前部
G71 –进气歧管压力传感器，在进气歧管上
G247 –燃油压力传感器
G410 –低压燃油传感器，在发动机顶部
G429 –进气歧管压力传感器2，在进气歧管上
G624 –燃油压力传感器2
J623 –发动机/电动机控制单元，在发动机/电动机控制单元上
SA –保险丝盒A，棕色6
T2oq –2针连接器，黑色
T3gj –3针连接器，黑色，在进气歧管压力传感器上
T3gl –3针连接器，黑色，在燃油压力传感器上
T3gp –3针连接器，黑色，在燃油压力传感器上
T3gq –3针连接器，黑色，在进气歧管压力传感器上
T3gr –3针连接器，黑色，在燃油压力传感器上
T14ba –14针连接器，黑色，在发动机耦合站上，左侧
T14bc –14针连接器，黑色，在发动机耦合站上，左侧
T56ae –56针连接器，黑色，在发动机/马达控制单元上
T56af –56针连接器，白色，在发动机/马达控制单元上
TML –发动机舱中的连接点，左侧
D214 –连接8（87a），在发动机舱接线盒中，黄色，黑色

图 6-3-11　高压燃油压力传感器电路图示意

请观察出现故障的气缸组 2 的燃油分配管高压压力传感器 G624，同时检查相同的气缸组 1 的燃油分配管高压传感器 G247。这两个传感器都是直接从发动机 ECU 接地和 5 V 参考电压并且共地。低压燃油压力传感器 G410 也和上面两个传感器的结构相同（传感器上的针脚号不同），这 3 个传感器都通过第 3 根线（除了 5 V+和 GND 之外的 Signal 信号端）向 ECU 提供信号，它们使用的是串行数据总线 SENT“单边半字节传输”发送的数字信号。

有没有可能是线束在传感器和连接器之前的某个地方开路？或者传感器本身出现了故障？首先，查看示波器窗口显示的波形（图 6-3-12）。

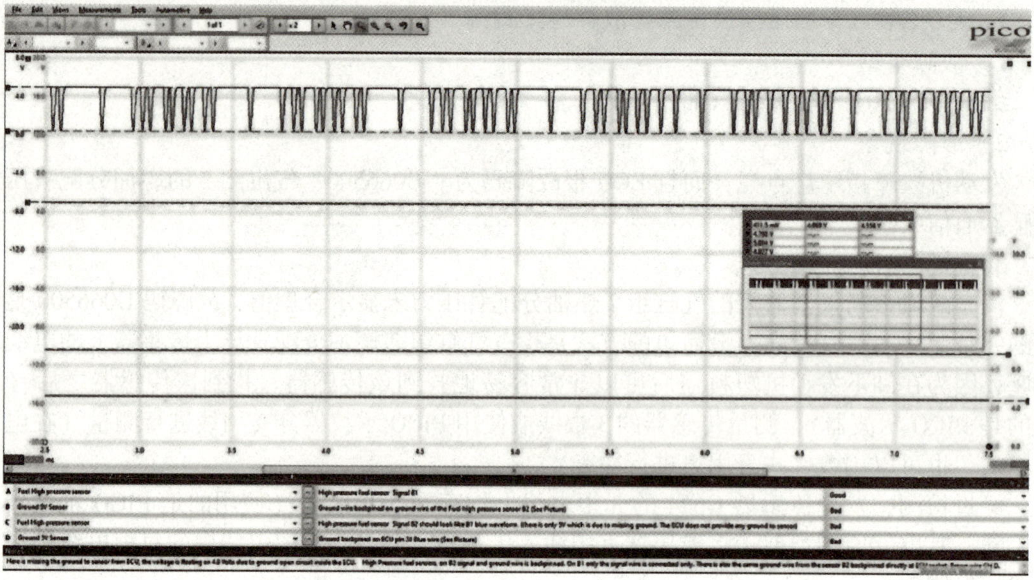

图 6-3-12　高压燃油压力传感器波形

由波形可知，气缸组 2 的高压燃油压力传感器不工作，这是因为 ECU 没有向传感器 G624 的 T3gr 接头 2 号针脚提供“接地”。具体分析如下。

（1）气缸组 1 高压燃油压力传感器 G247 信号线测得为蓝色波形，显示在 A 通道上。

（2）气缸组 2 高压燃油压力传感器 G624 信号线测得为绿色波形（故障），一直处于高压 5 V。

（3）通道 B（红色）和通道 D（黄色）测的是传感器 G624 的地线，分别连接在传感器侧（红色）和 ECU 侧（黄色）。接地线的两边都是高电压，这意味着两边都没有接地（有可能在中间断开）。

“接地”、信号以及 5V 电源均由 ECU 提供，电线直接与 ECU 连接。

维修技师决定通过测试灯对传感器 G624 的 2 号针脚引入一个人工“接地”，测试灯的功率仅为 5 W，所以这种“接地”不会损害任何部件，并且有助于高效地进行测试。

图 6-3-13 中的绿色波形是在气缸组 2 高压燃油压力传感器 G624 正常工作时，信号线测得的波形，此时已经引入了人工“接地”。测试灯没有亮（因为电流非常小），所以维修技师决定用其他电线代替测试灯接地。

图 6-3-14 所示是接上地线，消除故障码后的数据流。该读数是正确的，并且燃油压力能对发动机加速做出相应的反应。

4）诊断结论

这基本证明了传感器 G624 如果接地，则其可以正常工作。

绿色波形来自气缸组 2 高压燃油压力传感器的信号线，汽车故障诊断仪显示了两个油轨上的真实燃油压力。

故障码可以消除，并且在点火循环和多次发动机起动/停止循环后不会重新出现。

发动机 ECU 有故障，必须更换新零件，故障原因是发动机 ECU 某处内部故障导致接地开路。

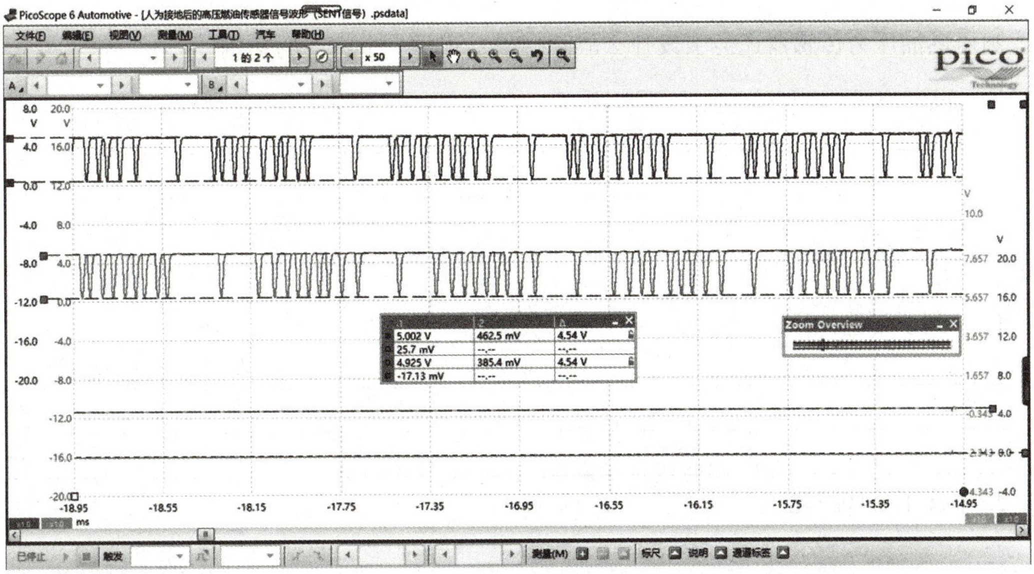

图 6-3-13　高压燃油压力传感器正常波形

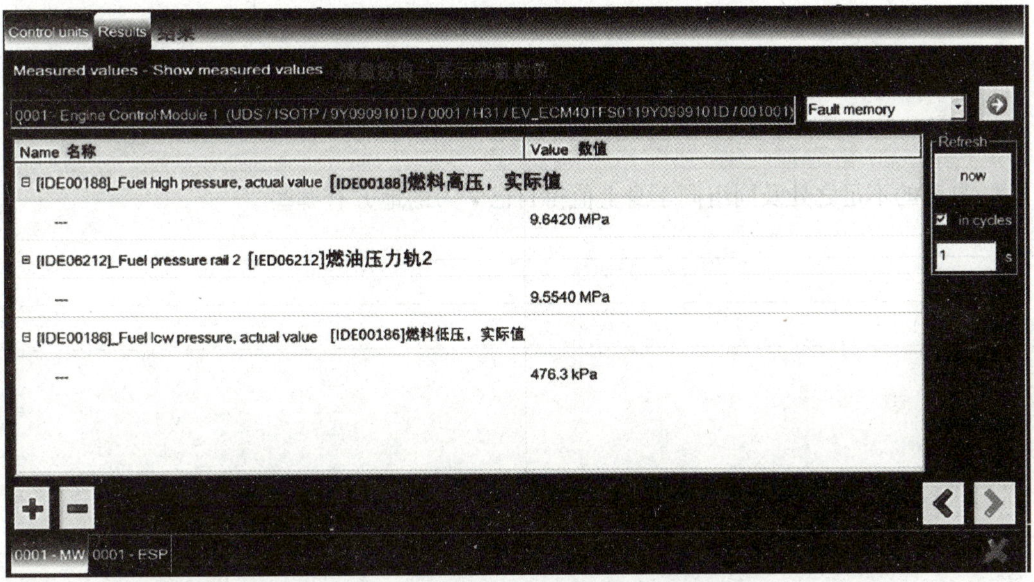

图 6-3-14　高压燃油压力传感器数据流

5）故障总结

以上诊断的大部分时间花在高压燃油压力接地线 ECU 侧的引脚上面，在连接诊断扫描仪和安装传感器引线上也花了一些时间。

如果使用传统的方法，例如更换气缸组之间的高压燃油压力传感器，并通过数字式万用表测量 ECU 和高压燃油压力传感器之间每根电线的电阻/连续性，则诊断时间将更长。

精益求精的工匠精神

2. 发散思维

高压燃油压力传感器还会引发什么故障现象？列举一个相关的案例。

七、任务总结

1. 学到了哪些知识

2. 掌握了哪些技能

3. 提升了哪些素质

4. 自己的不足之处及同组同学身上值得自己学习的地方有哪些

任务4 发动机进气歧管翻板控制系统检修

知识目标

（1）掌握进气歧管翻板电位计的工作原理及电路控制原理图、电压信号的特点。

（2）掌握进气歧管翻板电位计电压波形的测量，故障码的读取、清除及动态数据流的读取、匹配方法。

技能目标

（1）能够使用数字式万用表、汽车专用示波器、解码仪对发动机进气歧管翻板电位计进行诊断分析。

（2）能够描述故障排除诊断思路并排除故障。

素质目标

（1）能够严格按照维修手册的标准从事检修工作。

（2）各小组成员应主动沟通、协作，小组间友善互助，服从组长的安排。

（3）诊断时要有自己的思路，理由要充分，杜绝二次返修和过度维修。

（4）任务完成后及时清理工位和复位工具，并将垃圾分类处理，所有工作在确保安全的前提下有序进行。

工作情景描述

一辆2014款帕萨特1.8TSI的VIN码为LFV3A23C493054671，发动机型号为BYJ（7万km）。该车进厂维修，客户描述该车发动机故障指示灯经常点亮，熄火后再起动故障指示灯会熄灭，时间一长又会点亮，汽车行驶无异常现象。维修技师小王试车后发现该车确有此现象，连接VAS5051诊断仪，发动机ECU报出故障码“p2025：进气歧管风门位置/运行控制传感器不可靠信号　静态”。小王经初步分析认为发动机进气风门控制系统存在故障，小王计划对进气歧管翻板电位计进行匹配并检查电路。如果你是小王，如何对进气歧管翻板电位计进行匹配？如何进行检查？请用检测仪器完成对该发动机故障的检修工作，并完成项目工单。

故障机理分析

（1）发动机故障指示灯点亮原因分析。

可能的故障原因如下。

①燃烧状态不好。

②燃油质量不好。

③发动机气缸内部有积碳。

起动发动机，着车后又立即熄火，分析与怠速控制有关，该车装备电子节气门，可能是电子节气门过脏、发卡、电路故障或 ECU 故障。进气歧管翻板的位置影响油气混合气的形成并对废气成分也有影响，因此汽车故障自诊断系统时刻监控着进气歧管翻板的控制，一有情况马上发出警报（发动机故障指示灯点亮，提示有故障需要修理）。

（2）根据故障码分析故障产生原因，查找故障部位，确定故障点。

①进气歧管翻板内部机械故障造成卡滞。

②发动机积碳过多，造成进气歧管翻板内部连接轴卡滞。

③发动机 ECU 至进气歧管翻板电位计上的连接导线对地短路，使进气歧管翻板一直工作。

④进气歧管翻板电位计自身故障。

根据代码优先的原则，参考发动机出现的故障码，结合故障现象，首先要检查进气歧管翻板电位计及其控制电路是否出现了问题。

知识准备

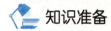

一、进气歧管翻板控制系统的作用及位置

【作用】 如图 6-4-1 所示，通过控制进气歧管翻板的开闭满足发动机在不同工况下的充气需求，从而满足缸内的分层充气、均质稀混合气等多种不同燃烧室充气模式。

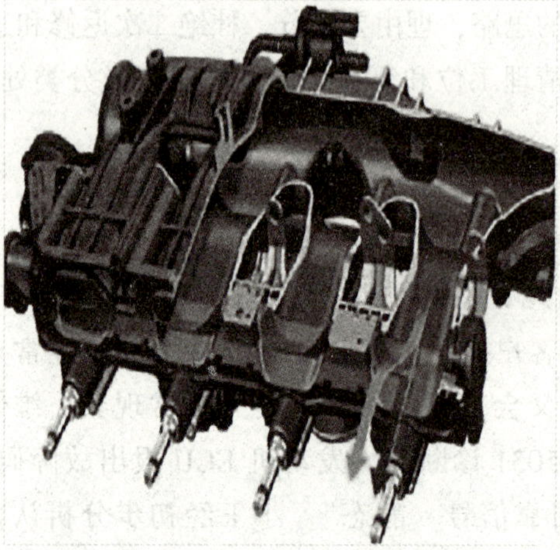

图 6-4-1　进气歧管翻板控制系统

【位置】 进气歧管上方。

二、进气歧管翻板控制系统的组成及工作原理

【组成】 帕萨特汽车（1.8TS1）的进气歧管翻板控制系统属于改变进气歧管横截面积的类型，主要由真空泵、电磁阀（真空阀）、执行器（真空罐）、进气歧管翻板总成、进气歧管翻板电位计及真空连接管路等组成，如图 6-4-2 所示。

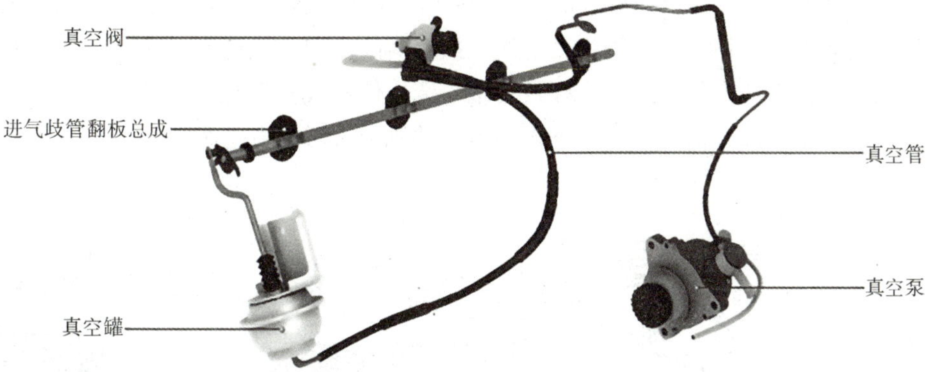

图 6-4-2 进气歧管翻板控制系统的组成

【工作原理】ECU 向进气歧管翻板电磁阀发出指令，通过进气歧管翻板执行器上的推杆来控制 4 个进气歧管翻板的开闭。安装在进气歧管翻板转轴上的电位计监控进气歧管翻板开度的大小，并向发动机 ECU（J623）反馈位置信号，如图 6-4-3 所示。

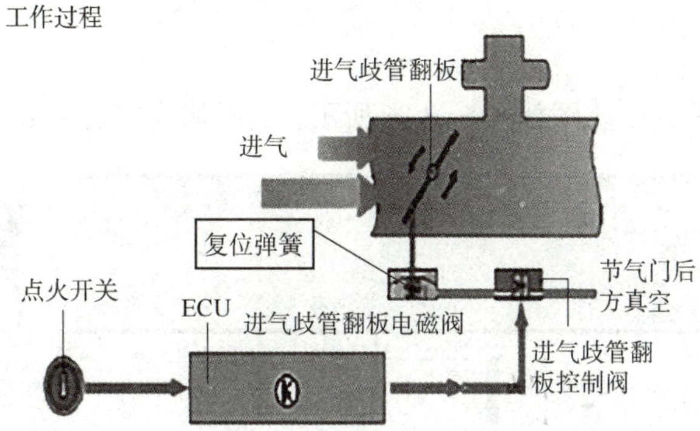

图 6-4-3 进气歧管翻板控制系统的工作原理

三、控制原理

（1）当发动机怠速运转或转速低于 3 000 r/min 时，电磁阀断电，活塞在回位弹簧的作用下右移，此时电磁阀将执行器的膜片上腔与大气相通，在膜片弹簧的作用下，膜片下移，拉杆及转轴摇臂向下摆动，使进气歧管翻板关闭（图 6-4-4），缸盖进气道的下半部分被堵死，经节气门的空气只能通过缸盖进气道的上半部分进入燃烧室。

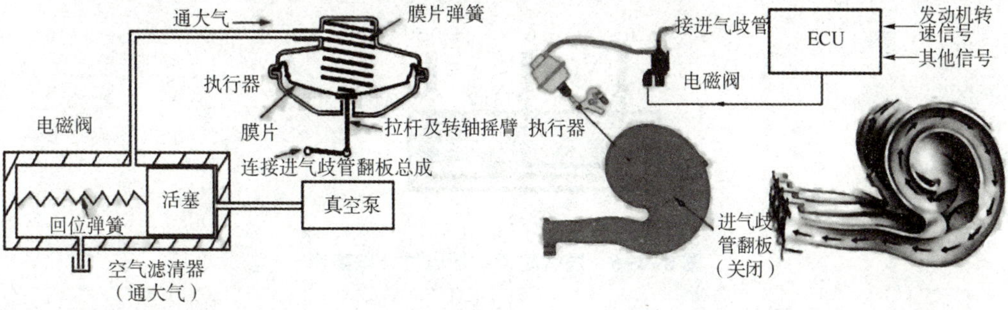

图 6-4-4 进气歧管翻板控制系统的控制原理（发动机转速低于 3 000 r/min 时）

（2）当发动机转速达到 3 000 r/min 及以上时，电磁阀通电，活塞在电磁吸力作用下，克服回位弹簧的弹力左移，电磁阀将真空送往执行器的上腔，执行器内的膜片下腔压力大于膜片弹簧的压力，膜片上移。通过拉杆及转轴摇臂，使进气歧管翻板打开（图 6-4-5），缸盖进气道上部分及下部分都允许空气进入。当发动机熄火后，电磁阀断电，进气歧管翻板又将关闭。

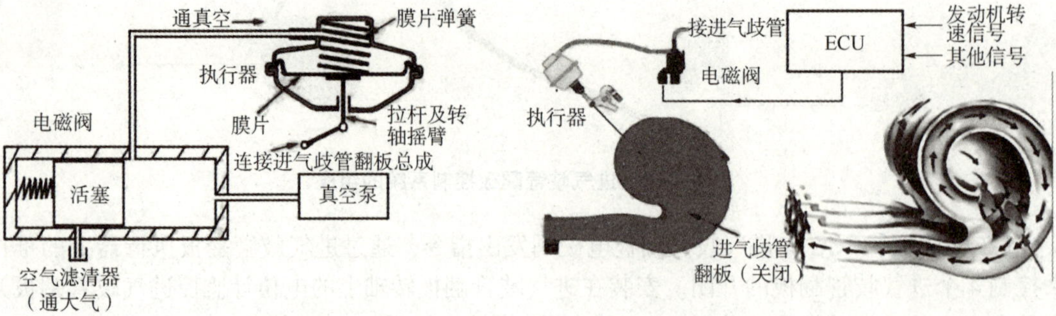

图 6-4-5　进气歧管翻板控制系统的控制原理（发动机转速高于等于 3 000 r/min 时）

（3）电路图。

进气歧管翻板电位计电路图如图 6-4-6 所示，各针脚含义见表 6-4-1。

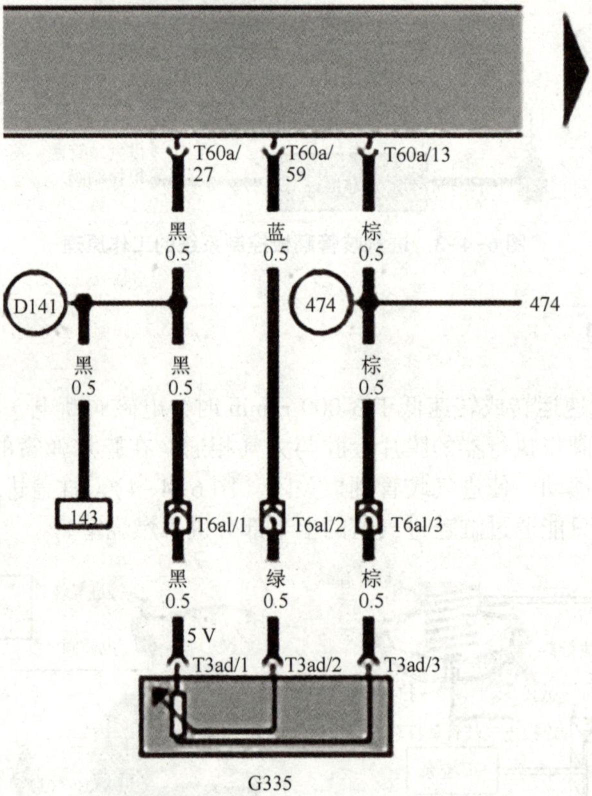

图 6-4-6　进气歧管翻板电位计电路图

表 6-4-1 进气歧管翻板电位计各针脚含义

针脚号	针脚含义	标准电压（电阻）范围
1	电源线	5 V
2	进气歧管翻板控制系统信号线	0~5 V
3	搭铁	0 Ω

（4）信号特征。

分析进气歧管翻板控制系统的工作原理得出，随着进气歧管翻板角度的增大，输出的电压信号成比例下降，如图 6-4-7 所示。

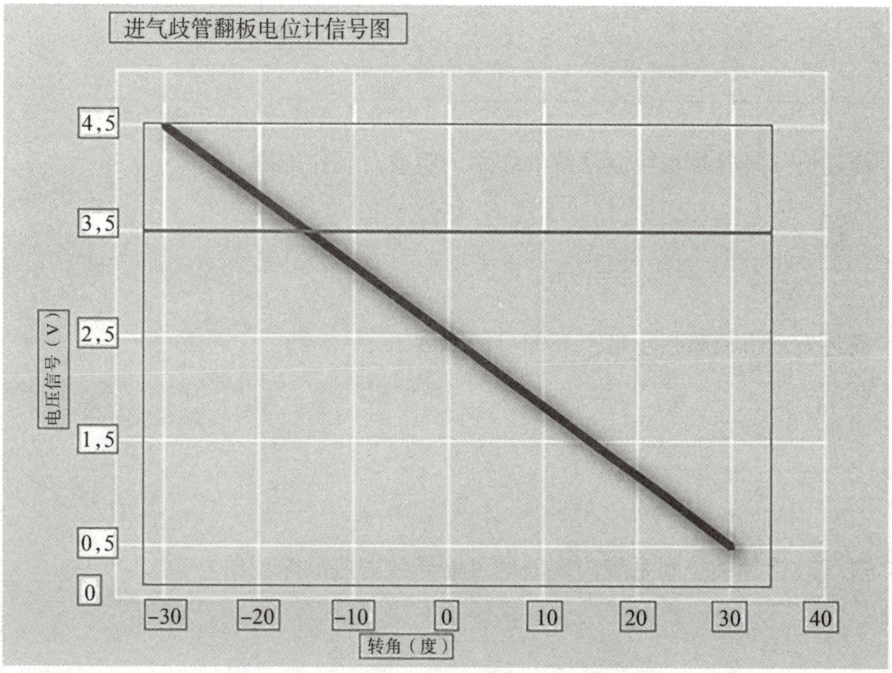

图 6-4-7 进气歧管翻板电位计的信号特征

四、故障分析

故障现象：该车行驶过程中，发动机故障指示灯异常点亮，且急加速时发动机无力。

故障码：故障码为“P2006 进气管气流控制风门，气缸列 1 卡在关闭位置”；做动作测试，进气歧管翻板电动机无异常，真空管无泄漏，且进气歧管翻板可正常打开。

根据故障现象和维修技师所做的检查进行分析，可以做出以下判断：电磁阀 N316 没有故障，进气歧管翻板机械机构没有卡死，真空无泄露，只有进气歧管翻板电位计 G336 及相关线束可能存在故障。按照工作页要求进行进一步排查，以确定故障点。

任务实施

一、收集资讯

(1) 将故障车辆及发动机相关信息输入表 6-4-2。

表 6-4-2 故障车辆信息记录

车辆型号		故障发生日期		VIN 码	
发动机型号				里程表读数	
故障现象					

(2) 简述进气歧管翻板控制系统的作用、组成及工作原理。

(3) 简述发动机故障指示灯点亮的可能原因。

(4) 进气歧管翻板控制系统出现问题可能导致哪些故障现象?

二、岗位轮转

依据“5+1”岗位工作制（表 6-4-3）进行分组实践练习。“5”代表机电工组内 5 个不同的岗位，包括：车内辅助作业、设备和工具技术支持、综合维修、诊断报告书写、整理工具与维修防护等；“1”为小组组长，代表维修经理对接发布任务的教师，其中个人岗位由组长按照岗位轮转制进行分配，即随着每节不同子任务的进行，每位成员轮流承担不同的岗位职责。组长分配好岗位后，将分配情况填入表 6-4-4。

表 6-4-3 “5+1”岗位职责分配

岗位名称	岗位职责
维修经理	接受维修任务，与组员协商制订维修计划，进行维修任务总结及汇报
车内辅助作业	根据维修进度协助维修技师操纵故障车辆，并实时监控故障车辆状态，将故障现象准确翔实地传达给维修技师
设备和工具技术支持	调试、检查维修设备和工具，根据维修技师的要求递送工具、配合使用维修设备、读取数据以及协助维修作业
综合维修	按照诊断方案实施维修作业，分析检测数据，查找故障点，评估故障原因，排除车辆故障，并将维修过程数据实时汇报给记录员
诊断报告书写	记录过程数据，查阅维修资料，分析故障机理，指导维修作业
整理工具与维修防护	负责作业前的工具准备、车辆维修防护，作业中的工具整理、安全防护以及作业后的工具复位

表 6-4-4 岗位轮转表

轮转岗位名称	学生姓名	备注
维修经理		
车内辅助作业		
设备和工具技术支持		
综合维修		
诊断报告书写		
整理工具与维修防护		

三、计划和决策

进气歧管翻板电位计故障检修。

1. 进气歧管翻板电位计故障检修的注意事项

防火、通风，穿戴工装，注意职场环境。

2. 进气歧管翻板电位计电路控制原理

如图 6-4-6 所示，1 号针脚为 5 V 参考电源线；2 号针脚为信号线，它是发动机 ECU 输出的控制信号，用于反馈进气歧管翻板的位置，电压范围为 0~5 V；3 号针脚为搭铁线。

3. 进气歧管翻板电位计故障检修步骤

（1）先拆下 V157 进气歧管翻板电动机到进气歧管翻板连接杆，用手拨动进气歧管翻板，检查有无卡死现象。

（2）进行电路测量检查分析。拔掉进气歧管插头，起动发动机测量各针脚电压，与标准电压值进行对比。

（3）测量进气歧管翻板电位计 2 号针脚波形，与正常波形（图 6-4-8）进行对比。

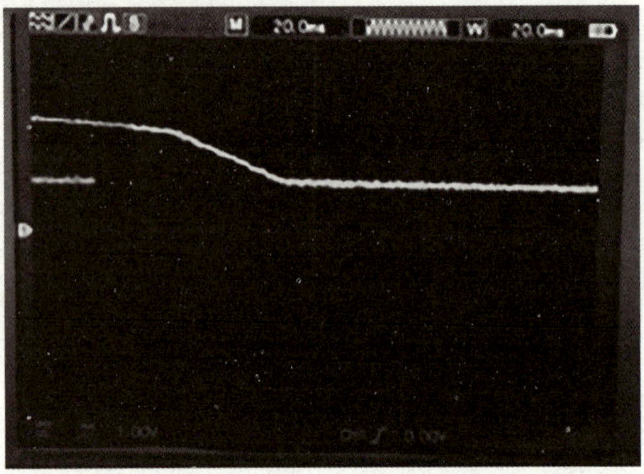

图 6-4-8　进气歧管翻板电位计正常波形示意

四、实施

（1）实施计划前准备工作（表 6-4-5）。

表 6-4-5　准备工作检验内容

理论资料是否齐备	是：□；否：□	是否穿戴工装及劳动保护措施	是：□；否：□
工具是否齐全、整齐	是：□；否：□	工作环境是否整洁	是：□；否：□
是否熟知操作安全注意事项	是：□；否：□	组长签字	

（2）针对任务情景，画出发动机进气歧管翻板电位计控制电路。

（3）用专用工具和仪器对进气歧管翻板电位计进行检测，将检测数据填入表 6-4-6，并得出分析结论。

表 6-4-6　进气歧管翻板电位计检测数据

检测项目		检测条件	标准值	测量值	结论
故障码		打开电门			
		怠速			
		急加速			
数据流	进气量	打开电门			
		怠速			
		急加速			
电压	供电电压	打开电门			
		怠速			
		急加速			
	信号电压	打开电门			
		怠速			
		急加速			
电阻		熄火			
波形图		打开电门			
		怠速			
		急加速			

五、检查与评估

考核类别	考核点	评分标准	分值	自我评价（20%）	组长评价（40%）	教师评价（40%）	得分
过程考核（30分）	操作及人身安全	出现常识性失误扣3分，手指或肢体受伤扣5分	5				
	车辆、设备是否损坏	设备损坏扣5分，车辆损坏扣5分	5				
	工具归位情况	零部件摆放凌乱扣1分，工具未归位扣1分	2				
	操作过程清洁或离场清洁情况	实训环境差扣1分，离场未清扫现场扣1分	2				
	环保意识、垃圾分类	未及时处理工作产生的废弃物扣2分	2				
	操作工具、起动车辆情况	擅自操作仪器扣2分，起动车辆时未警示他人扣2分	4				
	小组协作、沟通能力	组员闲置超时扣5分，无交流扣5分	2				
	作业过程中是否存在肢体碰撞、混乱现象	现场混乱扣5分，肢体碰撞扣5分	2				
	工作态度及规范执行能力	态度消极扣5分，不执行组长命令扣5分	4				
	良好的职业形象和精神风貌	着装怪异扣5分，嬉笑打闹扣5分	2				
工单完成效果评价（70分）	是否查阅资料，理论是否充足	没有罗列资料清单扣3分	5				
	实施计划方案书写是否认真	没有实施计划扣10分，不认真书写实施计划方案书扣3分	10				
	工单书写是否翔实，检修思路表达是否清晰、完整	工单书写不认真扣3分，检修思路不完整扣5分	10				
	工单是否有抄袭现象	工单有一处抄袭扣2分，直至扣完	15				
	工具、仪器使用是否正确	仪器使用错误扣3分	15				
	数据测量及分析是否正确	数据测量有误扣3分，分析不当扣3分	15				
合计			100				

六、拓展练习

1. 大众 EA888 汽车进气歧管翻板电位计报故障码，发动机抖动故障案例

1）故障现象

车辆冷起动时发动机抖动，在行驶过程中 EPC 灯与排放故障指示灯点亮。

2）故障检修

（1）使用 VAS6150 诊断仪查询发动机控制系统有故障码 08196（进气管气流控制风门，气缸列 1 卡在开启位置，静态），如图 6-4-9 所示。

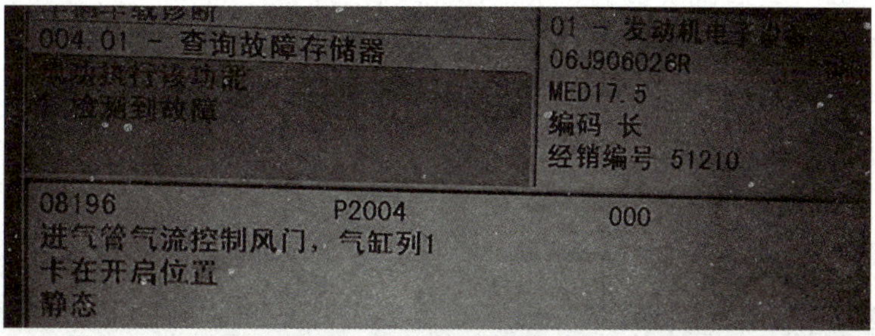

图 6-4-9　查询故障码

（2）进入引导性功能读取发动机控制系统数据流，发现 142 组数据不正常，如图 6-4-10 所示。

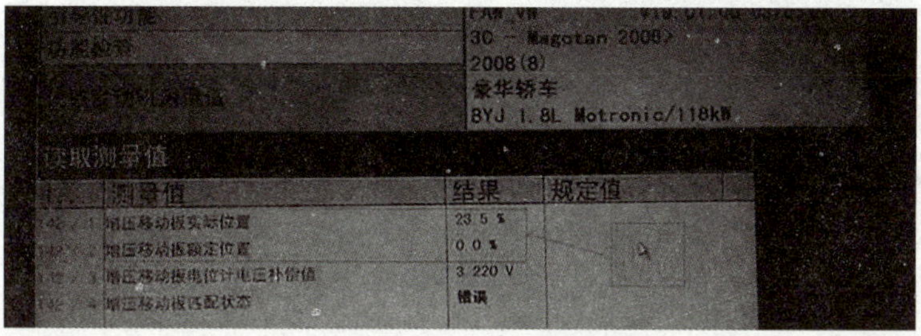

图 6-4-10　查询数据流

（3）根据读取的故障码 08196（进气管气流控制风门，气缸列 1 卡在开启位置，静态），与发动机控制系统数据流中的 142 组数据进行分析，导致该故障的可能原因有以下 5 个。

①进气歧管翻板电位计匹配不正确。

②进气歧管转角传感器损坏。

③进气歧管翻板卡滞。

④进气歧管翻板驱动气阀故障。

⑤进气歧管翻板电磁阀故障。

（4）对进气歧管翻板电位计进行匹配，在匹配过程中显示如图 6-4-11 所示，匹配不能通过。在匹配过程中能够观察到进气歧管翻板驱动气阀能够正常完成打开和关闭循环。由此基本可以排除进气歧管翻板卡滞和进气歧管翻板电磁阀故障。

引导性功能	FAW_VW V19.01.00 03/05/2012
测试计划	3C - Magotan 2006> 2008(8) 豪华轿车 BYJ 1.8L Motronic/118kW
X 匹配发动机控制单元与进气歧管翻板	

图 6-4-11　进气歧管翻板电位计匹配

（5）手动让进气歧管翻板进行一次工作循环，并同时读取进气歧管翻板电位计的 142 组数据，此时数据并不是随着进气歧管翻板的开闭有序变化，非常无规律。由此基本可以判断是进气歧管翻板电位计故障。由于拆卸进气歧管翻板电位计要先拆下进气歧管，比较麻烦，因此先检查进气歧管翻板电位计相关电路，得知进气歧管翻板电位计相关电路无故障。

（6）拆下进气歧管，如图 6-4-12 所示，明显发现进气歧管翻板电位计损坏。

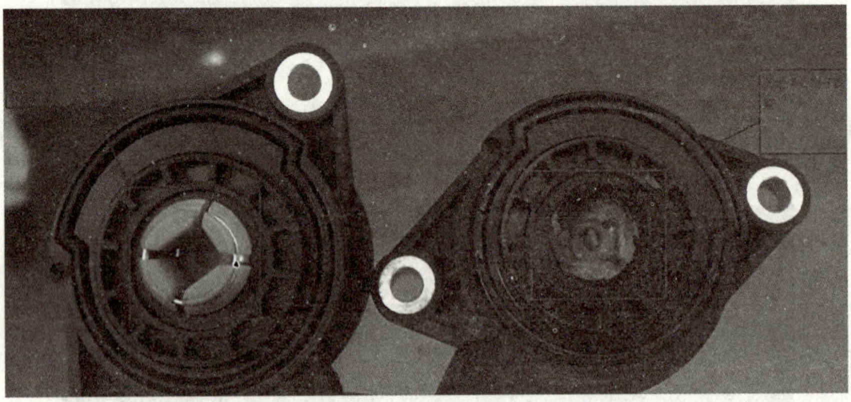

图 6-4-12　进气歧管翻板电位计损坏

（7）更换进气歧管翻板电位计，对进气歧管翻板电位计进行再次匹配。匹配正常，再次起动发动机，一切正常。

提高效率

2. 思维拓展

进气歧管翻板控制系统损坏还会引发什么故障现象？列举一个相关的案例。

____

____

____

七、任务总结

1. 学到了哪些知识

____

____

____

2. 掌握了哪些技能

3. 提升了哪些素质

4. 自己的不足之处及同组同学身上值得自己学习的地方有哪些

项 目 七

电控发动机排放控制系统检修

项目描述

电控发动机排放控制系统的功能主要是控制发动机排出的废气，同时减少污染物的排放，减少发动机在工作过程中产生的噪声。

污染防治和社会发展并进是全世界都重视的问题，在汽车持有率日益增高的情况下，汽车尾气排放对大气的污染也逐渐增加，严重威胁人们赖以生存的家园。电控发动机排放控制系统出现故障，会使燃油消耗量增加，汽车尾气排放增加，发动机动力性能也会下降。

项目八

柴油发动机高压共轨电控系统检修

项目描述

自19世纪70年代汽车诞生以来，汽车使人类的生产、生活方式发生了巨大的改变。与汽油发动机相比，由于着火方式不同，柴油发动机的供油系统结构简单，因此，柴油发动机的可靠性要高于汽油发动机。柴油发动机没有汽油发动机爆燃的限制，可以设计很高的压缩比，所以柴油发动机的热效率、经济性都比汽油发动机优越。在相同的功率下，柴油发动机的输出扭矩更大，最大功率时转速较低。目前，采用电控技术的柴油发动机在乘用车领域快速发展，欧洲各国乘用车中50%左右采用柴油发动机，有的国家更是达到70%。柴油机高压共轨喷油系统应用广泛，被认为是未来最有前景的控制系统之一。

参考文献

[1] 王忠良，陈昌建. 汽车发动机电控技术［M］. 大连：大连理工大学出版社，2014.

[2] 刘冬生，郭奇峰，韩松畴. 汽车发动机电控系统检修［M］. 北京：机械工业出版社，2017.

[3] 刘新宇，赵玉田. 汽油发动机电控系统检修［M］. 北京：北京理工大学出版社，2019.

[4] 曹向红，于晓喜. 汽车发动机电控系统检修［M］. 北京：人民邮电出版社，2017.

[5] 杨智勇，金艳秋. 汽车发动机电控系统检修［M］. 北京：人民邮电出版社，2019.

[6] 朱建勇，郑烨珺. 汽车发动机电控系统故障诊断与检修［M］. 北京：机械工业出版社，2015.

[7] 张明，杨定峰. 汽车发动机电控系统检修［M］. 北京：人民邮电出版社，2016.

[8] 许建强，张佳裔，王显廷. 汽车发动机电控系统检修［M］. 北京：机械工业出版社，2014.

[9] 宋作军，张玉华. 汽车发动机电控系统检修［M］. 北京：清华大学出版社，2010.

[10] 明光星，李晗. 汽车发动机电控系统原理与检修一体化教程［M］. 北京：机械工业出版社，2013.

[11] 何琨. 发动机电控系统检修［M］. 北京：清华大学出版社，2012.

[12] 刘庆国. 汽车发动机电控系统检修［M］. 北京：电子工业出版社，2012.

[13] 陈帮陆. 汽车发动机电控系统检修［M］. 北京：国防工业出版社，2012.

[14] 李治国. 汽车发动机电控系统检修［M］. 长沙：中南大学出版社，2011.

[15] 康国初. 汽车发动机电控系统检修［M］. 北京：清华大学出版社，2009.